PRISONER'S DILEMMA

囚徒的困境

冯·诺依曼、博弈论和原子弹之谜

[美] 威廉·庞德斯通（William Poundstone）◎著

吴鹤龄◎译

中信出版集团 | 北京

图书在版编目（CIP）数据

囚徒的困境 /（美）庞德斯通著；吴鹤龄译 . — 北京：中信出版社，2015.12（2025.5重印）
书名原文：Prisoner's Dilemma
ISBN 978-7-5086-5381-5

I. ①囚… II. ①庞… ②吴… III. ①博弈论－研究 ②冯 · 诺依曼，J.（1903~1957）－生平事迹 IV. ①O225 ②K837.126.11

中国版本图书馆 CIP 数据核字（2015）第 177315 号

囚徒的困境

著　　者：[美] 威廉 · 庞德斯通
译　　者：吴鹤龄
策划推广：中信出版社（China CITIC Press）
出版发行：中信出版集团股份有限公司
（北京市朝阳区东三环北路 27 号嘉铭中心　邮编　100020）
（CITIC Publishing Group）
承 印 者：北京通州皇家印刷厂

开　　本：880mm × 1230mm　1/32　　印　　张：11.5　　字　　数：310 千字
版　　次：2015 年 12 月第 1 版　　印　　次：2025 年 5 月第 30 次印刷
京权图字：01–2015–5633
书　　号：ISBN 978-7-5086-5381-5 / K · 477
定　　价：54.00 元

服务热线：010-84849555　　服务传真：010-84849000
投稿邮箱：author@citicpub.com

PRISONER'S DILEMMA

目 录

5 兰德公司

6 囚徒的困境

7 1950年

8 博弈论及其不足

PRISONER'S DILEMMA

1
二难推论

这是一个著名的二难推论命题：有个人同他的妻子和母亲一起过河，中途在对岸突然出现一只长颈鹿，他立刻举枪向它瞄准。长颈鹿说："如果你开枪，你母亲就没命：如果你不开枪，你妻子就完蛋。"这个人该怎么办呢？

这则经典的二难推论故事源于达荷美的波波族。[①]类似的稀奇古怪的故事、叫人难以做出决断的问题，在非洲民间传说中非常流行，其中许多故事还被西方的作家和哲学家借用过。在波波族的民间传说中，长颈鹿是会说人话的，而且说一不二、说到做到。用较为西方的方式和更加专业的术语，你可以像下面那样重述这则二难推论：你、你的配偶和你的母亲被几个发疯的科学家绑架，关在一个房间里，捆在椅子上动弹不得。房子里有一架古怪的机器，你正好可以触及其中一个按钮。一挺机关枪正对着你的配偶和母亲。墙上挂着一只钟，滴滴答答地走着，在阴森森的空气中发出令人恐怖的声音。一个科学家宣布，如果你按动面前的按钮，那么机关枪将瞄准你的母亲并把她击毙；如果你在 60 分钟内不去按按钮，那么机关枪将瞄准你的配偶开火。你仔细观察过这部残酷的机器，并且相信它会完成规定的程序。你该怎么办呢？

类似这样的二难推论有时会在大学的伦理学课程中进行讨论，当然也

① 达荷美是西非国家贝宁共和国的旧称。该国有 46 个主要部族，包括芳族、阿贾族、巴利巴族、约鲁巴族等。波波族是人数较少的一个部族。——译者注

不会有令人满意的答案。如果你坚持认为在这种情况下你只能什么也不做（不去按那个按钮，从而让机枪击毙你的配偶），理由是因为你什么也没有做，因此就没人能怪罪你。这显然是逃避责任的一种选择。你唯一可以选择的是确定你更爱你的配偶，还是更爱你的母亲，从而确定要保住哪一个人的性命。

在有些二难推论中，要让另外某个人同时也进行选择，这便使决策更加困难。在这种情况下，结果将取决于所有人做出的所有选择。在格雷戈里·斯托克（Gregory Stock）的《问题书》（*The Book of Questions*，1987）中，有一则类似的但更具有挑战性的二难推论："你和你深爱着的人分别被关在两个房间中，两人身边各有一个按钮，并且你们都知道，除非两人中有一人在规定的60分钟内按下按钮，否则两个人都要被处死；而先按按钮的人可以保住对方的性命，但自己将立刻被处死。你该怎么办呢？"

这里，有两个人要估量他们所处的困境，并独立地做出选择。不管哪个人去按动按钮都是生命攸关的。最棘手的问题在于：你应当在什么时候做出牺牲？这个二难推论强迫你在为自己还是为心爱的人提供一艘救生艇这个难题上做出抉择。

许多二难推论涉及某个人可能选择以牺牲自己为代价去保护另一个人，例如，父母可能为保护孩子而慷慨赴死，因为孩子显然有更长的生命之路。但不管应用什么准则（我们当然没有理由相信当事双方会应用同一个准则），有关救生艇的抉择都存在以下三种可能结局。

1. 当事双方在谁应当牺牲、谁应当活下去这个问题上达成共识时，前者（牺牲者）应该去按按钮以挽救后者。这种结局是最容易被人接受的。

2. 双方都决定保护对方：母亲决定保护女儿，因为女儿会活得更久一些；而女儿决定保护母亲，因为母亲给了她生命。在这种情况下，结局取决于谁抢先按下按钮。

3.最令人不安的情况是双方都认为自己应该活下去。这样的话，没有人去按按钮，而时钟正在滴滴答答地走下去……

让我们来想象一下第三种情景：在计时开始之后已经过去了59分钟。你希望你所爱的人会去按按钮，但她（或他）却没有按（我们假定当另一方按了按钮后，幸存者会立即得到通知）。这时，你还有时间把各种可能性都仔细考虑一遍，因为有些人也许会琢磨整整一个小时才能决定谁应该活命，或者鼓起勇气去按按钮。但整整59分钟过去了，却没有任何动静，于是你就应该开始考虑你所爱的人是否已经决定由你来做出牺牲了。

发誓决不去按按钮是毫无意义的，即使在最后一秒钟。不管你怎样以自我为中心，你都没有能力逃过一劫。总有人要死，这是这个二难推论的必然结局。如果你所爱的人不愿意做出牺牲，那么你最好成全她（或他）。记住，你是真心爱着那个人的。

在理想情况下，在最后关头你会去按按钮的，而你所爱的人可能也想这么做。这就是你拖延着直到最后关头来临的全部理由。你想把在最后关头去按按钮的机会留给对方，但她（或他）却没有这么做，在这种情况下，也仅仅在这种情况下，你才会去按按钮。当然，你所爱的人可能也是这么打算的。

有两个因素使“双方都企图拖延到最后一秒”这种情况复杂化，那就是反应时间和时钟精度。那架该死的机器是不会有一丝一毫同情心的，一到时间它就会把你们两个立刻杀死。因此，你（或者是对方）必须抢在这种结局发生之前完成上述决策过程并迅速按下按钮。此外，墙上的挂钟并不一定与机器精确同步。当然疯子科学家会这样说，但因为他是疯子，说的未必可信。为安全起见，为了确保你是在规定时限内按了按钮，实际上你必须提前一点点。在采取“等待直至最后一刻”这种策略的情况下，这是最关键的一个决定！

你与也在拖延着时间的爱人的处境相同。如果双方都只在最后时刻来临时才下定决心，其后果将难以预料。其中一个人也许正好比另一人抢先一步按下按钮，也可能双方都错过了时限而被处死。事实上，结果肯定是随机的，偶然性远大于合理性。

在古怪的房间里做出孤注一掷的决定这类问题在哲学论著中比比皆是，从而赢得了“问题盒”这样一个名称。这类二难推论问题为什么能引起人们如此的兴趣？部分是因为这种异乎寻常的困境使人感到新奇、刺激。但如果它们仅仅是一些测验智力的难题，并未与我们的个人经历产生共鸣，自然不会引起人们这么大兴趣的。

当然了，现实生活中的二难推论不是由发疯的科学家制造出来的，而是由于我们的个人利益同其他人的利益发生碰撞，或者是同社会利益发生冲突，从而以各种各样的形式建立起来的。我们天天都面临着艰难的选择；有时候，我们做出选择的方式同期望的方式很不一样。由二难推论引出的内在问题虽然简单，却令人十分困惑：在每一种情况下，是否都存在合情合理的行动方案呢？

核武器的困境

1949 年 8 月，苏联在西伯利亚爆炸了它的第一颗原子弹，美国对原子能的垄断地位至此结束。世界上有了两个核大国这种局面，比西方观察家曾经预期的要早得多。[①]

苏联的原子弹激发了核武器竞赛，这种竞赛带来的某些后果是容易预见的——每个国家都想武装到这种程度，能发动一场快速压倒对手的核攻击。许多人意识到，这会导致令人无法接受的二难推论。在世界历史上第一次出现了这种可能性——某国期待通过一次闪电式的打击使敌国从地球上消失掉。在危机时期，按动核按钮的诱惑几乎是不可抗拒的。同样重要

① 许多西方观察家曾经预计苏联要到 20 世纪 50 年代中期甚至更晚才能掌握核技术。——译者注

的是，每个国家都害怕自己成为别国突然袭击的牺牲品。

20 世纪 50 年代，在美国和西欧，曾有许多人主张美国对苏联发动一次直接的、不需要理由的核打击。人们为这种核打击赋予了一个委婉的名称，叫作“先发制人战争”。有这种想法的人认为，美国应该抓住时机，通过核讹诈或突然袭击来建立权威、统治世界。你也许认为，只有极端分子会支持这样一个计划。事实上，“先发制人战争”的运动在许多十分优秀的知识分子中也获得了支持，其中包括两位当代最出色的数学家：伯特兰 · 罗素①和约翰 · 冯 · 诺依曼。一般说来，数学家通常不是由于他们的政见或对世界的看法而闻名于世的；而且，罗素和冯 · 诺依曼是两个完全不同的人，但在“世界上不应该有两个核大国共存”这一点上，他们恰恰站到了一起。

罗素是“先发制人战争”这场运动的主要推动者，他热衷于宣传“苏联具有核摧毁能力”，除非苏联对由美国主导世界这种状态放弃主权。在 1947 年的一次演讲中，罗素说：“我倾向于认为俄罗斯人会默认美国主导世界这种状态：否则，世界将经历由此造成的战争，并出现一个独一无二的政府，因为这是世界的需要。”

冯 · 诺依曼的态度更加强硬，他热衷于出其不意地使用核武器先发制人。《生活》（*Life*）杂志曾经引用冯 · 诺依曼的言论：“如果你问为什么明天不用原子弹去轰炸他们，我倒要问为什么不今天就去轰炸呢？如果你说今天 5 点去轰炸，那么我要问为什么不是今天 1 点就去轰炸呢？”

他们两个人都对苏联没有任何好感。他们相信先发制人战争是逻辑的必然，是解决核扩散这一死结的唯一合理方案。在《新联邦》杂志（*New Commonwealth*）1948 年 1 月号鼓吹先发制人战争的一篇文章中，罗素写道：“（对于先发制人战争）我已经提出的理由就像数学证明一样，是如此

---

① 伯特兰 · 罗素（Bertrand Russell，1872—1970）：英国数学家、哲学家。其数学巨著《数学原理》闻名于世、影响深远。他是至今唯一一位获诺贝尔文学奖的数学家。——译者注

明白无误和不可避免。”然而，逻辑本身也会出差错。“先发制人战争”这场异乎寻常的闹剧的真实含义是什么呢？恐怕说得最清楚的是当时的海军部长弗朗西斯 · 马修斯了：1950 年，他在不经意间用奥威尔式的语言[①]极力鼓吹美国要成为“为和平的侵略者”！

今天，随着东西方紧张关系的解冻，“先发制人战争”看上去就像冷战思维的一种奇特变形。然而，我们今天仍然面临着大量这类问题。当一个国家的安全同整个人类的利益发生冲突时，应该怎么办呢？当一个人的利益同公共利益发生冲突时，应该怎么办呢？

约翰 · 冯 · 诺依曼

没人能像约翰 · 冯 · 诺依曼（1903—1957）那样说明原子弹这个二难推论是怎样折磨人的。“诺依曼”这个名字对于大多数人来说并没有多大的意义，这位声名卓著的数学家几乎属于一个不存在的人种。知道这个名字的少数圈外人则会把他看作电子数字计算机的先驱，或者是为曼哈顿计划工作的一群杰出科学家中的一位。还有少数人则无端地把他看作斯坦利 · 库布里克的电影《奇爱博士》中的若干个原型之一。[②]当然，冯 · 诺依曼的确曾坐在轮椅上参加过原子能委员会的会议。

很早就为冯 · 诺依曼赢得天才声誉的主要著作是关于纯数学和数学物理学方面的。曾经有人希望他一生的工作都远离尘世间的事务，然而

① 奥威尔是英国作家埃里克 · 布莱尔的笔名，他以擅长寓言式的讽刺政治小说闻名。其代表作有《动物农场》《1984》，均以苏联政府为讽刺对象。——译者注

② 斯坦利 · 库布里克，美国著名电影导演，善于应用讽刺和夸张的戏剧手法，主要作品有《凶手的吻》（1955）、《谋杀》（1956）、《斯巴达克斯》（1960）、《幻觉》（1980）等。《奇爱博士》摄于 1964 年，对由偶然事件引起的毁灭世界的假想战争进行了毛骨悚然的描写。——译者注

冯 · 诺依曼却对应用数学情有独钟。计算机和原子弹都是冯 · 诺依曼的业余爱好，但是这两个项目十分典型地反映了他对于数学应用的兴趣。

冯 · 诺依曼会玩扑克，但算不上行家里手。他那敏锐的思维使他能够捕捉到游戏中的一些要素。他对采用骗术、虚张声势、猜测对方意图，以及在规则允许的框架内游戏者互相斗法、彼此误导对方等种种手法，都特别感兴趣。凡此种种，用数学术语来说的话，都是“非平凡的”（nontrivial）。

从20世纪20年代中期到20世纪40年代，冯 · 诺依曼沉醉于研究扑克和其他游戏的数学结构之中。当这项工作接近完成时，他意识到这些理论可以应用到经济学、政治学、外交政策，以及其他领域中去。冯 · 诺依曼和普林斯顿的经济学家奥斯卡 · 莫根施特恩[①]在1944年以“博弈论和经济行为”（*Theory of Games and Economic Behavior*）为题公布了他们的分析报告。

若要认识冯 · 诺依曼的博弈论，首先要了解它并不等同于一般意义上的赌博。博弈论研究的其实是大家通常所说的“策略”（strategy）。在第二次世界大战期间同冯 · 诺依曼一起工作的科学家雅各布 · 勃洛诺夫斯基[②]在“人的升华”节目中回忆，有一次在伦敦的出租汽车上，他和冯 · 诺依曼谈起博弈论：

> ……因为我对下棋很着迷，因此很自然地对他说：“你的意思是，博弈论像下棋？”“不，不，”他说，“下棋不是博弈。下棋是定义得十分完善的一种计算。你也许无法给出答案，但是理论上，任何棋局必然有一个解，也就是有一个正确的过程。而真正的博弈完

---

① 奥斯卡 · 莫根施特恩（1902—1977）：美籍德国经济学家。其主要著作还有《论经济观察的精确性》《股票市场价格的可预测性》等。——译者注

② 雅各布 · 勃洛诺夫斯基（1908—1974）：出生在波兰的英国数学家、科普作家。“人的升华”是1973年他为英国广播公司所做的系列电视专题，回顾人类历史上科学、艺术、哲学的起源，这是他生前完成的最后一项重大工程。——译者注

全不是这个样子的，现实生活也不是这个样子的，现实生活中包括虚张声势、一些骗人的小策略、互相估摸对方以便应对等。在我的理论中，博弈研究的就是这些内容。”

可见，博弈论是一门研究在有思想的、可能会骗人的对手之间的冲突的学问。这也许让博弈论听起来似乎更像是心理学的一个分支而不是数学的分支。实际上，它是数学的一个分支，因为对局双方都被认为是完全有理性的，因此博弈论认可精确的分析；更确切地说，博弈论是数理逻辑的一个分支，它研究人（并不总是理性的）之间的冲突。

当有人深入地研究一些看起来并不相关的事物，并且提取出其中一些一般要素时，科学就会取得极大的进步。博弈论也是这样起源的。冯 · 诺依曼认识到在客厅里玩的游戏中蕴含着基本的冲突。这些隐藏在扑克牌、棋子、骰子的华丽装饰背后的冲突深深地吸引了冯 · 诺依曼，他还在经济学、政治学、日常生活以及战争中发现了类似的冲突。

在冯 · 诺依曼的术语中，“博弈”就是一种冲突的态势，在这种态势下，一个人必须做出一种选择，并且知道对方也在做出选择，所有的选择规定的某种方式将确定冲突的结果。有些博弈是简单的，易于分析；有些博弈则包含循环推论，很难分析。冯 · 诺依曼想知道博弈中是否总有一种理性的方法，尤其是有许多骗术、诡计和相互猜测的那类博弈。这正是博弈论的基本问题之一。

你可能会天真地认为每一种博弈都必然会有一种理性的方法。真是这样吗？冯 · 诺依曼想弄清这一点。世界并不总是合乎逻辑的，在我们的日常生活中充塞着那么多的非理性。更有甚者，像扑克游戏中那样，相互猜测必然引起无尽的推理链。显然，理性的玩家对于如何进行游戏也不一定有确定的结论。

缺乏天才的数学家或许也能发现上述问题，但他们对此却无能为力，只能叹口气，重新退回去做“严肃的”工作。冯 · 诺依曼则不然，他抓住这个问题不放，以数学的严密性去对付它，最终获得了非凡的成就。

冯·诺依曼从数学上证明了，在两个人的博弈中，只要他们的利益是完全相悖的，就总是存在一个理性的行动过程。这一证明被称为“极小极大定理”（minimax theorem）。极小极大定理所覆盖的博弈种类包括许多娱乐性游戏，从十分简单的连城游戏（ticktacktoe）到非常复杂的棋类游戏，它适用于所有一输一赢的博弈（这是符合博弈双方的利益“完全相悖”这一要求的最简单情况）。冯·诺依曼证明，在这样的博弈中，总有一种“正确的”，或者更确切地说，“最优的”方法。

如果极小极大定理就是上面说的这些，那么它最多就是一个对娱乐数学还算不错的贡献罢了。实际上，冯·诺依曼看出了其中所蕴含的更深刻的意义。他的意图是将极小极大定理作为把所有其他类型的博弈都包括进来的博弈论的基石，包括二人以上的博弈、局中人的利益部分重叠的博弈等。经过这样扩充以后，博弈论就可以适用于所有类型的人类冲突了。

冯·诺依曼和莫根施特恩把博弈论当作经济学的数学基础介绍给大家。我们可以把经济冲突看作是一种“博弈”，受博弈论定理的支配。投标争夺一个合同的两位承包商，或者在拍卖会上竞相出价的一群买主，都纠缠在互相猜测的微妙的博弈之中，值得进行严密的分析。

几乎从一开始，博弈论就被看作是一个重要的新领域而受到欢迎。《美国数学会通报》上一篇对冯·诺依曼和莫根施特恩著作的评论中预言：“我们的子孙会把这本书当作20世纪前半叶中最重要的科学成就之一。该书的作者们已经成功地创建了一门新的真正的科学——经济科学，这个看法无疑是正确的。”在《博弈论和经济行为》出版以后，博弈论及其术语成为在经济学家、社会科学家和军事战略家中十分流行的行话。

最早接受并应用博弈论的组织之一是兰德公司。兰德是第二次世界大战结束后不久根据空军的指示建立起来的“思想库”的原型。它的最初目的是进行洲际核战争的战略研究。兰德聘用了许多战时从事国防工作的科学家，并逐渐发展成为拥有众多显赫思想家的著名咨询公司。

兰德对博弈论极为重视，聘请冯·诺依曼作为顾问并投入极大资源，不但研究博弈论的军事应用，还对博弈论本身进行基础性的研究。在20世纪40年代末和50年代初，冯·诺依曼已是位于加利福尼亚州的兰德公司总部的常客。

囚徒的困境

1950年，兰德公司的两位科学家提出了自博弈论问世以来影响最大也最有争议的一种博弈，这就是梅里尔·佛勒德和梅尔文·德莱歇[①]提出的看似简单、实则最能迷惑人的"囚徒的困境"，它几乎动摇了博弈论的部分理论基础。"囚徒的困境"这个名称是兰德公司的顾问阿尔伯特·塔克[②]起的。之所以起这样一个名称，是因为塔克为说明这种博弈讲了一个有关囚徒的故事，对此我们将在后面详细介绍，现在我们只要知道在这种博弈中，冲突的形势是最具幻想力的，并且至今仍使我们困惑不已就足够了。

对于那些研究民间传说的人来说，二难推论这类故事中会出现令人难以做出决断的情况，同时要求听故事的人回答该怎么办。囚徒的困境也是这样一类故事，它的结局是留给听故事的人或者读者一个解不开的难题。"囚徒的困境"被发现以后并没有立即公开，只是在20世纪50年代的科学界里被口头传播，但它确确实实满足了民间文学家对二难推论

① 梅里尔·佛勒德（1908—1991），被认为是管理科学和运筹学的先驱，曾任美国运筹学会主席。梅尔文·德莱歇（Melvin Dresher，1911—1992），出生于波兰，1923年随父母移居美国，数学家。——译者注

② 阿尔伯特·塔克（1905—1995）：美国数学家，生于加拿大。他培养的博士生中包括诺贝尔奖得主约翰·纳什和劳埃德·沙普利，以及有"人工智能之父"之称的马文·明斯基等。——译者注

这类故事所下的定义。

当然，囚徒的困境不只是一个故事，它是一个精确的数学结构，也是现实生活中的一个问题。从 1950 年“被发现”这个时代背景来说，它并不像看上去那样神秘，因为当时大家正紧密关切着核扩散和军备竞赛。事实上，早期核时代的紧张形势正是出现囚徒的困境这种博弈的原因之所在。

对核时代而言，以牺牲公共利益为代价，能否使一方获得安全这样一个揪心的问题并不是什么新问题，自从有战争起，这样的问题就存在了。但核打击的突发性和毁灭性使这个问题变得明显起来。可以毫不夸张地说，囚徒的困境是防卫的核心问题，而某个人对此的反应既不能证明其错，也无法证明其对，保守派和开明派会做出截然相反的评价。

本书虽冠以“囚徒的困境”这样一个书名，但它不是讨论军事策略问题的。囚徒的困境是一个一般的概念。理论家们现在已经认识到，囚徒的困境会发生在生物学、心理学、社会科学、经济学、法律等领域。只要有利益冲突的地方，就会有囚徒的困境，而冲突并非只发生在有感知能力的生物之间。研究囚徒的困境对于解释动物社会和人类社会的形态极有好处。这是 20 世纪出现的最伟大的思想之一，不仅简单到任何人都可以掌握，而且具有重要的意义。

在冯 · 诺依曼生命的最后几年里，他看到战争的现实性变得越来越像虚构的二难推论，或者说像他的理论中的抽象博弈。核时代的风险常常带有“技术进步超越道德进步”的属性。这一判断令人沮丧，使人怀疑道德进步是否还存在，而原子弹越做越大，人们却照常生活。囚徒的困境已成为这个时代最基本的哲学和科学课题之一，它同人类的生存紧紧地联系在一起。

当代博弈论的实践者试图锻造一种道德进步。那么，在囚徒的困境中难道真有什么方法会促进公共利益吗？试图回答这个问题是当今最重大的智力冒险活动之一。

PRISONER'S DILEMMA

2

约翰·冯·诺依曼

1903年12月28日，约翰·冯·诺依曼生于匈牙利的布达佩斯。“约翰”（John）是他的教名亚诺什（János）的英文化名称。在匈牙利，他被昵称为“扬西”（Jancsi）；在美国，“扬西”自然地变成了“约翰尼”（Johnny）。冯·诺依曼是马克斯·诺依曼三个儿子中的老大。老诺依曼是一位成功的银行家。他们一家生活在一套舒适的三层公寓房里，房屋的所有人是冯·诺依曼的外祖父雅各布·卡恩。卡恩的四个女儿和她们的家都安在这里，因此冯·诺依曼有许多表兄弟姐妹。这个大家庭雇用了德国和法国的保姆，帮助孩子们流利地说德语和法语，这对于他们未来在匈牙利社会中取得成功是十分必要的。20世纪20年代初，冯·诺依曼的父亲在布达佩斯郊区买了另一座房子，于是，他们一家夏天就住在郊区。

诺依曼家族是犹太人。犹太人在以马扎尔人为主要民族的匈牙利是受到迫害的，但这不妨碍犹太人成为成功的外来者。在“人的升华”节目中，雅各布·勃洛诺夫斯基这样断言冯·诺依曼：“如果他早生一百年，我们也许不会听到他的名字。他很可能像他的父亲和祖父那样，成为一个犹太法学博士。”

事实上，诺依曼家族对宗教的态度是很不一致的。族长雅各布·卡恩对犹太教的虔诚并没有被生活在他的屋顶下的大多数人所继承。马克斯·诺依曼一家都信奉基督教——他们过圣诞节，每逢节日就互相交换礼物，孩子们跟着德国保姆唱圣诞颂歌，但这不排除他们按惯例同样庆祝重要的犹太节日。有一次，冯·诺依曼的弟弟迈克尔问父亲，既然他们并不严格遵守犹太教，为什么还把自己看作犹太人呢？马克斯只回答了两个字："传统"。

这种宗教上的混乱陪伴着冯·诺依曼的一生，包括他第一次结婚时名义上改信天主教，而在他成年以后的大部分时间里，他基本上信奉不可知论。他去世前不久，虽然他作为原子能委员会委员在公众中已享有巨大声誉，但《犹太前锋日报》的一个编辑仍写信问冯·诺依曼，媒体把他说成犹太人是否正确。

马克斯·诺依曼很有教养，他读了许多书，是一个业余诗人，会用匈牙利文和德文两种语言写诗。他也是一个开明的商人，认为经商作为他的财源，理应考虑社会的需要和希望。他和孩子们在餐桌上交谈时，常常触及"银行家的社会责任"这个问题。他试图让他的儿子们对银行业感兴趣，因此常常把银行支持的企业赠送的纪念品带回家。据冯·诺依曼的另一个弟弟尼古拉斯推测，冯·诺依曼关于计算机穿孔卡片[①]的概念起源于家庭讨论中经常提起的由马克斯的银行提供资金支持的雅卡尔纺织厂。

在第一次世界大战中，缺乏资金的弗朗茨·约瑟夫皇帝[②]向富有的资产阶级出卖贵族爵位，于是马克斯也在1913年买了一个"margittai"的头衔。许多人有了爵位以后把名字都改了，但马克斯却并不自称"margittai Neumann"。冯·诺依曼在苏黎世和柏林念大学时，喜欢在签名中以日耳曼方式附上贵族头衔："Johann Neumann von Margittai"。当按照德国人的

---

① 穿孔卡片在用于计算机作为输入输出介质之前，就已用于纺织厂在织物上织出花纹。——译者注

② 弗朗茨·约瑟夫皇帝（1830—1916）：奥地利哈布斯堡洛林王朝的皇帝弗朗茨二世之孙，1848年继承伯父斐迪南一世任奥地利皇帝。1867年由于与马扎尔人协商和解而同时成为匈牙利皇帝。1908年合并波斯尼亚和黑塞哥维那，成为第一次世界大战的直接起因。1916年在忧伤中死去。——译者注

习惯签名时，就缩写成“von Neumann”，其中不出现头衔，但隐含着贵族身份。这就是“冯·诺依曼”这个名字的来历。

神童

从孩提时起，冯·诺依曼就有过目不忘的天赋。6 岁时，他就能用古希腊语同父亲互相开玩笑。冯·诺依曼会以展示其记电话号码的才能来娱乐客人：客人随便指定电话号码簿的某页某栏，冯·诺依曼读几遍以后把本子交还给客人，然后他就可以回答任何提问，诸如谁有什么样的号码，或者按顺序背诵姓名、地址、电话号码等。

诺依曼家的环境对于孩子智力的发展是很有利的。马克斯·诺依曼在一次遗产拍卖会上买下了一个图书馆，他腾出一个房间，雇了一个木工做了许多高达天花板的书柜来装这些书。冯·诺依曼在这个小家庭图书馆里度过了许多美好的时光，也读了许多书，其中之一是曾经名噪一时的德国历史学家威尔海姆·昂肯（Wilhelm Oncken）所编的百科全书式的世界史。冯·诺依曼一卷又一卷地读完了这部世界史，他甚至拒绝去理发，除非他母亲同意让他带上其中的一本书。当第一次世界大战爆发时，冯·诺依曼已经读完了这部世界史，他能够对当前发生的事件和历史上的某个事件做出对比，并讨论两者的军事理论和政治策略。当时他只有 10 岁。

诺依曼家有一个亲戚叫桑多尔·费伦齐，是心理学家弗洛伊德的信徒，他将精神分析法引入了匈牙利。通过这个亲戚，冯·诺依曼也接触过心理学。冯·诺依曼从小就对欧洲文学和音乐有着浓厚的兴趣。他的弟弟尼古拉斯曾经回忆起，冯·诺依曼对于艺术作品的哲学理论基础有极大的好奇心。意大利剧作家皮兰德娄的话剧《六个寻找剧作家的角色》（*Six Characters in Search of an Author*）虽然是脱离现实和荒诞的，但对冯·诺依曼则有极大的感染力。巴赫的《赋格的艺术》(*Art of the Fugue*)由于有若干音调未规定用什么乐器演奏而给约翰尼留下了深刻的印象。这使尼古拉斯相信，这是存储程序计算机概念的一个来源。①

对科学发生最初的兴趣以后，冯·诺依曼就在家里做起实验来。他和弟弟迈克尔不知道怎么搞到了一小片金属钠，然后把它放进水里去观察会发生什么反应。钠溶解以后(产生有腐蚀性的氢氧化钠)，他们就去品尝水的味道。结果，家里人很担心，只好去请医生。

从1911年到1921年，冯·诺依曼在有很高学术声誉的路德中学上学。这所学校虽然有路德教的背景，却接纳有不同宗教信仰的学生，甚至开设相应的宗教课程。冯·诺依曼在中学时的第一位数学老师是拉斯洛·拉茨教授，他很快就发现了冯·诺依曼的数学天赋，并把他的父亲马克斯找来参加一个会议。拉茨为冯·诺依曼介绍了一个专门的数学研究项目，并亲自组织这个项目的活动。

冯·诺依曼有时也会让他的老师生气。对于他不感兴趣的科目，他有时会不完成白天指定的作业，宁愿去参加让他感兴趣的讨论。数学和其他大多数学科，冯·诺依曼的成绩都是A，但是体育课他只得了C。

冯·诺依曼这一代匈牙利人中产生了非常多的天才人物，冯·诺依曼是其中之一。他比尤金·维格纳低一班，维格纳后来成为著名的物理学家。维格纳说过，他与冯·诺依曼相比，只是一个二流的数学家，因此他改行搞物理了。1925年，冯·诺依曼认识了爱德华·特勒，当时他们两人都师从著名教授李普特·费尔。同时代有名的匈牙利人还包括激

---

① 在冯·诺依曼提出的计算机体系结构中，控制计算过程的程序如同被处理的数据一样被存储在计算机中，这是冯·诺依曼型计算机的主要特征之一，被称为存储程序。赋格是西方音乐的复调曲式之一，其基本特点是运用模仿对位法，使一个简短而富有特性的主题在乐曲的各声部轮流出现。巴赫的作品使赋格发展到成熟，尤其在《赋格的艺术》中，巴赫巧妙地应用了倒置、紧接、扩大、缩小、复对位等技术，并且不指定演奏方式，可作为钢琴曲，也可编写成弦乐四重奏。但这些技术似乎同计算机的存储程序概念并无关系，而同程序设计技术有关。——译者注

光技术先驱丹尼斯·伽柏和物理生物学专家里奥·西拉德。

库恩统治时期的匈牙利

虽然冯·诺依曼拥有安稳的家庭生活，以及对学术发展极为有利的环境，而且可怕的世界大战也没有对他造成什么影响，但在成年以前，他还是饱尝了艰难困苦和受迫害的滋味。我们这里要提一下冯·诺依曼在库恩统治时期的经历，这或许能解释他在政治上的保守主义以及对苏联的不信任。

贝拉·库恩[①]是一个空想社会主义者，他是匈牙利5个月共产主义政府的首脑。他有犹太匈牙利人的血统，是一个律师和记者。在第一次世界大战中，他应征加入奥匈帝国的军队，被苏联人俘虏。据说他在被囚禁期间接受了“洗脑”。实际上他在战前就信仰社会主义，但人们不清楚被俘的经历为什么使他的政治信仰成形了。总之，库恩回到他的祖国时已是一个坚定的共产主义者。他按照苏联的模式在布达佩斯组织了共产党，并很快发展起来。

当时，米哈伊·卡罗伊伯爵的政府正陷入困境。为了保住权力，卡罗伊竟孤注一掷，求助于库恩的强大的共产党组织。这使卡罗伊保守的选民十分愤怒，从而使他的地位更加不稳。1919年3月21日，卡罗伊不得不接受现实，宣布辞职，库恩乘机夺取了权力，成为一个工农国家的首脑。冯·诺依曼当时15岁。

但是，库恩缺乏领导能力，并且经常做出错误的决策。他是一个教条主义者，当不切实际的行动没有产生理想的乌托邦时，库恩只会不断地重复革命口号。在库恩的领导下，匈牙利变成了被错误管理的集大成者。

---

① 贝拉·库恩（1886—1939）：匈牙利共产党早期领导人。

库恩还颁布了一项法令，让土地、企业和生产工具归无产者所有。这使几个世纪的统治阶级权力一夜之间就化为乌有，重要的岗位都被没有经验的社会主义者或者投机分子所占据。据说新的财政部长甚至不知道怎样在支票上背书，要别人教他才知道，因为他根本没有财务经验。这个故事当然不足凭信，但它说明了这场闹剧处于何等尴尬的境地。

正常的经济运行停止了，穷人得不到激励去为国家工作，农民拒绝把农产品卖给国家，商店的货架变空了。为了获得粮食，城镇居民只好长途跋涉到农村去同农民进行私下交易。手里有资源的人会索要被宣布为非法的蓝色钱币而不要库恩政府发行的白色纸币。

银行职员被关在银行门外，有工作的富裕人家也经常惧怕遭他人揭发。因此，在库恩取得权力后一个月，马克斯 · 诺依曼就携家人逃到奥地利去了。他们离乡背井的生活比预计的好多了，他们有时候住在维也纳，有时候住在亚得里亚海滨的旅游胜地奥帕蒂亚。

布达佩斯变成了一个危险的地方。年轻人把动荡作为暴力和破坏的借口，他们闯进富裕邻居的家中，殴打敢于反抗的人。在一些孤立的地区，保守派的反抗更加剧了这种紧张形势。“卖国贼”被逮捕，甚至被枪决。

库恩的政府于 1919 年 8 月垮台。米克洛什 · 霍尔蒂将军在逃离祖国的贵族和激进的、迷信军事实力的派别（后来很快被叫作“法西斯”）支持下夺取了权力。但是，匈牙利的麻烦并没有结束。在保守的霍尔蒂统治下，“白色恐怖”席卷了整个匈牙利。

库恩的 11 个人民委员中有 8 人是犹太人，因此库恩政府的垮台立刻被归咎于犹太人和知识分子。白色恐怖是不讲道理的，甚至像诺依曼家族这样曾经反对库恩统治，而且还是库恩统治的牺牲品的犹太人也受到了打击。将近 5 000 人惨遭杀害，其中大多数是被暴徒私刑处死，并且这种暴行根本不受政府干预。据估计，当时有 10 万人逃离了匈牙利。

早期经历

约翰·冯·诺依曼是离开匈牙利到德国，然后又由德国到美国去的大批犹太知识分子中的一个。当冯·诺依曼快要上大学时，他想攻读数学，因为18岁那年，他已经和他的老师合作发表过他的第一篇数学论文了。但是他的父亲不同意，认为当数学家挣不了足够的钱养家。马克斯让工程师西奥多·冯·卡尔曼[①]给他的儿子做工作，让他选择经商。最后作为折中方案，冯·卡尔曼建议学化学，父子双方都接受了。

之后，冯·诺依曼申请了布达佩斯大学。为了限制犹太人在国内人口中的比例，政府规定，允许受教育状况相对较好的犹太人上大学，但录取条件异乎寻常的高。当然，因为冯·诺依曼有出色的学业记录，因此他被录取了。

但是，冯·诺依曼上大学的经历比较复杂，横跨了三个国家。1921年他在布达佩斯大学注册，但没有上过任何课，虽然考试都得了“A”。他同时在柏林大学注册，攻读化学到1923年。之后，他进入苏黎世的瑞士联邦理工学院攻读化学工程，1925年取得学位，最后，他于1926年在布达佩斯大学获得数学博士学位，辅修物理和化学。为了获得博士学位，他整整花了5年时间。

取得博士学位后，他在柏林大学任私人讲师，这个职务相当于美国的助理教授。有报告指出，冯·诺依曼是有史以来担任这个职务的人中最年轻的一个。他在柏林的岗位上一直工作到1929年，然后去了汉堡，并且保留这个头衔到1930年。

这时候，冯·诺依曼获得洛克菲勒基金会的资助，到哥廷根大学去

---

① 西奥多·冯·卡尔曼（1881—1963）：后来也加入美国籍的著名研究工程师，在空气动力学和宇航学方面有卓越贡献。他在加州理工学院的实验室成为后来美国宇航局（NASA）的喷气推进实验室的基础。——译者注

做博士后的工作。在那里，他在伟大的数学家戴维 · 希尔伯特（David Hilbert）的指导下进行研究（1926—1927 年）。希尔伯特手下汇聚着许多最出色的数学天才，其中一位是罗伯特 · 奥本海默[①]，冯 · 诺依曼就是在哥廷根第一次遇见他的。

还在 20 多岁的时候，冯 · 诺依曼的名字就已在全世界的数学界传播开了。在学术会议上，他被认为是青年天才。年轻的冯 · 诺依曼轻率地断言，人一过 26 岁，其数学才能就会下降，只是得益于经验，才使这种下降被掩盖起来，但也只能掩盖一时而已。（他的老朋友、数学家乌拉姆[②]指出，当冯 · 诺依曼自己上了岁数以后，他把 26 岁这个年限提高了。）

1929 年，冯 · 诺依曼自己达到了这个分水岭的年龄，但就在这一年，他被邀请到普林斯顿大学去讲一个学期的量子理论课程。由于大学同意给他一个职位，于是他决定同女友玛丽埃特 · 柯维茜结婚。他回信给普林斯顿大学的奥斯瓦尔德 · 维布伦[③]说，在他接受邀请之前，先要处理一些私人事务。就这样，冯 · 诺依曼就返回布达佩斯求婚去了。

冯 · 诺依曼的未婚妻玛丽埃特是布达佩斯一位医生的女儿，她答应在当年 12 月同他结婚。但玛丽埃特是天主教徒，因此，为了结婚，冯 · 诺依曼接受了妻子对宗教的忠诚而改信天主教。但许多证据表明，他并不把改信天主教这件事当真。在斯坦利 · A · 勃罗姆堡和格温 · 欧文著的《能量和冲突》（*Energy and Conflict*）一书中，爱德华 · 特勒说，每当冯 · 诺依曼被惹恼得要诅咒的时候，他会强忍住并开玩笑说："这样，我将来在炼狱中就可以少受 200 年的罪了。"

---

① 罗伯特 · 奥本海默（1904—1967）：后来也加入了美国籍成为著名核物理学家，被称为"原子弹之父"。——译者注

② 乌拉姆（1909—1984）：出生于波兰的美国著名数学家，与冯 · 诺依曼合作发明了蒙特卡洛法；他还发现了素数分布的特异规律，被称为"乌拉姆现象"。——译者注

③ 奥斯瓦尔德 · 维布伦（1890—1960）：美国著名数学家，在微分几何与拓扑学方面有重大贡献。第二次世界大战期间任著名弹道研究实验室 BRL 的军事顾问。——译者注

婚后，冯 · 诺依曼接受了普林斯顿大学的任命。但他在普林斯顿大学的短期讲学很快就升级为一个永久性的职位了。他的教书生涯不长，从1930 年到 1933 年，头衔是访问教授。冯 · 诺依曼被认为是一个与众不同的教师，那些天赋不高的学生很难跟上他敏捷的思维。在普林斯顿大学，他以在黑板的一小部分急速地写出一连串等式，并且在学生还没有来得及抄下来之前就又擦掉而闻名。

从 1930 年到 1936 年，冯 · 诺依曼在欧洲边过暑假，边工作。直到1933 年纳粹攫取权力以后，冯 · 诺依曼才最终放弃了他在德国的教授地位。就像预期的那样，从纳粹一露头，冯 · 诺依曼就表示反对。1933 年，他在致维布伦的一封信中预言："这群人如果再这样继续折腾两年（不幸的是，这非常可能），他们就会至少毁掉整整一代德国科学。"

在冯 · 诺依曼成为美国移民这件事上，不应该过分强调他反犹太主义的作用。后来冯 · 诺依曼坚持认为，他离开匈牙利到德国，以及离开德国到美国的动机，都是为了在事业上创造更多的机会。他抱怨说，德国的数学家太多了，但全职教授的职位却不足。

普林斯顿高等研究所

1933 年，普林斯顿高等研究所成立，冯 · 诺依曼被任命为教授，他又一次成为一个这个出色的团体中最年轻的学者。由于普林斯顿高等研究所不从事教学活动，冯 · 诺依曼的正式教书生涯就此结束（往多里说，恐怕他也只指导过一个博士论文课题）。

同哈佛的约翰逊研究所相比，普林斯顿高等研究所总部位于一座不起眼的建筑物内。但是，新到这个研究所的工作人员往往要经历一个"认识上的冲击"阶段，因为他们发现，在这里，大多数看上去普普通通的人（对于专业人员而言）都是非常有名的。数学家劳尔 · 博特 1984 年在一次演讲中回忆自己刚进普林斯顿研究所时的情况时，他说：“在碰见名人时我们常常会拧自己一下，以确信这不是在做梦。想象这样一个地方吧：这里有一个像流浪汉的可疑的人，有一次警察想把他逮起来，没有想到他是吉恩 · 勒雷。每天大约上午 11 点钟的时候，你可以很容易地同爱因斯坦聊一些重大的问题，诸如天气变化或者邮件来得太晚等。这里，在一群年轻的用餐者的喧闹声中，旁边安详且面带笑容地坐着用餐的竟是狄拉克，等等。”①

冯 · 诺依曼的办公室挨着爱因斯坦。虽然关于冯 · 诺依曼的文章不少，而且广泛流传，但爱因斯坦不了解他，冯 · 诺依曼要很吃力地向他做自我介绍，有时还会把自己描述成伟大天才的合作者。但是这两个人的关系从来没有密切起来。冯 · 诺依曼的弟弟尼古拉斯告诉笔者，冯 · 诺依曼以一种宽容的（同时也是精确的）怀疑态度看待爱因斯坦关于“统一场论”的著作。爱因斯坦发表狭义相对论时正好是 26 岁，之后，爱因斯坦至少还有 10 年的辉煌，因为广义相对论是 11 年以后推出的。《生活》杂志引用研究所一个成员的话说：“爱因斯坦想问题比较慢条斯理，有些问题他会想上几年。冯 · 诺依曼正好相反，他思维敏捷，有如闪电般惊人。如果你给他一个问题，他要么马上把它解出来，要么根本不解。如果他必须思考很长时间，那么他会烦恼起来，兴趣也就丧失了。冯 · 诺依曼除非专心致力于某个问题，否则他的思维是不会闪光的。”

1935 年，玛丽埃特生下了女儿玛丽娜，她是冯 · 诺依曼唯一的孩子。两年以后，玛丽埃特离开了冯 · 诺依曼，她爱上了物理学家库珀（J. B. Kuper）。

此时，冯 · 诺依曼已经完全成熟了，因此他对分手一事处理得非常

---

① 这一段中提到的科学家，除爱因斯坦外，博特（1923—2005）是著名数学家，2000 年获沃尔夫奖；吉恩 · 勒雷（1906—1998）是法国数学家，也是复杂性分析领域的权威；狄拉克（1902—1984）是著名的英国数学家和核物理学家，1933 年获诺贝尔奖。——译者注

优雅和开明。当时库珀在布鲁克海文国立实验室工作，冯·诺依曼的朋友们都认为库珀是一个“非常出色的青年”，并且“深深地爱上了玛丽埃特”。后来玛丽埃特带着玛丽娜搬到库珀那儿去了。1937 年年末，她在里诺住了下来，并根据内华达州的法律提出离婚，理由是冯·诺依曼“极端残忍”。这显然是一个合法的编造，因为即使在此后，冯·诺依曼也从来没有说过她的坏话。1938 年冯·诺依曼到欧洲去旅行时，几乎每天都给玛丽埃特打电话。在完成离婚的法律手续以后，玛丽埃特同库珀结婚并定居于纽约。

根据分手时达成的协议，冯·诺依曼无须给玛丽埃特生活费，只为玛丽娜提供抚养费；玛丽娜将同母亲生活到 12 岁，然后同她父亲生活到 18 岁。1972 年玛丽娜在接受《生活》杂志采访时说：“我母亲非常强烈地感觉到，冯·诺依曼的女儿应该了解冯·诺依曼。所以经过周密的安排，在我十几岁足够懂事时，终于同父亲生活在一起。”

克拉拉

离婚不到一年，冯·诺依曼爱上了已婚女子克拉拉·丹（Klara Dan）。克拉拉本是他早年的情人，在一次欧洲旅行途中邂逅后，他们重新燃起了爱火。

同冯·诺依曼一样，克拉拉来自布达佩斯一个富裕的家庭。在 1956 年的一次采访中，克拉拉形容自己是一个“被宠坏了的娇小姐，过着奢华的欧洲式生活。为了寻欢作乐，我在英国和里维埃拉生活。我有过妙不可言的时光，但我真的一点儿也不知道‘科学’这个词的意义。”

之后，克拉拉打算同她当时的丈夫离婚。冯·诺依曼推掉了普林斯顿高等研究所 1938 年秋季学期的工作，表面上的理由是为了帮助克拉拉办理离婚手续，实际上他忙于讲学。冯·诺依曼不顾战争的阴云密布，在瑞典和波兰讲学，并拜访了几个“聪明透顶的朋友”（就像克拉拉称呼他们的那样），其中包括哥本哈根的物理学家尼尔斯 · 玻尔①，他可比“聪明”厉害得多。因此，冯 · 诺依曼同克拉拉和布达佩斯的家人生活在一起的时间其实很少。

一些之前由克拉拉保存、现在存档于美国国会图书馆中的冯 · 诺依曼的信件，按年记录了他和克拉拉之间炽热的感情。这些信件是按照20世纪中期的格式编号的，因为即使在婚后，冯 · 诺依曼也经常到欧洲旅行。

在求婚期间，冯 · 诺依曼为克拉拉写了许多感情洋溢的信。他大肆赞扬克拉拉是世界上最出类拔萃的女人，宣称他们之间的爱情是世上绝无仅有的，并将轰动一时。而克拉拉写给冯 · 诺依曼的信中，则完全没有这种热情奔放的调子。克拉拉是一个脾气暴躁的女人，从她的信中很难做出别的结论——即使是在爱情最甜蜜的时候写的那几封信中，也充满着威胁和不祥的语气。如果说冯 · 诺依曼并不是一个容易相处的人，那么克拉拉也是这样一种人。

在一封写于意大利蒙特卡蒂尼泰尔姆酒店、落款日期为1938年8月28日的信中，克拉拉坦率地称自己是一个有许多毛病的爱慕虚荣的女人。她十分在意求婚者是否有一个稳固的社会地位。在这封信中，她也像以往那样臭骂冯 · 诺依曼。她吹毛求疵地说，冯 · 诺依曼是一个不成熟的、可怕的人，认为自己有些才华就想飞黄腾达。她告诫冯 · 诺依曼不要束缚她的感情或者别人的感情。

---

① 尼尔斯 · 玻尔（1885—1962）：丹麦著名的理论物理学家和核物理学家。1913年提出玻尔定理，首次明确电子绕原子核以一定轨道旋转，只当电子轨道发生转移时，才发出或吸收辐射能，这为原子能的开发利用奠定了理论基础。他于1922年获诺贝尔奖。——译者注

克拉拉经常感到忧郁。1938 年 9 月的一组信清楚地表现了这一点：9 月 9 日，克拉拉抱怨感到身体虚弱；9 月 15 日，她甚至不能见人和稍微说几句话——其他人在她看来都是令人作呕的乐观主义者；9 月 19 日，她又一次感到抑郁，不知道自己为什么不能好起来。

令人难以置信的是，冯·诺依曼在这个时期写的一封信中，有一个长长的附言，说克拉拉的信写得一次比一次甜蜜！

克拉拉有足够的理由烦恼。当战争的威胁和纳粹法西斯的恐怖越来越强烈的时候，她发现冯·诺依曼不但是个好丈夫，还是她到美国去的敲门砖。在一封吐露心声的信中，克拉拉告诉冯·诺依曼，她的一生将在他的掌控之中。她只希望去美国，并过上正常的婚姻生活。在经过对于克拉拉来说是折磨人的迟迟不予判决之后，克拉拉的离婚案终于在 1938 年 10 月 29 日结束。她和冯·诺依曼在当年 12 月 17 日结婚，不久便乘坐玛丽皇后号轮船奔赴纽约。

之后，冯·诺依曼住进韦斯科特大街 26 号——普林斯顿当时最大的房子之一。这座房子价值 3 万美元，2.5 万美元的抵押金是借普林斯顿高等研究所的，研究所资助冯·诺依曼所在的系购买了这座房子（1941 年，冯·诺依曼在研究所的年薪是 12 500 美元，在当时这对于一个学者来说是很高的）。

克拉拉用最时髦的家具布置了这所房子，其风格是冯·诺依曼不感兴趣的。不过，冯·诺依曼家倒是充满着古色古香的情调。先是冯·诺依曼的母亲同他们一起生活，玛丽娜 12 岁以后也搬来和他们一起住。他们雇了几个仆人，冯·诺依曼和克拉拉主要用匈牙利语同他们交流。他们在信中混着用匈牙利文和英文，有时在一个句子中间就从这种文字转变到另一种文字去了。

克拉拉和冯·诺依曼没有生孩子，他们对玛丽娜关怀备至。他们也非常溺爱一只大型的混血种狗，名叫“英弗士”。

个性

《家政》杂志在1956年的一篇文章中宣称："冯·诺依曼博士的外表并没有因为他是科学家而有什么古怪之处。"冯·诺依曼身高5英尺9英寸[①]，从来不运动。他在20来岁时身材瘦长，中年以后有些发福。他的发际线已退到头顶，因此脸部看起来像一轮满月。有一个叫阿尔弗雷特·艾森施泰特的人为他拍了张他参加普林斯顿茶会的照片，发表在《生活》杂志上，看上去他就像是一个慈祥的奶油吐司叔叔。[②]冯·诺依曼的衣着总是整洁而老式的。克拉拉常常陪他出去，帮他挑选衣服，他倒不怎么反对购买兜售的便宜货。冯·诺依曼通常穿一身拘谨的套装，口袋中装着白色的手帕，这套服饰常常成为别人打趣的对象。同事们问他："你的衣服上怎么不像我们那样落些粉笔灰呢？"据说他口袋中很少装什么东西，只有保险单和中国玩具。[③]

冯·诺依曼的英语说得很好，更不用说匈牙利语、德语和法语了。他的英语重音暴露出他是中欧人，但非常迷人，绝无刺耳的感觉。他在"th"和"r"的发音上有些麻烦，说"integer"（整数）这个单词时，"g"的音发得很重，这是冯·诺依曼特有的。幼时学的希腊语和拉丁语他也掌握得很好。据说冯·诺依曼掌握的7种语言，无论哪一种他都说得很好，甚至比只会说一种语言的大多数人都要流利。

有些数学家墨守成规、胆小怕事、思想麻木，冯·诺依曼则完全不同于这类数学家——他热情奔放，喜欢派对。派对和夜生活对冯·诺依曼特别有吸引力。在德国教书时，冯·诺依曼是柏林一家"卡巴莱"的

---

① 1英尺=0.3048米。——编者注

② 慈祥的奶油吐司叔叔源自美国漫画家韦伯斯特创作的连环画中的人物Caspar Milquetoast，这是一个胆小、怕羞、总爱向人道歉的人。——译者注

③ 中国玩具通常指七巧板、九连环等。据说爱因斯坦很喜欢玩九连环，把它作为保持思维敏锐的一种工具。——译者注

常客，这方面的爱好贯穿了他的一生。冯·诺依曼和克拉拉有时自己举办这种活动，以便把做客的学者介绍给研究所。几乎每个礼拜他们都有派对，并逐渐形成了一种沙龙。1952年，克拉拉甚至为一个派对做了一个普林斯顿计算机的冰雕模型，以庆祝这台计算机的投入使用。[①]《生活》杂志这样描写冯·诺依曼："对于他，这是一个普普通通的场景：在夜总会节目表演或热闹的派对进行到中间的时候，他便开始用笔在纸上乱涂乱抹起来。他的妻子会说：'闹得越凶越好。'"

冯·诺依曼利用他非凡的记忆力在头脑中建造了一个笑话库，一有机会就要用一下。1947年，原子能委员会委员刘易斯·施特劳斯[②]想在他的演讲中加入一些风趣的内容，便让冯·诺依曼提供过几则有关原子弹的笑话（可惜没有记录下来）。冯·诺依曼也喜欢做五行打油诗。在写给克拉拉的信中，有以下几个例子：

有个姑娘来自林恩，
大眼睛，小嘴巴，长得水灵灵，
只可惜她羞答答不肯见人，
慕名而来的小伙子们
挤破了她家的大门！
有个小伙大喊"快跑"，
世界末日已经来到！
我最害怕会诅咒的圣灵，
对付耶稣基督，

① 从时间上推算，这台计算机应该就是由冯·诺依曼领导研制的IAS计算机。——译者注

② 施特劳斯（1896—1974）：美国海军将领，曾任原子能委员会主席。——译者注

却自有妙招！

（一个不知名的五行诗作者，作于21世纪初）

冯·诺依曼的幽默用当时的标准来衡量，大多都是带有性别歧视色彩的。在写给克拉拉的一封信中，他把《花花公子》杂志上的用词“rape”定义为“为了快乐而强奸”。他有一则故事说，一个妇女拿了一张5美元的纸币到商店购物，店员告诉她这张美钞是假币，于是这个妇女喊道：“我被强奸了。”[①]克拉拉对她丈夫的玩笑有何反应已不得而知，但从冯·诺依曼的一封信中可以看出一些端倪：在那封信中，冯·诺依曼引用了美国小说家伍德豪斯的一句话：“女人必须学会忍受她们所爱的男人讲的逸事，这是夏娃的咒语。”

冯·诺依曼的政治笑话比较好一些。刘易斯·施特劳斯认为下面这则笑话就是冯·诺依曼创作的：“一个匈牙利人进入旋转门的时候在你身后，但他却比你先出来。”冯·诺依曼最喜欢的笑话之一是第一次世界大战时在柏林创作的：“一个人站在街角大喊：‘皇帝是个白痴！’警察要以谋反罪逮捕他。他说：‘你不能逮捕我，我说的是奥地利皇帝。’警察说：‘你骗不了我们，我们知道谁是白痴。’”

冯·诺依曼的恶作剧也是出了名的。梅里尔·佛勒德回忆起有一次爱因斯坦要去纽约，冯·诺依曼自告奋勇驾车送他去普林斯顿火车站，却故意把他送上一列驶往相反方向的火车。另一次，佛勒德有天早晨看见冯·诺依曼的眼睛有些红肿，问他是怎么回事，他回答得很简单：“我哭过。”佛勒德说过这则故事以后，有人问他：“你怎么没有问问冯·诺依曼为什么哭？”令人难以置信的是，佛勒德竟以为这也是冯·诺依曼的恶作剧——他在自己眼中故意揉进些什么东西，好让别人来问他。

当然，说笑话和恶作剧不是一回事，并不都意味着有幽默感。

---

① “强奸”的英文“rape”也有强夺、洗劫之意。这个妇女的本意是“我被强夺去了5美元”。——译者注

冯·诺依曼的幽默感常常是带有讽刺性的。一次在火车上，他饿了，让列车员把卖三明治的小贩叫过来。列车员不耐烦地回答说："如果我看见三明治人，我会跟他说的。"冯·诺依曼听后调皮地问他："这火车是线性的吧？"[①]他就是这样，机智、诙谐、触景生情，但是以克拉拉和他的同事为笑柄的玩笑却是令人难堪甚至痛苦的。赫尔曼·哥尔斯廷[②]回忆起，他和冯·诺依曼曾经参加了一个令人厌烦的讲座，演讲者有个口头语"nebech"，于是他们就记录他说这个词的次数。每当他说"nebech"时，他们就高高举手，并伸出手指示意。

在他的性格中还有异想天开的特质。有一天，冯·诺依曼和一个同事竟然花了一个晚上在电话号码、街道地址等日常生活用的数字中寻找素数。冯·诺依曼喜欢听奇闻逸事，也爱传播奇闻逸事。关于这一点，乌拉姆曾经说过："人们常常有这样的感觉，冯·诺依曼总是在收藏人间奇闻，好像要做统计学研究似的。"

冯·诺依曼在政治上是保守的，但不是动辄发作的反动派。他会保卫奥本海默，反对对他的攻击。当物理学家劳伦斯和阿尔瓦雷斯[③]试图说服爱德华·特勒在利弗莫尔建立实验室的时候，冯·诺依曼劝特勒："特勒，别跟这些人掺和在一起，他们太反动了。"

冯·诺依曼喜欢奢侈品。用大学教授的标准来衡量，他家用的瓷器

---

① 冯·诺依曼的意思是，我都看见他了，你怎么还假装没看见？所谓"三明治人"指胸前和背后都挂着广告牌的人，流行于20世纪30年代经济大萧条时期。——译者注

② 赫尔曼·哥尔斯廷（1913—2004）：美国数学家，第二次世界大战时期在阿巴丁弹道研究实验室工作，促成了世界上第一台电子计算机ENIAC的立项，并担任ENIAC的军方联络员，为ENIAC的成功做出了重大贡献。战后追随冯·诺依曼在普林斯顿高等研究所工作。——译者注

③ 劳伦斯（1901—1958）和阿尔瓦雷斯（1911—1988）都是著名的物理学家，前者因回旋加速器的发明于1939年获诺贝尔奖，后者因共振态的发现于1968年获诺贝尔奖。他们倡议的第二个核武器实验室于1952年7月在利弗莫尔建立，后被称为"劳伦斯利弗莫尔实验室"。——译者注

和银具都是很昂贵的。冯 · 诺依曼开着一辆车篷可折叠的最新型号的凯迪拉克汽车，还有一辆史蒂倍克牌的汽车。[①]在 20 世纪 40 年代，当汽车上最初出现往挡风玻璃上喷清洗液的小装置时，冯 · 诺依曼是第一批购买的人之一，并且在普林斯顿开车到处转悠向朋友们展示。

这位博弈论的奠基者喜欢游戏和玩具——虽然这一说法出于玩具商的利益并且在报刊上被过分夸大了。前面提到过的《家政》杂志的一篇文章说："冯 · 诺依曼博士非常喜爱儿童智力玩具。他过生日时，朋友们会送他各种各样的玩具作为礼物，部分是同他闹着玩，部分是因为他们知道他真的很喜欢玩具。有人曾经看见他一脸认真地同一个 5 岁的孩子争论谁有优先权玩一套新的插接式积木。他从来不对孩子摆出一副屈尊俯就的样子……"他最喜欢的一件生日礼物是一个会唱歌的玩具，用手指按一下，它就会唱起"祝你生日快乐"。

冯 · 诺依曼最感兴趣的理论问题之一是：机器能不能复制自己。他买了一箱"修补工"玩具来摆弄，以着手研究这个问题。但他在制造自复制修补工玩具上并不成功，最后只好放弃，把这套玩具送给奥斯卡 · 莫根斯特恩的儿子卡尔了。

冯 · 诺依曼喜欢吃吃喝喝。《家政》杂志的一篇文章嘲弄地写道："他什么都会算，就是不会算卡路里。"他喜欢早餐喝酸奶，吃煮得很老的鸡蛋，其他时间他想吃什么就吃什么。那篇文章说："冯 · 诺依曼喜欢甜食和富含脂肪、蛋白质的食物，尤其喜欢加上奶油做的有极高营养价值的食物。他喜爱墨西哥风味的食物。当他因为原子弹项目而常住洛斯阿拉莫斯时，他会驱车 120 英里[②]去一家他喜爱的墨西哥餐厅吃晚饭。"其余时间他会定一份白兰地加汉堡。

---

① 史蒂倍克（Studebaker）原是世界上最大的马车制造商，汽车诞生后，它成功地转型为最早的汽车制造商之一。该工厂 20 世纪 50 年代中期被兼并，20 世纪 60 年代该品牌汽车停产。——译者注

② 1 英里 =1.609344 千米。——编者注

一些故事把冯·诺依曼描写成一个偶尔酗酒的人，在这方面我们很难用通常的标准去衡量他。喝酒是普林斯顿环境的一部分。劳尔·博特说过，普林斯顿研究所的人有这样一种信念：酒精对于疲倦的数学家的心智有“治疗作用”。罗伯特和基蒂·奥本海默的家有个绰号叫“波旁庄园”。喝酒在冯·诺依曼家也是常事，主人一点儿也不比客人喝得少。冯·诺依曼有一只玻璃做的鸟，它可以间隔一定的时间摇摇摆摆地把它的尖嘴伸进一只玻璃杯里。在一次派对上，冯·诺依曼规定，每当玻璃鸟做这个动作时，大家都要喝一杯酒。

冯·诺依曼的弟弟尼古拉斯曾经在普林斯顿他哥哥家住过几年。他告诉笔者，冯·诺依曼通常是假装喝酒以表明他和同事相处得很融洽。还有比冯·诺依曼爱吃喝交际的说法更甚的故事。据说冯·诺依曼能在一个小时内喝将近1升的黑麦威士忌，而且之后仍可以开车！当然这也许是夸大其词，不过既没有文字资料，我采访过的人中也没有一个人说起过，冯·诺依曼因喝酒而误了他的工作。

冯·诺依曼开起车来横冲直撞，十分鲁莽。他大约一年就会毁掉一部车。普林斯顿有一个十字路口被起了个绰号叫“冯·诺依曼角”，因为由他引起的交通事故都发生在那儿，事故记录和超速拘留通知被保存在他的论文里。1950年11月16日，冯·诺依曼因交通事故做了一次小手术；1951年10月23日，他因交通违章被罚款10美元；1953年5月19日，他因在纽约西侧高速公路上超速行驶而被拘留；1953年7月15日，也就是距上次被拘留后不到两个月，他在圣塔莫尼卡把一辆停着的车的车门撞坏了。

虽然有人怀疑过，但是并无证据证明酒精在这些事故中起了作用。时任IBM公司应用科学部主任的卡思伯特·赫德[①]告诉笔者，冯·诺依曼

---

① 卡思伯特·赫德（1911—1996）：数学家，1949年加盟IBM公司，对IBM开创计算机产业做出了重大贡献。他于1986年获计算机先驱奖。——译者注

的问题不是酒后开车，而是开车时唱歌！他在转动方向盘时，身体会随着音乐前后摇摆。当冯·诺依曼驱车到IBM公司在纽约州的办事处时，几乎形成了一个惯例，他总会因为在纽约市违章行驶而得到一张传票，而他会把传票交给IBM公司，因为IBM公司在曼哈顿商业区也有一个办事处，靠近市政大厅。

冯·诺依曼的魅力来自其性格的两面性。他是一个温和可爱的人，他一方面怀疑人类会因科学技术的误用而毁灭，另一方面又设想发动一场核战争。有人为了获得其黑暗面的确切证据做过长期艰苦的调查，但一无所获，了解他的人绝大多数都对他极为钦佩。历史学家劳拉·费米（物理学家恩里科①的妻子）在《杰出移民》一书中写道："冯·诺依曼是我没有听到过任何批评的极少数人之一。那么多冷静沉着的人、那么多知识分子都聚集在这样一个并无突出外表的人的周围，这真令人惊讶。"

关于冯·诺依曼的善良和慷慨大方，还有许多小故事。1946年，冯·诺依曼得知他以前的老师费尔入不敷出，就寄了20美元给他。1954年，他让研究所把他名下的3 500美元转给来访的日本数学家広忠安斋。

冯·诺依曼同数学家维纳②之间有过小小的不和。有一次维纳做报告时，冯·诺依曼坐在前排大声地念《纽约时报》。当然，他们并非仇敌。维纳有一次曾试图为冯·诺依曼及其友人获得访问中国的邀请。在麻省理工学院的档案中，有一封维纳给清华大学熊庆来的信，日期为1937年5月4日。信中维纳用有些夸大的话介绍冯·诺依曼："冯·诺依曼是世界上两三个顶尖数学家之一，他完全没有民族和种族偏见，并且认为激励年轻人从事研究有极大的好处。……在社交方面，诺依曼相当喜欢口述要点的方式，因为你知道普林斯顿的生活节奏是比较快的，是鸡尾酒会式

① 恩里科·费米（1901—1954）：出生于意大利的美籍物理学家，因发现中子辐照产生新放射性元素而获1938年诺贝尔奖。——译者注

② 维纳（1894—1964）：出生于俄国的美国数学家，控制论的创始人。——译者注

的。至于在其他方面，诺依曼绝不是一个自以为了不起的人，年轻的大学生很容易接近他。”

对冯·诺依曼相当无礼而且令人不解的评论出现在物理学家理查德·费曼的畅销书《费曼先生，你一定是在开玩笑吧！》中。[①]费曼说：“冯·诺依曼给过我一个有趣的想法：你不必对你生活的世界负责任。由于冯·诺依曼的这一劝告，我的社会无责任感的意识发展得十分强烈，从此我变得非常快乐自在。正是冯·诺依曼在我心中播下的种子使我的无责任感成长起来！”

冯·诺依曼的第二次婚姻一直持续到他生命结束，但他和妻子克拉拉争吵不断，显然双方都有过错。冯·诺依曼在一封信中说：“我希望你原谅我在一些小事上欺骗过你。”克拉拉则承认：“我们两个脾气都不好，但让我们尽量减少争吵吧。我真的爱你，虽然我的性格很糟糕，但我真的很想让你幸福——尽可能接近幸福，尽可能有更多幸福的时光。”

克拉拉“糟糕的性格”是什么样的呢？尤金·维格纳在同记者斯蒂夫·J·海姆斯的一次谈话中说：“冯·诺依曼信奉性，信奉愉悦，但不信奉情感的眷恋。他对瞬间的愉悦感兴趣，但很少关注在相互关系中感情上的补偿，他大多数时候只看重女人的肉体。”维格纳认为冯·诺依曼真正爱的是他的母亲。冯·诺依曼的母亲名叫基托煦，她在许多方面都是冯·诺依曼家的中心人物。海姆斯进一步写道：“然而冯·诺依曼的同事发现，他在进入某个办公室时，如果其中有一个漂亮的女秘书在工作，他就会习惯性地绕弯过去，尽量不去注视她的衣服。这又让冯·诺依曼的同事疑惑不解。”

我们很难判断以上种种说法是否夸大其词，但冯·诺依曼的家庭不和却让人不得不信。冯·诺依曼是生怕被解职而卖力工作的人中最极端

① 费曼（1918—1988）：因发展了量子电动力学而于1965年获诺贝尔奖的美国物理学家。——译者注

的一个，同爱迪生相似，他夜里只睡几个小时，醒着的时候则总是在工作。在《一位数学家的经历》一书中，乌拉姆指出："冯 · 诺依曼也许不是一个容易和他人共同生活的人——他在普通的家务事上不会投入足够的时间……他是如此繁忙……他甚至可能不是一个体贴入微的'正常'的丈夫。这可能就是他的家庭生活不太美满的部分原因。"

当冯 · 诺依曼和莫根施特恩从早到晚、马拉松式地忙于准备他们的博弈论论文时，克拉拉变得恼怒万分，她宣称她同博弈论毫不相干，除非它"包括一只大象"。冯 · 诺依曼为了缓解这种紧张状态，果然在《博弈论和经济行为》的第 64 页中放进了一只大象，如下图所示，它是隐藏在一幅神秘的图中的。①

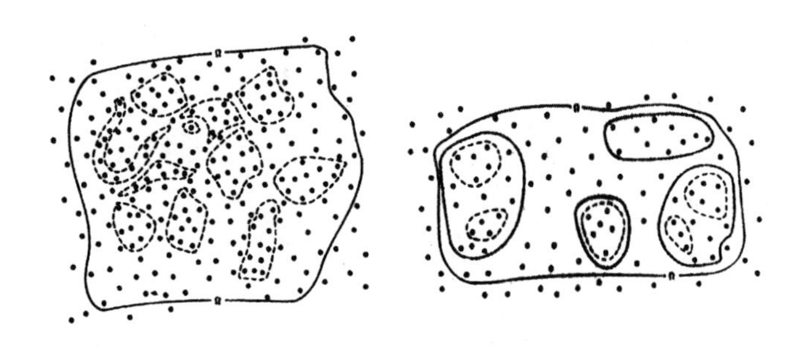

图 2–1

狂飙突进运动时期

《生活》杂志在发布冯 · 诺依曼去世的报道中夸张地说："对冯 · 诺依曼而言，成功之路是一条多车道的高速公路——车流少，也没有车速限

① 这两幅图是表示集合及分割的。——译者注

制。”迪冬[①]在《科学家传记辞典》的有关条目中，把冯·诺依曼从1925年到1940年的15年称为他的“狂飙运动时期”[②]。在这段时期中，他一篇接一篇地迅速发表了许多的原创性论文，其领域涉及逻辑学、集合论、群论、遍历理论，以及算子理论。在冯·诺依曼去世后不久，《科学》杂志上发表的一篇文章中，哥尔斯廷和维格纳说，除了拓扑学和数论，冯·诺依曼对数学的每一个分支都做出了重大的贡献。

综观冯·诺依曼的一生，他倾向于应用数学，即可以看出应用前景的纯数学。在题为“数学家”（*The Mathematician*，收录在詹姆斯·纽曼[③]的《数学世界》一书中）的一篇短文中，冯·诺依曼说出了他个人对数学的看法。文章表明，他对数学最关心的是其哲学基础。在这篇小品文中，冯·诺依曼使用了一个奇妙的对偶，其中一个词是“美学”。他用惠斯勒[④]的术语定义数学，并且有意识地把它同美术做对比。冯·诺依曼认为，一个好的数学证明需要具有如下品质：

> 人们希望（一个数学证明）在结构上是“优美的”。所谓优美，是指问题表述得很清楚，解决它却很难，可是在证明中间突然出现令人意想不到的转折，使整个证明或证明的一部分变得容易了，如此等等。此外，如果推导很长、很复杂，那么应该包括一些简单的一般原则，用以“解释”其复杂性和迂回性，把一些明显可以做出的判定和任意推广压缩为少数几个简单的、有指导意义的动机，如此等等。这些准则显然是所有创造性的艺术都要遵守的，同样也存

① 迪冬（1906—1992）：法国数学家、数学史家。擅长抽象代数，代数几何和函数分析。1971年获斯蒂尔奖（Steele Prize）。——译者注

② 指18世纪后期的德国资产阶级文学运动。——译者注

③ 纽曼（1907—1966），美国数学家，他编的《数学世界》（*The World of Mathematics*，1956）是一部数学文库，收录了数学各分支、各年代的名家名篇133篇。冯·诺依曼的短文《数学家》在该书第四卷第18部分。——译者注

④ 惠斯勒（1834—1903）：美国著名画家和蚀刻画画家，美术理论家。——译者注

在于某些以经验为根据的、世界性的文艺作品的主题背景之中。随着唯美主义的发展，这些准则变得越来越重要了，同时也出现了各种各样错综复杂的变异。所有这些同艺术十分相似，其相似程度远大于经验科学之于艺术。

与此同时，他坚持认为最好的数学通常是在实际问题的激励下产生的。下面这段文字（除了其他意义以外）似乎是在为博弈论辩护，因为有些数学家反对把它当作一个应用领域。冯 · 诺依曼警告说：

……“纯”数学变得越发纯粹地唯美主义，越来越纯粹地“为艺术而艺术。”这倒不一定是坏事，如果该领域被一些相关的科目围绕，而这些科目仍然同经验有很紧密的联系，或者受到有极深刻体验的人的影响的话。但是，纯数学存在着极大的危险，那就是使其学科沿着阻力最小的路线发展，学科的潮流一旦离开它的源头，就将分成许多无意义的分支，学科也将变成由大量细节和复杂的东西互不相关地堆砌在一起的大杂烩。换句话说，一个数学科目如果远离它的经验性的源泉，或者使自己限于“抽象的”狭隘范围之内，那么它就有退化的危险。任何数学科目在开端时期，其风格通常是经典的；当它开始显露出奇异的风格时，危险的信号也就亮起了。从特定的演变出发，风格越变越怪异……这样的例子不胜枚举。

可惜，若想说清楚冯 · 诺依曼关于数学美学的意义，不涉及大量深奥的数学是不可能的，而所有这些著作对于非数学家来说都是无法理解的，我们在这里进行的讨论不允许深入这个问题。但是无论如何，如果不提及他在数学上的某些造诣，那是不负责任的。冯 · 诺依曼的声誉很早就建立起来了，这为博弈论的被广泛接受铺平了道路。

他最早的兴趣之一是集合论。20 岁时，冯 · 诺依曼就提出了序数的形式化定义，他的这个定义今天还在被人们使用，那就是：一个序数是所有较小序数的集合。

在哥廷根，戴维·希尔伯特把他对物理学和数学的公理化方法的兴趣传给了冯·诺依曼。希尔伯特很佩服欧几里得的《几何原本》，这是古代（大约公元前 300 年）的一本几何书。欧几里得关于几何的陈述，既不是他个人对几何的意见，也不是他对几何图形进行细心测量的经验结果——欧几里得给出的是一些定理，其结果是由一系列逻辑推理证明的。欧几里得的著作引入了以一种简明、吸引人的格式给出数学证明的一般方法。

当然了，今天的数学书或数学杂志上给出的定理证明比欧几里得的证明要严格得多了，但是他们的基本方法并无二致。不管要证明什么，没有某个出发点是不可能的，其中必须有一组事实，它们是无可争议的，因此可作为证明一些更有争议的陈述的基础。欧几里得把这些可被接受的事实称为“公理”。

当今的数学家对公理的看法比欧几里得更加开放。在欧几里得看来，公理是明显的，因此必然是一个真的陈述。现代人常常采纳的公理则不见得能用于眼见为实的世界，只要能用它们来证明些什么就行。但无论何种观点，证明都强调利用尽可能少的公理。在欧几里得的《几何原本》一书中，所有的几何定理都是从仅仅 5 条公理中推导出来的。在其他领域中，公理的数目也都比较少。

几十个世纪来，欧几里得的公理化方法吸引了许多领域中的思想家。在 1910 年到 1913 年之间，英国数学家伯特兰·罗素（他一生只和冯·诺依曼有少许接触，却为后者开辟了道路）和怀特里德[①]陆续出版了多卷本《数学原理》，这部雄心勃勃的著作企图把整个数学公理化。它证明，数学的大部分理论可以从少数几条逻辑学的公理中推导出来。

---

① 怀特里德（1861—1947）：英国数学家、哲学家，是罗素的老师。1924 年以后定居美国。——译者注

大家都倾向于认为，数学有严格的逻辑基础。这是数学之所以为数学而不是物理学的根本。所以，从概念上来说，罗素和怀特里德的书并无特别与众不同之处。但是，此书以它覆盖的范围之广开阔了一个新天地。他们克服了前进道路上几个意想不到的障碍，从而把公理化思想大大地向前推进了。这是前人没有做到过的。

但是，他们是不是取得了成功呢？希尔伯特认为没有。罗素和怀特里德仍然没有证明，每个数学真理都可以由《数学原理》中所提出的模式推导出来；他们甚至也没有证明，为真的陈述总是可以被推导出来的。希尔伯特向他的出色的门徒们发出挑战，请他们从根本上证明数学是可以公理化的。

冯·诺依曼接受了挑战——但是徒然，整个数学是不能被公理化的。哥德尔[①]在 1931 年证明了这一点，使整个数学界为之震惊。

冯·诺依曼讲过一个故事，描述他根据希尔伯特的建议如何从事这项研究，最后夭折的经历。他在证明过程中已经到达了一个顶点（他试图证明，类似于《数学原理》的一个数学系统是自相容的。现在已知这是不可证的）。那天夜里冯·诺依曼做了一个梦，在梦里他知道应怎样继续证明。他醒来以后立刻拿起笔和纸继续往下证明，写下后续的几步证明以后，又进行不下去了，他就又回去睡觉。第二天他没有任何进展。这天夜里，他在梦中又有了一个出色的想法，于是他又起来在证明中加了几步。当然，证明仍然没有完成。冯·诺依曼最后说：“我的运气真好，数学也真好，但它没有让我在第三个夜晚再做梦！”

为什么许多数学家给予了冯·诺依曼最高的评价呢？其原因在于，冯·诺依曼的大多数原创性成果是如此困难，以至于无法向门外汉介绍。例如，“算子环”理论（现在被称作“冯·诺依曼代数”）、准遍历假设的证明，以及格论方面的著作。

---

① 哥德尔（1906—1978）：出生在捷克的美籍数学家、哲学家。——译者注

从1927年开始，冯·诺依曼将公理化方法应用于物理学的新发现。他意识到，量子力学系统的状态可以被当作希尔伯特空间中的矢量来处理。这是冯·诺依曼发明中的典范。他的一些同事相信，任何人在若干年内都不会有这样的发现。这个发现除了在技术上极为重要之外，他处理量子理论的方法也有助于人们理解这个深奥难懂的理论。冯·诺依曼的工作对随后有关量子理论的哲学解释影响巨大。在冯·诺依曼看来，对一个物理现象的观察，应包括观察者、测量仪器，以及被观察的现象。冯·诺依曼断言，在观察者和测量仪器之间的区别是任意的。

冯·诺依曼的这一工作揭示了心智的作用，之后它以不同形式被反复提起。20世纪20年代末，冯·诺依曼已经开始研究博弈论。在他生命的最后几年，冯·诺依曼花了更多的时间考虑各种各样的“心智”怎样能够嵌入到计算机的继电器和电路中去。博弈论和计算机是冯·诺依曼的两大主要创造，因此，雅各布·勃洛诺夫斯基在《人的升华》节目中称他为“我所知道的最聪明的人，无人能出其右者。如果把天才定义为‘有两大发明的人’，那么他是一位名副其实的天才”。

世界上最聪明的大脑

冯·诺依曼的杰出成就说明了他在学术上的洞察力和对公众的洞察力。对于许多在普林斯顿大学、五角大楼、兰德公司等与他合作过的人来说，冯·诺依曼是一个活生生的传奇人物，他由于无数逸事（其中有些出现在报刊上）而声名远播。有杂志载文说他有“世界上最好的大脑”。在普林斯顿大学有一则玩笑，说冯·诺依曼不是人而是“半神”，他对人类已经研究透了，所以能够惟妙惟肖地模仿。为了弄清这种打趣的话的全部含义，请记住冯·诺依曼不是普林斯顿大学唯一的天才，在普林斯顿大学还有爱因斯坦和哥德尔！

要想把关于冯 · 诺依曼的事实和传说分清楚并不是一件容易的事。他是一个天才，但是喜欢恶作剧，同时又是讲故事的高手——所有这些糅合在一起，就会产生许许多多故事，听起来过于凑巧、很像逸事，不容易让人当真。出于怀疑，我对冯 · 诺依曼的几个仍健在的同事告诉我的几则逸事追查了一下，发现所有的人都听过这些故事，但很少有人能提供任何细节，他们倒是能告诉你一些新的逸事。一般而言，真正了解冯 · 诺依曼的人较少怀疑这些故事的真实性。好了，不管这些故事在反复传播过程中是否被一次又一次地加工、改造过，我们都能看出在别人的眼里（也许也在他自己心中）冯 · 诺依曼到底是怎样一个人。

在冯 · 诺依曼的传说中，有关他的记忆力的故事占了大部分。当然，在茶会或鸡尾酒派对上表现天才是很困难的，但记忆力是另一回事。真正有“记忆增强症”的人（即有“相机般”记忆力这种天赋的人）是极少的。真有这种能力的人都没有什么太好的结果。心理学家鲁利亚[①]最出名的一个病人“S.”的记忆力导致了其神话般的悲剧。由于S.关于过去的记忆实在太清晰了，以致他无法区别出现在眼前的到底是现实还是对过去的回忆，他的最后几年是在精神病院里度过的。幸好冯 · 诺依曼的记忆力有更多的选择性。克拉拉宣称，她的丈夫记不得他晚餐吃了什么，但是会回忆起15年前看过的书的每一句话。

赫尔曼 · 哥尔斯廷在《计算机从帕斯卡到冯 · 诺依曼》一书中证实了上述看起来似乎极端夸张的说法：“我真的可以告诉你，冯 · 诺依曼一旦读过一本书或一篇文章，他就能够逐字逐句地把它默写出来，他甚至可以在若干年后仍然毫不迟疑地做到这一点。他还会把它从原来的语言翻译为英语，而且速度一点儿也不会放慢。有一次我为了试试他的这一能力，让他告诉我《双城记》是怎样开头的。我的话刚一说完，他立刻没有任何停顿地开始背诵《双城记》的第一章，背完第一章继续背第二章……直到

① 鲁利亚（1962—1977）：苏联著名心理学家，曾开发早期的测谎仪。——译者注

大约 10~15 分钟后我请他停止。”

多年来，冯·诺依曼读遍了绝大多数著名的百科全书式历史书，从吉本的《罗马帝国衰亡史》到《剑桥古代史》和《剑桥中世纪史》。《生活》杂志援引一名未留姓名的冯·诺依曼的朋友的话说：“他是欧洲所有皇室族谱的大专家。他可以告诉你谁爱上了谁，为什么会爱上，这个或那个皇帝的一个微贱的远亲是怎样结婚的，他有几个私生子，如此等等。”有一次，冯·诺依曼和乌拉姆在美国南部旅行，每经过一个南北战争时的战场，冯·诺依曼都能说出当时的历史细节，这使乌拉姆惊诧不已。值得强调的是，对待冯·诺依曼的军事和政治观点，你不能不像对待物理学家发表有关该领域的意见那样不予理睬。看来，冯·诺依曼的历史知识至少和该领域的专业人员不相上下。

冯·诺依曼有一则逸事就说明了这一点。一次，一位拜占庭历史的著名专家参加在普林斯顿大学冯·诺依曼家举行的派对。冯·诺依曼和这位专家讨论起历史问题来，并在一个日期上发生了分歧。于是他们从书架上抽出一本书来查对，结果冯·诺依曼是正确的。几周以后，这位历史学家又一次收到冯·诺依曼家的邀请，他打电话给克拉拉说：“如果冯·诺依曼答应不讨论拜占庭历史，我就来。因为大家都认为我是世界上最权威的拜占庭历史专家，我希望他们继续保持这种印象。”

但冯·诺依曼的记忆力也是有限度的。在生命接近终点的时候，他抱怨说，纯数学之花已经绽开到这种程度，使得任何人都不可能熟悉该领域 1/4 以上的内容。言外之意是他也只能凭经验谈论数学了。事实上，他正是懂得数学那 1/4 的人中的一个。在一些教授式的粗心大意的故事中，冯·诺依曼是最为突出的一个。克拉拉说，有一次冯·诺依曼离家到纽约去赴一个约会，中途他从新泽西州的新布朗斯维克打电话回来问她：“我为什么要去纽约？”

冯·诺依曼也是一个计算的奇才。他能毫不费劲地心算两个 8 位数的除法。IBM 公司的卡思伯特·赫德告诉笔者，冯·诺依曼具有在大脑中编制和修改计算机程序（长达50行的汇编语言代码！）的不可思议的能力。他的大脑中保存着许许多多、各种各样的物理和数学常数。这同他的计算能力相结合，使他的心算能力达到登峰造极的地步，也就不难理解了。

许多有关冯·诺依曼的逸事不单单把他描绘成一个杰出人物，而且他还是一个通过长期艰苦努力并能解决突然出现的难题的高手，这类问题是其他受过教育的出色人物解决不了的。他解决别人的问题的能力使他得以涉足许多工业和军事部门，而且就像事先安排好了似的，同他事业的方向结合起来。

哥尔斯廷告诉海姆斯："如果他致力于某个问题但解决不了，他会把它放在一边。然后，也许在两年以后，你会突然接到一个电话——天知道半夜两点是从哪里打来的，原来是冯·诺依曼，他说：'我现在知道该如何去做了！'"

1954年，为西海岸一家宇航公司的ICBM项目（即洲际弹道导弹项目）工作的一个物理学家带着该项目某一部分的详细规划去请教冯·诺依曼。这份计划有好几百页厚，是他们经过8个多月努力才制定出来的。冯·诺依曼开始翻阅，看到中间，他翻到最后一页，然后从后往前草草地又看了一遍，并在纸上记下几个数字。最后他说："这计划不行。"这个物理学家很失望，但没有被吓住。他精疲力竭地在这个项目上又干了两个月，最终承认这个计划确实是行不通的。

冯·诺依曼也难免犯错误，成为他人恶作剧的对象，只不过很少被人提起。下面这则故事是人们津津乐道的，但有很多不同的版本。一个版本是这样的：有一次，阿巴丁试验场的一个年轻科学家预先准备了一道数学题，他详细地解了一遍，然后在一个派对上把它拿给冯·诺依曼，假装自己不会解。冯·诺依曼凝神注视前方，沉思了一会，然后开始计算。每当他将要获得一个中间结果时，这个年轻人就打断他，抢先说："这里该得多少多少，不是吗？"当然他每次都是对的。最后，这位年轻科学家打败了冯·诺依曼，因为他比冯·诺依曼抢先给出了最后结果。冯·诺依曼这才如梦初醒，发现这是一个预先做好的圈套。

最后一个故事涉及年轻的劳尔·博特（现在他是著名的哈佛大学教授）。在1984年的一次演讲中，博特谈到，他由于问冯·诺依曼（当时双方都处于醉酒状态）做一个大人物有什么感觉而成为研究所一则传奇中的主角之一。博特的回忆以一种忧伤的情调结束，这种忧伤对于一个将要成为20世纪最知名的悲观主义者之一的人而言似乎没有什么不协调的。

> 那次鸡尾酒派对的许多细节我现在已记不太清了——无疑是由于派对持续得太长，但是我清楚地记得我们几个人坐在蒙哥马利的地毯上玩弹子游戏。冯·诺依曼也参加了那个派对，在游戏中我不知怎么偶然问起他作为一个“伟大的数学家”是什么感觉，他习惯性地静静沉思了一会儿，显然很重视我这个问题并严肃起来——虽然他刚才还在给我们讲一个比较粗俗的故事（这样的故事在他肚子里数不胜数）。他怎么回答的呢？说真的，他说，他只知道一个“伟大的数学家”——戴维·希尔伯特。至于他自己，虽然被称为“神童”，但他从来也没有感觉到自己长大以后达到了人们对他所期望的那种高度。

PRISONER'S DILEMMA

3

博弈论

博弈是世界上冲突的反映，这是一个古老的概念。在威尔士民间故事集《英雄的一生》中有这样一个故事：交战中的两个国王下着棋，他们的军队就在附近厮杀。每当某个国王吃一个子时，信使就会来通知另一个国王，他失去了一员大将或一支精锐部队。最后，当某个国王“将死”对方时，浑身是血的信使便摇摇晃晃地走来向输者报告：“军队正在溃退，陛下已经失去了你的王国。”

这则故事明白无误地说出了下棋的军事起源。中国的围棋和印度的“恰多兰加”游戏[①]，以及世界上其他地方的许多游戏，也都是模仿战争的。那些把游戏看作模拟战争的人，也可以把战争看作一种游戏。这方面的一个经典的例子是普鲁士人在长达一个世纪的时期内都迷恋一种名叫Kriegspiel的游戏，也就是战争游戏。

战争游戏

在18世纪，Kriegspiel被军事学校当作教育科目之一。这个游戏的游

① 中国的围棋是最古老的策略游戏，传入日本以后叫“go”，传入欧美以后叫“go-bang”。印度的恰多兰加是7世纪时流行于印度西北部的一种游戏，是国际象棋的前身，棋盘和棋子同国际象棋差不多，但由4人对弈。——译者注

戏板上有一张地图，包括法国—比利时边界，地图被纵横分成3 600个小方格。棋子可以跨过边界前进或后退，就像军队一样。

原始的Kriegspiel后来引出了许多变种，最后统一为一个版本，在普鲁士军官中广泛流行。在最终版本中人们用真正的军事地图代替了游戏板。1824年，德军总司令在提起Kriegspiel时说："这完全不是游戏，这是为战争进行的训练！"

这就是一个民族的痴迷，这种痴迷同今天的信念是完全对立的。这位普鲁士高级军官对这个游戏是如此痴迷，他给每个军团都下发了好多套，并下令每个军人都要玩它，还举行Kriegspiel比赛，比赛时皇帝全副武装地亲临现场观看。当时在军国主义的鼓舞下，军棋非常流行，棋子被雕刻成德国元帅、上校、列兵等等，用锡制成。今天我们还能看到这样的棋子被当作玩具收藏着。游戏的复杂性越来越膨胀，因为热心的玩家追求让它更接近现实。游戏的规则指南，比如说开始时只有60页，以后每出现一个新的版本就会变得更厚一些。由于游戏的偶然性，最初胜负是由机会或裁判确定的，后来则根据实际战争所得出的数据表格来确定了。

由于人们认为普鲁士军事上的胜利背后有Kriegspiel的功劳，这引发了国际上对这个游戏的兴趣。普鲁士用Kriegspiel演习了同奥地利的战争，并确立了1866年六星期战争[①]的策略，此策略被证明是取得胜利的决定性因素。之后，奥地利军队眼看毫无机会，只好也开始玩Kriegspiel。1870年普法战争中法国败北，被人们说成是普鲁士Kriegspiel的另一次胜利，使得这个游戏在法国也风行起来。

Kriegspiel在美国南北战争后被传入美国。一个美军军官抱怨说，这个游戏"无法使不是数学家的人毫无困难并聪明地利用。人们为了能轻易使用它，需要许多特殊的指导、研究和实践，几乎与学一门外语相当。"然

---

① 指普鲁士和奥地利为争夺对统一的德意志的领导权的普奥战争，以奥地利王国失败，签订《布拉格和约》结束。史书上一般称"七星期战争"，此处恐系作者误记。——译者注

而，它已在海军以及设在罗得岛上纽波特的海军军事学院中流行了起来。

1905年，日俄战争中日本获胜使俄国全民玩Kriegspiel的状态走到了终点。显然，从游戏中提炼出来的策略在实战中未必起作用。德国在第一次世界大战中的战败则为Kriegspiel彻底敲响了丧钟。但严格说来，德国本身除外，因为在那里，战后的指挥官仍然在用锡器复制出来的团队互相厮杀——真正的军队是被《凡尔赛和约》所禁止的。①

在布达佩斯，年轻的冯·诺依曼同他的弟弟玩的是一种经过改进的Kriegspiel，他们在纸上画出城堡、高速公路、海岸线，按照规则让军队前进或后撤。在第一次世界大战期间，冯·诺依曼得到了一幅前线的地图，于是根据战报让军队前进或后退。今天，Kriegspiel通常用3张棋盘来玩，双方的走棋只让裁判看。在兰德公司，这种形式的游戏是一种在晚餐时间很流行的娱乐，冯·诺依曼访问那里时玩过。

对某些批评家来说，博弈论是20世纪的Kriegspiel，是可以从军事策略中看到其自身预想的一面镜子。这种比较虽然不公正，却一语中的。博弈论确实成为策略的"圣谕"，尤其是在广岛（原子弹轰炸）20年以后。至于博弈论给出的答案能否成为策略的圣谕，只取决于一个问题——那就是你如何描述问题。

博弈论是怎样产生的呢？在一些科学家传记中，把它胡乱地归结为是冯·诺依曼的个性决定了他选取这一课题。这种说法问题很多。虽然科学家或数学家更多的是发现者而不是发明者，宇宙中需要探索的事物是如此众多，但为什么冯·诺依曼选定了这一个而不是别的？

关于这一点，很难得出让科技史家们乐于接受的有意义的答案。当问题摆在活着的科学家面前时，他们往往不知所措。许多人注意到冯·诺

---

① 实际上《凡尔赛和约》并不禁止德国拥有军队，只是限制德国军队，其规模不超过10万人。——译者注

依曼对游戏的爱好，他收藏儿童玩具，不时会有孩童般的幽默。在这些方面，他在科学家中确实是与众不同的。雅各布 · 勃洛诺夫斯基写道："你必须看到，从某种意义上说，所有科学、所有人类的思想都是游戏的一种形式。抽象思维是智力的早期成熟阶段[①]，凭着这种智力，人们才能进行没有直接目的的活动，以便为自己准备长期的策略和计划，而其他动物只在年幼时才玩游戏。"

博弈论其实并不是关于我们通常所理解的"游戏"的科学，它是关于在有理性但是彼此互不信任的人之间的冲突的科学。冯 · 诺依曼逃离了匈牙利革命、恐怖主义，以及随后纳粹主义的抬头，但他同克拉拉之间也在不断发生冲突。在写给他妻子的信中，冯 · 诺依曼谈到欺骗、报复行为，以及完全的不信任，这才是与博弈论有关的部分内容。

博弈论是愤世嫉俗者脑力劳动的产物。某些评论家认为，冯 · 诺依曼本身的愤世嫉俗影响了这个理论。正是冯 · 诺依曼的个性而不是别的因素引导他去探索博弈论，但若是认为冯 · 诺依曼发明博弈论是为了以此作为他的个人信念或个人政治观点的"科学"基础，这就错了。博弈论是通过以合理的方法去观察冲突，进行扎扎实实的数学研究从而自然地发展起来的。如果冯 · 诺依曼不是凭他的数学直觉知道这是一个足够成熟、可以发展起来的领域，他是不会去从事博弈论研究的。博弈论中涉及的某些数学问题同冯 · 诺依曼用来处理量子物理的数学是密切相关的。

推动博弈论的主要游戏是扑克。冯 · 诺依曼有时会玩玩，但并不特别精于此道。（1955 年《新闻周刊》上的一篇文章评价他玩扑克的水平只是"过得去的赢家"。）玩扑克时，你必须考虑别的玩家是怎么想的。这是博弈论和概率论的区别，虽然两者都可应用于许多游戏。假定玩扑克的

① 不成熟特性在成年时期的保留。勃洛诺夫斯基在这里暗指这样一个事实，即动物在年幼时游戏和积累经验，然后把这种经验固定在行为的成功模式之中（试比较活泼好动的小猫和心满意足的老猫）。

一方天真地仅用概率论来指导他打牌，计算出他的牌好于对手的概率，并根据牌的好坏直接成正比地下赌注，那么，在经过多次出牌以后，对手可能就会意识到，（比如说）他在一局中愿意投入 12 美元，则意味着他手里至少有 3 张同花。玩扑克的人都知道，被人猜出自己手里有同花是一件坏事，而“没有表情的脸”却什么也暴露不了。

玩扑克的高手决不会简单地因为自己手中的牌比对方好就去玩牌，他们会考虑其他局中人，并根据每一个人的行动而得出结论，有时候还要试图欺骗其他局中人。这就是冯 · 诺依曼的过人之处，他看出游戏中采用狡猾的方法既是理性的，又是经得起检验的，值得做严密的分析。

博弈论是冯 · 诺依曼的惊人才能的集大成者，但并非所有的人都同意这样一个结论。冯 · 诺依曼在普林斯顿时的助手保罗 · 霍尔姆斯[①]告诉笔者：“就我本人当时的感觉而言，他只是在‘博弈废话’上浪费时间。我完全清楚世界上大部分人都不同意我当时的看法，我现在也不能确定我自己和他们是否一致了，但是……我从来也没有学习过博弈论，也从来没有想去喜欢它。”

谁第一个发明了博弈论？

冯 · 诺依曼并没有享有博弈论发明者的全部声誉。在他的关于博弈论的第一篇论文发表之前 7 年，也就是 1921 年，法国数学家埃米尔 · 博雷尔[②]就发表了几篇关于“*la théorie du jeu*”的论文。这些论文同冯 · 诺依曼的工作几乎是完全并行的。博雷尔用扑克作为例子，而且也像

① 保罗 · 霍尔姆斯（1916—2006）：也是出生于布达佩斯的美籍数学家，我们现在常用的iff（当且仅当）以及标志证明结束的印刷符号“□”就是他发明的。——译者注

② 埃米尔 · 博雷尔（1871—1956）：法国著名数学家、出色的政治活动家和爱国者。——译者注

冯·诺依曼一样，考虑了欺骗的问题。博雷尔也很重视博弈论在军事和经济方面的潜在应用价值。事实上，博雷尔曾经警告说，不要把博弈论过度地、过分简单地用到战争问题上去，但是博雷尔没有就此课题继续深入下去，也没有继续发表论文，因为他主持着一个政府部门，并于 1925 年成为法国海军部长。最重要的是，博雷尔已经提出了博弈论的一些基本问题，诸如：游戏中存在最好的策略吗？怎样才能找到这样一个策略？

博雷尔没有把这些问题引向深入。就像许许多多有创造性的个人一样，冯·诺依曼只是令人嫉妒地抢先宣布了他的发明而已。他在 1928 年的论文和 1944 年所著的书中都提到了博雷尔的著作，但是并没有给予足够的重视，只是在脚注中提了一下。为了避免引起任何怀疑，乌拉姆说过，博雷尔的一篇文章确实激发了冯·诺依曼的工作。

冯·诺依曼对博雷尔的轻蔑无疑对后者的工作长期以来被低估有很大影响。1953 年，有报道说，当冯·诺依曼听说博雷尔的论文准备翻译成英文时曾经大发雷霆。翻译者、数学家萨维奇[①]告诉斯蒂夫·海姆斯："他从某地非常生气地打电话给我说，他为这些论文的英文版写了一篇批评的文章——评论倒没有表现出怒意，相反写得挺温和，这恐怕是他的性格使然。"

这些因素就使得冯·诺依曼于 1928 年发表的文章"*Zur Theorie der Gesellschaftspiele*"（客厅游戏中的理论）毫无疑问地成为博弈论的开山之作了。在这篇论文中，他证明了（博雷尔未能证明的）著名的"极小极大定理"[②]。这个重要的结果立即使该领域获得了数学界的认可与重视。

---

① 萨维奇（1917—1971），曾在密歇根大学和耶鲁大学任教授，是一位统计学专家。——译者注

② 事实上，博雷尔已经证明了有 3 个游戏者的极小极大定理，考虑了有 5 个及 7 个游戏者的情况，做出了一般性定理真实性的猜想。——译者注

博弈论和经济行为

除了数学家以外，冯 · 诺依曼希望博弈论还能引起更多科学家的重视。他感到这个发展中的领域对经济学家最为有用。他同当时在普林斯顿的奥地利经济学家奥斯卡 · 莫根施特恩[①]组成团队一起来发展他的理论。

冯 · 诺依曼和莫根施特恩的《博弈论和经济行为》(*Theory of Games and Economic Behavior*)是 20 世纪最有影响但读者却最少的书之一。普林斯顿大学出版社为纪念该书出版 5 周年在《美国科学家》杂志上刊登的一则广告中承认："科学巨著往往要过一段时间才能获得大家的认可……当世界认识到它们的时候，以及之后，其影响力就会远远超出它们的读者群。"该书在 5 年中的销量不到 4 000 册，这同它在经济界所掀起的浪潮是极不相称的。大多数经济学家至今没有读过它（他们大概永远也不会读它），甚至许多经济院校的图书馆也没有这本书。此广告承认："有些书是被职业赌徒买走的"。

《博弈论和经济行为》是一部难懂的书。今天，读者在塞满了 641 个公式的书中去耕耘的热情已经大大降低了，这是由于冯 · 诺依曼和莫根施特恩把两人以上博弈放在次要地位去处理；而且，他们采用的方法即使不算错，看来也不十分有用，或者算不上出色。

在其他方面，这本书可谓雄心勃勃。冯 · 诺依曼和莫根施特恩梦想为经济学做出贡献：把它放在公理化的基础之上。两位作者说："我们希望将典型的经济行为问题与适当的博弈策略的数学表达变得严格一致。"

就这样，《博弈论和经济行为》成为经济学的先驱之作。该书的结论几乎是一篇关于研究娱乐性游戏的辩护词，博弈则作为经济活动中相互作用的可能的模型（但是冯 · 诺依曼的追随者十分重视的军事应用在本书中并未提及）。

---

① 原文如此。莫根施特恩出生在德国而不是奥地利，此处恐系作者误记。——译者注

该书的语气充满着对传统观念的挑战。冯·诺依曼和莫根施特恩坚持认为，经济学必须进行修正使之符合实际情况。他们嘲讽当时的数学经济学，将其比作开普勒和牛顿之前的物理学。他们责备那些试图以当前并不坚实的理论为基础对经济学进行改革的热心人。有人认为作者的心中除了其他理论以外，还有马克思主义[①]。

两位作者推测，未来的、真正科学的经济学需要有它独特的、目前还无法想象的数学。他们认为，从自由落体和绕轨道旋转的物体这样的物理学中最终导出的微积分，目前在数学中被过分强调了。

幸好，以本书的目的而言，博弈论的核心理论是易于掌握的，即使对只有极少数学背景知识的人，或者是觉得数学难以忍受的人都是如此。博弈论是用非常简单且有效的方法对冲突进行提纲挈领式的归纳而建立起来的，这种方法可以用大家都非常熟悉的一些儿童游戏来说明。

分蛋糕

大多数人都听说过“为两个馋嘴的孩子分一块蛋糕的最佳方法”这个的故事。不管你怎样小心翼翼地分，其中的一个孩子（甚至两个孩子）总觉得自己那一块小一些。解决这个问题的最佳方法是让一个孩子切蛋糕，让另一个孩子先选。出于贪心，第一个孩子会切得很公平，而且由于是他自己切的，他不会对两块蛋糕是否一般大提出异议；第二个孩子也不可能抱怨，因为他拿的那一块是自己挑的。

在冯·诺依曼看来，这个日常生活中的例子不仅仅是一种“博弈”，而且是作为博弈论基础的“极小极大”原理最简单的说明。

蛋糕问题反映着利益的冲突。两个孩子想要的是一样的——即尽可能

① 这里指马克思关于资本主义经济的论述。——译者注

多的蛋糕。蛋糕最后怎么分取决于两件事：一个孩子怎么切蛋糕，另一个孩子选哪一块。重要的是，每个孩子都在预测对方做什么。正是基于这一点，使冯·诺依曼把它看作一种“博弈”。

博弈论寻找博弈的答案——合理的结果。对于第一个孩子来说，把蛋糕分成同样大小的两块是最佳策略，因为他预测另一个孩子的策略必定是挑大的那块。因此，等分蛋糕是这个问题的答案。这个答案并不依赖于孩子的大度或者公平意识，而是由两个孩子各自的利益所驱使的。博弈论寻找的正是这类答案。

理性的游戏者

让我们先把这个例子记在心上，并回到前面已经介绍过的某些概念。玩游戏有许多不同方法，你可以纯粹为了找乐子去玩，根本不必考虑输赢；你也可以心不在焉地去玩，希望有运气赢；你还可以在假定对手是笨蛋并利用他的愚蠢的前提下去玩。在和孩子玩“连城游戏”时，你甚至会故意输给孩子。所有这些都很妙、很好，但博弈论研究的并不是这些内容。

博弈论只研究对赢感兴趣的、有完善的逻辑思维能力的游戏者参与的博弈。只有你相信你的对手（一个或几个）既是理性的，又是希望赢的，而你自己在玩的时候也始终憋着一股劲儿，要力争为自己取得最好的结果，这样的博弈才是博弈论分析的对象。

“完全理性”如同别的“完全什么”一样，是明知不符合事实但习惯上仍采用的假设。世界上并无“完全理性”这类事，就像世界上并无“完全直”的线条一样。当然这并不妨碍欧几里得从直线的假设出发建立起有用的几何学体系。冯·诺依曼的完全理性的游戏者也是这样。你可以把博弈论中的游戏者想象成你听过的逻辑学故事中的完全的逻辑学家，甚至不是人类而是计算机程序那样的东西。游戏者被假定对规则有完全的理解力，对过去的每一步有完全的记忆力。在整个博弈过程的所有节点上，他们都清楚地知道自己和对手的每一步所有可能的结果。

这个要求很严格。完全理性的游戏者在跳棋游戏中决不会丢掉任何一步，在下棋中决不会“落入陷阱”。所有合理的走步序列都隐含在这些博弈的规则之中，而完全理性的游戏者对每一种可能性都给予了适当的考虑。

玩过跳棋或下过棋的人都知道，陷阱或故意走错棋步——这是为了让对手掉进陷阱，或者当你自己掉进陷阱时试图摆脱——这正是博弈中用得最多的伎俩。如果博弈是在两个完全理性的游戏者之间进行的，这样的博弈又会是什么样的呢？

你大概早就知道“理性地”玩连城游戏时会发生什么情况吧！它会以平局结束，除非某个游戏者犯错。连城游戏非常简单，因此完全理性地玩是可能的，但这个游戏也因此立刻失去了吸引力。

冯·诺依曼证明，正是在这个意义上，其他一些游戏同连城游戏十分相似。冯·诺依曼告诉雅各布·勃洛诺夫斯基，下棋不是博弈，他的意思是下棋时有“正确”的方法，虽然至今没有人知道这个正确的方法是什么，因此下棋是“平凡的”。这就像对于知道“正确”策略的游戏者来说连城游戏是平凡的一样，两者的意思大致相同。

博弈树

冯·诺依曼用树表示博弈的方法，其要点极为简单。它不但可以用于下棋，也可以用于任何博弈，只要博弈中没有任何信息是对游戏者保密的，也就是“所有的牌都是亮在桌面上的”。

大家熟悉的大多数博弈都可表示为游戏者走步的序列。在连城游戏、国际象棋、跳棋中，游戏双方总能看到棋盘的所有格子，没有任何一步是保密的。对任何一个这样的游戏，你都可以画出一张图来表示整个游戏所有可能的过程。我们这里以连城游戏为例，因为它最简单；但原则上，对国际象棋，跳棋或者任何这类游戏，你都可以画出这样一张图。连城游戏以第一个游戏者X在9个方格的任一格中放一个子开始，因此第一步有9种可能，这在图上以从某个点出发向上辐射出9条线表示。点表示走步，也就是做出决定的时刻，线表示可能的选择。

下面轮到游戏者O走步。还有8个方格是空着的，至于哪8个方格空着取决于X刚才将子放在哪个格子中。所以O要在9个第一级分支的每一个的顶端画8条代表第二级分支的线段。这就为X第二次走步留下了7个空格。当可能走步的图继续往上画时，它的分支就像枝杈簇生的一棵树。

当你继续这一过程时，在某一步上可能会出现3子一线的情况，这就是走该步的游戏者的赢局，同时也是图上该特定分支的终结，因为游戏就是在其中一人的3子成一线时结束的。我们把该点标记为“X胜”或“O胜”，并把该点称为图的“叶子”。

图上的其他分支以平局结束，把它们标记为“和局”。显然，连城游戏是不可能永远走下去的，最多只能走9步。所以，你偶尔会获得一张连城游戏的完全图。所有可能的连城游戏、所有曾经被人玩过或将要被人玩的游戏，在图上必然出现从“根”（X的第一步）出发的一个分支，并继续往上长，达到一个标有“X 胜”或“O胜”或“和局”的叶子。对连城游戏而言，最长、最完整的分支是9步，最短的分支是5步（这是先走者赢的最少步数）。

关于树，我们就描写这么多，现在谈一谈剪枝的问题。通过消去的过程，你可以根据图形总结出“理性地”玩连城游戏的方法。上面描写的这个图中包含所有合法的走步序列，甚至包括那些愚蠢的走步，比如忽略了使对手形成3子一线机会的走步。你必须做的全部工作就是对树进行剪枝，就是把所有愚蠢的走步取消，只留下漂亮的走步，也就是用理性的方法玩游戏的走步。

图的一小部分看上去像下面那样：

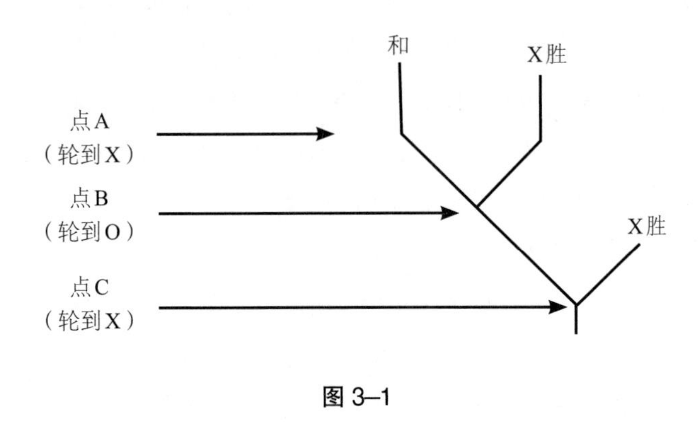

图 3–1

我们把图整个过一遍，并从每一片叶子出发仔细地回溯。每一片叶子都是某一方的最后一步，要么赢，要么成为和局。例如，在点A处，轮到X走步，只有一个空格，X别无选择，只好投子在这个格中，造成和局。

再看点B，这是游戏中此前的一步，轮到O走，他有两个选择，把子放在其中一个空格中导致进入前面提到的点A，结局必然是和。然而，如果O把子放入另一空格则导致X赢。O如果是理性的，必然情愿和而不愿意X赢。因此，在理性地玩游戏的情况下，从点B出发向右上方引出的分支永远也不会出现，应该把它从图中剪掉。一旦游戏进入B点，和局是必然的结果。

但是请看：X可能在此前的点C处就赢了，理性的X也许在点C处选择一种立即取胜的走步。所以，在上面这张图中，实际上整个左分支都可以被剪掉。

以上述方法一层一层往下剪枝直到树根，你可以发现，在理性地进行游戏（虽然方法不止一种）的情况下，只有一些平局是可能的结果。第二个游戏者能够而且将会消除X赢的任何企图；反过来，第一个游戏者也同样能够而且将会消除O赢的任何企图。

连城游戏中所能做的，几乎适用于所有无隐蔽信息的二人博弈。主要的限制是，博弈必须是有限的。即使博弈可以永远进行下去，在每一步上不同选择的数目必须是有限的，否则，就没有“叶子”（最后走步）供回溯了。

人总是要死的，所以没有一种娱乐性的游戏企图无休止地玩下去。但是，一些更具有挑战性的游戏的规则中很少会明确说明游戏的最大步数的。国际象棋通常以“将死”结束。但许多情况下，棋子可以无休止地走来走去而不会将死；也可能双方都把对方的子吃光了，使棋盘上只剩下两个王，但谁也不能把对方将死；在这种情况下，“和局规则”规定游戏结束。通常，当若干棋步的序列重复3次时，规则就宣布游戏为和局。另一个更为严格的规则规定，如果在40步之内双方都没有走兵，而且没有比兵的级别更高的棋子被吃，则以和局结束。

因此，冯·诺依曼和莫根施特恩指出，在给定和局的规则之下，国际象棋的总走步数是有限的。（在典型规则下，大约是5 000步，远多于曾经出现过的其他任何棋类游戏！）对于证明最佳策略而言，极限的实际数值并不重要，只要知道它存在，而且是个有限值就行了。在知道国际象棋最多只能走这么多步，而且每步中可供选择的走法的数量也是有限的情况下，结论自然就出来了：游戏本身有多少不同的进程，其数量也是有限的。你可以为游戏的所有合法进程画一张图，然后对它进行剪枝，以揭示下棋的理性化方法。

这里我们想起一则关于下棋的古老的笑话：白方走了第一步以后，黑方立即说：“我放弃”。两个完全理性的人下棋很可能就像这则笑话那样平凡，这只是因为我们不知道下棋的正确策略。也正因为如此，下棋对棋迷们来说是如此有挑战性。证明最佳策略存在是一回事，完成所有计算从而获得最佳策略则是完全不同的另一回事。那么，一局理性的国际象棋比赛将以某一方胜利（最大可能是白方，因为他先走）结束呢，还是以和局结束呢，这是无法预知的。

博弈表

我们还有另一种方法来研究博弈，而且这种方法在博弈论中的用处很大——这就是让博弈等价于一张所有可能结果的表格。

如同我们之前说明的那样，国际象棋的可能进程数量虽然极大，堪称天文数字，但总是有限的。因此，下棋的策略数也是有限的。我们已经多次用过"策略"这个词了，现在对它下个定义。在博弈论中，策略是一个重要的概念，它比通常意义下的策略有更为精确的含义。当玩象棋的人说到策略时，他指的是像"用国王进行印度防御[①]、进攻"这类事。而在博弈论中，策略指更加特定的一种计划，是对博弈的一种特定方法的完整描述，该方法不管对方怎样进行博弈，以及博弈会持续多久。策略必须周密地预先描述所有的行动，以致你永远不需要在某一行动之后再做什么决定。

作为举例，在连城游戏中先走的那名游戏者的一个实际策略如下：

X置子在中央方格。O可能有以下两种反应方法：

1. 若O占据非四角方格，则X置子于挨着O的一个四角方格。这样X就有2子一线了。若O在下一步中没有进行封堵，那么X就可造成3子一线的赢局。如果O进行了封堵，那么X应置子于另一个空着的四角方格，这个方格同第一个O（非角方格）是不挨着的。这样X就有两个2子一线，不管O下一步怎么做，X都可以造成3子一线从而取胜。

2. 如果O的第一步是置子于四角方格，则X随后应置子于同它相邻的非四角方格之一，造成2子一线。若O在下一步中没有进行封堵，那么X就可造成3子一线的赢局。如果O进行了封堵，那么X应

① 印度防御：由德国的国际象棋大师保尔森于1879年发明的一种封闭性开局策略，至今仍被许多棋手采用。——译者注

置子于一个四角方格，这个四角方格是同O的第二个子挨着的，并且同O的第一个子在格子线的同一侧。这样，X又有了一个2子一线。如果O在下一步没有进行封堵，那么X就可造成3子一线的赢局；如果O进行了封堵，则X置子于挨着O的第三个空格，又造成2子一线。如果O在下一步没有进行封堵，X就可形成3子一线而取胜；如果O进行了封堵，X只能把剩下的一个子放在留下的唯一一个格子中而形成和局。

上述例子说明，即使是对于非常简单的博弈，策略也可能是很复杂的。对于国际象棋，一个真实的策略庞大得永远无法被完整地写下来。地球上没有足够的纸和墨水列出所有的可能性，也没有足够的计算机存储器把所有这些可能性串起来，这就是为什么在人机对弈中计算机尚不能所向无敌的原因之一。

虽然实际的困难是如此之大，但是它没有难倒冯·诺依曼，因此也不能难倒我们。事实上，因为我们是有想象力的，我们可以再往前走一步。一个完全理性的游戏者不但可以设想出一个包含全部细节的策略（如果计算机的存储器或计算机的计算能力之类没有限制的话），他甚至可以在走第一步之前就预见到国际象棋的每一个可能的策略，并提前确定他应该做些什么。

假设你有一张国际象棋所有可能策略的列表，这些策略被编了号，从1到n（n当然非常非常大），那么你对策略的选择就相当于在1~n中选定一个数。你的对手则从他手中所有可能性的列表（比如说从1到m）中也选定一个策略。一旦这两个策略被选定以后，整个博弈过程就完全被规定死了。通过应用这两个策略，你便可以移动棋子，并把博弈带到其预先设定的结果。开局，吃，出其不意的一招，终局……全都隐含在对策略的选择之中。

为了把这个“白日梦”做到底，我们可以这样想象：如果有足够的时间，你可以用每一对可能的策略去下一盘棋以观察其结果，这些结果可以列成矩形的表格。真正的表格大到可以伸展到银河系去，我们这里只能印出缩编的版本。

表 3–1　黑方策略

白方策略	1	2	3	…	m
1	白方在第 37 步上把黑方将死	在 102 步上弈成平局	黑方在第 63 步上丢子认输	…	黑方在第 42 步上把白方将死
2	白方在第 45 步上把黑方将死	黑方在第 17 步上把白方将死	白方在第 54 步上把黑方将死	…	白方在第 82 步上把黑方将死
3	白方在第 43 步上把黑方将死	白方在第 108 步上把黑方将死	在第 1 801 步上弈成平局	…	黑方在第 32 步上把白方将死
⋮	⋮	⋮	⋮	…	⋮
n	在第 204 步上弈成平局	白方在第 77 步上把黑方将死	白方在第 24 步上把黑方将死	…	在第 842 步上弈成平局

一旦有了这张表、你就不必再对棋盘有任何烦恼。国际象棋的一次“对弈”无非是两个游戏者同时选择他们各自的策略，然后在表中查出结果。[①]为了知道谁会赢，你必须在对应于白方策略的行和对应于黑方策略的列的相交方格中去找。假如白方在他的表中选取了 2 号策略，黑方在他的表中选取了 3 号策略，那么不可避免的结果就是白方在 54 步上将死对方。

这当然不是真的玩象棋的方法。要把每一种可能的偶然性都预先详细地列出来，将是“玩”的对立面——“烦”。但无论如何，用结果的表格

① 什么叫“同时”？黑方在确定其策略之前，不去看白方的第一步就叫同时吗？不！如果你这样想，那就是没有理解一个策略是多么庞大繁复。黑方策略的第一部分也许规定了对白方开局的可能的 20 步中每一步如何应对的开局走步。在冯 · 诺依曼看来，除非你对这 20 个偶然性中的每一个都通盘地考虑过对策了，否则你就不算已经有了一个策略。

来表示博弈这个概念是十分有用的。对于任何一种二人博弈，每一个可能的走步序列都可以用表中类似形式的方格来表示。这张表的行数同一个游戏者的策略数一般多，而列数同另一个游戏者的策略数一般多。化简为这样一张表的博弈被称为博弈的“规范化形式”。

博弈的技巧就在于确定选哪个策略。这张表把博弈的一切暴露无遗，但是单有这张表有时仍然不够。在表中结果如何排列是变化莫测的，每一个游戏者都无法选择他想要的结果，因为他要的结果要么只出现在行中，要么只出现在列中。对手的选择会做出相等的贡献。

再看国际象棋那张虚构的表。对白方而言，选 1 号策略是一个好主意吗？很难说。如果黑方选择 1 号策略，那么白方选 1 号策略是好的，因为这会导致白方赢。但如果黑方选择其他策略，那么结果可能是平局甚至是白方输。

如果白方真的想确定黑方准备选哪个策略，那么白方所要做的就是要确保在自己的策略中挑出一个与黑方策略匹配时能使自己取胜的策略。

不幸的是，黑方想做的是同样的事。黑方想摸透白方，并按照自己赢的结局去选择策略。当然，白方清楚这一点，并试图预测黑方基于他猜想白方如何做而采取什么行动……

博雷尔和冯 · 诺依曼认识到双方的这种冥思苦想使博弈超出了概率论的研究范围。假定对手的选择是由“或然性”确定的，那他们就完全错了。博弈同或然性无关，因为如果或然性在博弈中起作用，游戏者就可以期望尽力去压缩对手可能的选择，并准备好应对的策略。但是，实际上这是不可能的，因此我们需要一个新的理论。

零和博弈

“零和博弈”是博弈论中少数几个成为一般用语的专门术语，它指的是这样一种博弈：其总的赢取或支付是固定的。零和博弈最好的例子是打扑克，游戏者都把钱投入钱罐，结果总是被某个人赢取了。只要有人赢1美元，就有一人输1美元。正是在这种有限制的但是有不同类型的博弈中，博弈论取得了最大的成功。这种博弈显然可以用经济学作类比。我们可以说“零和社会”，意思是有人得就有人失。俗话不是说，“天下没有免费的午餐”吗？

大多数娱乐性博弈是零和的，即使是不涉及钱的博弈。不管是否用钱做赌注，每个游戏者都希望在某种可能的结果上享有优先权。当这类优先权用数值来表达时，就被称为“效用”。

我们可以把效用看作博弈中你想赢取的“计数器”或“点数”。如果在玩扑克时以火柴棍计算输赢，而你真的想赢取尽可能多的火柴棍，那么效用就同火柴棍的数量是一样的。

在为金钱而进行的博弈中，钱就是效用，或者说钱几乎等于效用。当博弈只赢不输的话，赢取这一事实就是效用。而像连城游戏或国际象棋这类有输有赢的博弈，赢可以赋予效用为“1”（任意n个“点”），而输可以赋予效用为“–1”。但效用之和仍为“0”，因为这是零和博弈。

关于效用，需要记住的一点是它对应于游戏者实际的优先权。在大人同孩子玩，故意要输的情况下，大人的效用是相反的，即输的效用为1，赢的效用为–1。因此，效用并不一定对应于钱、输赢或是任何显而易见的外部物体。

最简单的是两人、两个策略的零和博弈。让它变得更简单的唯一方法，就是让其中一个游戏者只有一个策略。但是，只允许在一个可选项中进行“选择”，实际上根本就没有选择，这使得“博弈”实际上成为一人博弈，也就根本不是博弈了。

二人、二策略博弈可以用2行2列的表来表示。如果该博弈还是零和博弈，那么结果可以用很简单的方法表示出来。在4个方格中填入表示第一个游戏者赢的数，我们知道，第一个赢也就是第二个输。这样，两个人可以用同一张表（表中的数取负值即表示第二个游戏者赢）。

极小极大原理和蛋糕

二人零和博弈是一场“总体战”——一个游戏者赢，另一个人必然输，他们之间没有合作的可能。冯·诺依曼为这类博弈制订了一个简单而切合实际的计划以获得明确而且合乎理性的答案，这个计划叫作极小极大原理。

让我们从博弈论的角度再一次来考察分蛋糕问题。两个孩子实际上在进行一场零和博弈——蛋糕就那么大，两个孩子怎么做都不会改变蛋糕的可用总量。一个孩子分得多一些，就意味着另一个孩子分得少一些。

第一个孩子（切蛋糕那个）可以有许多策略，严格说来是无限多的策略，因此他可以从无限多的方法中任选一种来切蛋糕。这里为了简化，我们认为他只有两个策略可供选择，这不会对讨论带来太多损失。这两个策略是：不均分和尽可能均分。

第二个孩子（挑蛋糕那个）也有两个策略：选较大的那一块或选较小的那一块（进一步考虑到实际情况，我们允许切蛋糕的动作是不完善的，即使切蛋糕的人采取均分的策略，总有一块比另一块稍大一些）。

下面这张简单的表说明了两个孩子各自选择的情况。我们只需要把一个孩子的所得填到表的方格中去，这里用的是切蛋糕那个孩子的所得。显然，挑蛋糕那个孩子得到什么也已保留在表中了。表如下所示。

表 3–2

		挑蛋糕者的策略	
		挑较大的那一块	挑较小的那一块
切蛋糕者的策略	尽可能切得均匀	稍小点儿的半块蛋糕	稍大点儿的半块蛋糕
	切得一大一小	小的那块	大的那块

我们已经知道这个博弈的期望是什么。切蛋糕的孩子将均分蛋糕，或者说尽可能地分得均匀。挑蛋糕的孩子将选较大的那块。因此结果反映在左上那个方格中：分蛋糕的孩子得到的半块蛋糕是稍小一点儿的，因为挑蛋糕的孩子从两个几乎一般大的半块蛋糕中挑走了稍大一点儿的那一块。

为什么有这样一个结果呢？如果切蛋糕的孩子可以挑选 4 个可能结果中的任意一个，他会挑中大的那半块（右下方格）以结束这场博弈。然而他认识到这是不现实的。他知道根据对方的选择策略自己应该有什么样的期望，也就是最坏情况——尽可能小的一块。

切蛋糕的孩子所能决定的仅仅是该问题结果中的行。他预期分蛋糕的事将以自己获得该行中蛋糕最小量的那一格结束，因为挑蛋糕的孩子一定会使自己那一块蛋糕最小化。因此他必须这样行动，让挑蛋糕的孩子将要留给他的量小的那半块蛋糕极大化。

如果切蛋糕的孩子均分蛋糕，他知道他的结果是获得差不多的半块蛋糕。如果他切得一大一小，他知道他的结果必定是只能拿到小的那半块。因此他只能在差不多的半块和小于半块蛋糕这二者之间做出选择，也因此他只能选择尽量均分蛋糕以保证获得差不多的半块蛋糕。这个量，是行中极小值的极大值，被称为“极大极小”。

伊塔洛 · 卡尔维诺[①]在《寒冬夜行人》（*If on a Winter's Night a Traveler*, 1979）一书中写道：“你知道，你所能期盼的最好结果就是避免最坏情况。”这个警句很好地说明了极小极大原理。策略的选取是一个自然的结果，它不仅仅是由博弈理论中的仲裁推荐的“合理”结果，而且还是一种被游戏者双方各自的利益强制形成的真正的平衡。游戏者决不会从他的最佳策略上偏离到对自己造成威胁的策略上去（因此也就偏离到有利于对手的策略上，因为这是一个零和博弈）。

极小极大原理有助于让我们理解许多更困难的二人零和博弈。我们已

---

① 伊塔洛 · 卡尔维诺（1923—1985）：意大利著名文学家。——译者注

经说明过，几乎任何一个普通的博弈在逻辑上都等价于游戏者同时选取策略。这样，同时选取策略的博弈与分蛋糕是不同的，因为在分蛋糕这个博弈中，挑蛋糕的孩子是在切蛋糕的孩子已经行动之后才行动的。

但是请看：如果切蛋糕的孩子在拿起刀子之前，挑蛋糕的孩子必须首先宣布他的决定（要较大还是较小那块），这会发生什么情况呢？情况完全没有什么不同。挑蛋糕的孩子是有理性的，他知道切蛋糕的孩子会这样分蛋糕：使挑蛋糕的孩子拿到的那一块尽可能小。所以这次轮到挑蛋糕的孩子希望切蛋糕的孩子获得可能的最小的那块（记住，上面的表中显示的是切蛋糕的孩子拿到的那块，而挑蛋糕的孩子拿到剩下的那块）。因此，挑蛋糕的孩子寻求的是列中最大值的最小值，仍然是左上角方格，也就是他会选择较大的那块蛋糕。

在这个博弈中，左上角方格是自然结果，不管哪个孩子被要求首先宣布其策略。因此我们可以放心地说，左上角方格是两名游戏者必须同时做出决定的一种博弈的合乎逻辑的结果。

左上角方格中的值既是极大极小（切蛋糕孩子的最佳“可实现”的结果），同时也是极小极大（挑蛋糕孩子的最佳“可实现”的结果），这里是按照挑蛋糕孩子将会得到的结果来表达的。你也许会怀疑这究竟是巧合还是总会这样。这确实是巧合，虽然在一张小的表中这并不是一般的巧合。当极大极小和极小极大相同时，该结果称为“鞍点”。冯·诺依曼和莫根施特恩把它比作山脉中马鞍形通道的中点——准备通过该通道的旅行者会达到的最大高度，也是翻山越岭的山羊遇到的最小高度。

当一种博弈有鞍点时，鞍点就是它的解，是游戏者理性地玩这种博弈时的期望结果。注意，理性的解不一定意味着每个游戏者都乐于接受。切蛋糕的孩子最后得到的那块蛋糕会比挑蛋糕的孩子少那么一丁点儿，所以他不一定认为这是公平的。在这类事件中，2 个游戏者也许都会失望，认为自己没有获得一块更大一些的蛋糕，没有得到他们理想的结果。是什么阻止他们“罢工”并干出些不理性的事情来呢？

答案在于孩子的贪婪和不信任。就算略小的那半块蛋糕是切蛋糕的孩子不需要挑蛋糕的孩子任何帮助就能到手的，这也是切蛋糕的孩子通过他自己的努力使挑蛋糕的孩子能留给他的最大的一块蛋糕。要获得好一点儿的结果，其中一个孩子就需要求助于他的对手，但是对手没有理由去帮助他——他自己也只有半块蛋糕。一个零和博弈的鞍点解是由博弈本身得出的，这有点儿像中国式手铐：你为了稍微舒服一点儿而挣扎，但手铐却越勒越紧，反而让你更加难受。

混合策略

不幸的是，并非所有博弈都是有鞍点的。这里有难以解决的问题。麻烦在于，你可以发明一种博弈，其规则是你任意制定的。回报的任何集合都是可以想象出来的。矩形的表中，你可以很容易地填上一些数字，使得行最小值的最大值不等于列最大值的最小值，而这样就会没有鞍点。

所有博弈中最简单的“匹配硬币”就没有鞍点，冯 · 诺依曼和莫根施特恩用它做例子，但在普通的意义上，它很难算得上是博弈。两个游戏者同时放一枚 1 分硬币在桌上，正面朝上或反面朝上。当两枚硬币匹配（都是正面朝上或都是反面朝上）时，第一个游戏者赢，他可以拿回自己的硬币，还能赢了对方的硬币。如果两个硬币不匹配，则第二个游戏者赢得这两枚硬币。

这个博弈的列表如下所示：

表 3–3

	正面朝上	反面朝上
正面朝上	1 分	–1 分
反面朝上	–1 分	1 分

这两行的极小值都是–1 分，因此极大极小值还是–1 分。这两列的极大

值都是1分，因此极小极大值也是1分。极小极大和极大极小之间相差2分。

冯·诺依曼和莫根施特恩把这类博弈比作“拔河”——拔河的双方都可以通过把绳子拉过来更多一些以阻止对方取胜，从而使得绳子围绕中点忽前忽后。在匹配硬币中，第一个游戏者可以保证其极小极大值（–1分），但在这种情况下，这个值说明不了什么，因为这个值也就是他在这个博弈中的最大损失。第二个游戏者保证不会有多于1分的损失。这两个保证之间的差值为2分，正是这个博弈中一局的赌注。

你应该选正面还是反面？显然，这完全取决于对方。如果你知道对方的行为，就知道自己该怎么做了。对于对方而言也是这样。

因此，进行这个博弈的最佳方法是随机地出正面和出反面，概率各为50%，这叫作“混合策略”。如果总是出正面，或者总是出反面，这叫作“纯策略”。在冯·诺依曼时代，混合策略已不是什么新事物了，博雷尔的论文中就考虑过这种策略，而且像匹配硬币这类博弈的游戏者早就对随机行动抱有希望。有时候，在进行另一种博弈时，匹配硬币被用作一种“随机”方法以确定谁先走，例如在棒球比赛中决定哪个队先开球。

为了从零开始形成一个新的随机策略，游戏者创造了一种自强制式的平衡。我们可以为匹配硬币画一张新表，其中包括随机策略。

表3–4

	正面朝上	反面朝上	随机
正面朝上	1分	1分	0
反面朝上	–1分	1分	0
随机	0	0	0

不管是谁，如果他随机地出硬币，那么赢或输1分的概率是相等的（不管对手在游戏中采用的是纯策略，还是随机地出硬币）。这样，随机的游戏者的平均回报为0，在随机策略的行和列中都为0。

现在就有鞍点了。如果第一个游戏者必须先说出他的策略（一定出正面，一定出反面，或者是随机出），那么由于他知道对手必定会利用该信息从中获利，他势必要选具有极大极小值的策略。出正面或出反面的策略都有极小值–1 分，而随机策略保证平均的收益为 0（不管对方怎么做），因此随机策略有极大极小值。

如果第二个游戏者必须先说出他的策略，他希望有极小极大值，为此他也将选择随机策略。也就是说，根据博弈论，右下方格是这个游戏的自然结果。两个游戏者都将随机地选择。这样，我们又一次在游戏者对立的利益之间找到了平衡。

很多 5 岁的孩子就知道怎么玩匹配硬币游戏，那么我们为什么还要博弈论？

答案在于：许多博弈没有那么简单，只有用博弈论才能制定出无懈可击的、正确的方法，这种方法绝不是靠常识就能形成的。随机策略中的机会不一定是 50 : 50，甚至必须按照回报加以调整，而如何调整则要靠博弈论来解决。

这里有一个说明上述情况的小小的、却极为绝妙的二难推理：“百万美元赌注的硬币匹配”。它同普通的硬币匹配游戏相似，不同之处是你的对手是富得流油的大财主，只要两个硬币都正面朝上，他将付给你 100 万美元。你的回报如下表所示（对手的回报正好相反）：

表 3–5

	正面朝上	**反面朝上**
正面朝上	100 万美元	–1 分
反面朝上	–1 分	1 分

你应该怎样玩这个游戏呢？没错，你感兴趣的是赢得他的 100 万美元，而这只有你出正面才有可能，所以你的第一个冲动是出正面。

不过，且慢。除非你的对手疯了才会出正面，但他不会冒损失 100 万美元的风险，所以他的第一个冲动是出反面。

如果双方的第一个冲动都占了上风——你出正面，你的对手出反面。这样，两枚硬币不匹配，你将输给对手 1 美分。嗨，这是怎么回事，这个游戏不是被认为对你有利吗？

深入分析一下，你认识到你的对手必然会出反面，这不但否决了你赢得巨额赌注（也就是他的巨额损失）的可能性，而且每次你出正面而他出反面，他都会赢你 1 美分。

其实双方都可以玩这个把戏。只要你知道你的对手肯定会出反面，你也可以利用这个事实，也出反面，那么你就肯定可以赢 1 美分。

然而你的对手可能也会预测到你的诡计，于是他也可能试着出正面——当然也可能不，因为这毕竟要冒损失 100 万美元的风险。不过，即使只有极小极小的机会他出正面，你也许仍然应该考虑出正面，因为放弃赢 1 美分而冒险赌赢 100 万美元总是值得的……

这里，正确的混合策略到底是什么呢？博弈论告诉我们，任何时候你都出反面是合理的；你应该出正面的概率大约只是亿分之二（确切的比率是 2：100 000 001）[①]你的对手也是这样。[②]

100 万美元的回报当然是一笔数量巨大的横财，但这几乎是一种幻

---

① 原书此处误为 2：100 000 003。——译者注

② 这里我们不准备深入讨论实际的数学问题，因为这对理解社会性的二难推论问题并不必要。对于推广的匹配硬币游戏——两人，每人有两个策略的零和博弈，正确的混合策略是易于计算的。像通常一样在 2 × 2 的栅格中写下回报，然后计算每行中两个回报的差，写在表的右侧：

1 000 000　–　–0.01　=　1 000 000.01

–0.01　–　0.01　=　–0.02

将结果中的负值变为正值，然后交换：

1 000 000　–　–0.01　=　0.02

–0.01　–　0.01　=　1 000 000.01

这说明“正面：反面”的正常差异为“0.02：1 000 000.01”，或者（通过乘以 100，去掉小数点）“2：100 000 001”。另一游戏者通过计算每列中两个回报的差并交换而获得相同结果。在这个游戏中，两个游戏者的差是相同的。若博弈有两个以上策略，情况则复杂得多。

想，因为对手会否决它。正规的匹配硬币游戏是公正的博弈，其期望值为0。这个游戏的百万美元版本是投你所好的，但一局你大约只能赢1美分，而且只当两个硬币都反面朝上时才有可能。因此，百万美元回报的净效果只是将你的平均收益提高1美分！即使把游戏的奖金提高到10 000亿美元甚至10^{100}美元，你对收益的期望值仍然如此，一点儿也不会改变。

有关这个游戏另一件令人惊诧的事是：博弈论建议第二个游戏者偶尔可以玩一次冒险的策略——出正面！当然他不可以多次玩这个把戏，但完全不这么玩也很难说是理性的。那么，怎么来看待这个问题呢？可以这样想：这个游戏基本上只有一种玩法，就是两个游戏者都出反面（上表中的右下格）。但是，如果第二个游戏者事先发誓肯定出正面，[①]这将排除你赢得百万美元的任何可能性，你没有理由再出正面。

第二个游戏者（他几乎总是出反面）其实希望你出正面，因为这会使他赢。而如果他偶然出一次正面，将会吊起你的胃口，刺激你此后出正面。更有甚者，每当他出正面时，他一般会赢1美分，因为你平常总是出反面的。

但俗话说，事不过二。假若第二个游戏者多次出正面，那么就有许多次出现一个硬币正面朝上的情况（这时第二个游戏者赢1美分），抵消了两个游戏者同时出正面从而造成罕见的戏剧性结局的情况。因此，第二个游戏者非常难得地出正面，并不完全避免，才是最佳的混合策略。

曲线球和致死基因

一旦你理解了混合策略的概念，你就会在任何地方遇见它们。下面介绍几个例子。

---

① 原文如此，疑为出反面之误。——译者注

棒球比赛中的投球手比其他球员更善于投出让人难以击中的好球。击球手希望投手永远都能投出最好打的球，如果击球手知道他所期望的好球的类型，他就会占优势。因此，投手会随机地混合着投快球、慢球、曲线球、膝关节球……从而使击球手无法确定，只要他投的球符合规则即可。当萨切尔 · 佩奇被问及为什么他总是投快球而且屡次成功时，他回答说："他们知道球怎么来，但是他们不知道球从哪里来。"

原则上，博弈论可以预先设定投球的最佳混合方式，当然，混合方式会根据每个投手投球时的相对力度而有所变化。为此，你需要一些相当准确的统计数字——每种投球方式会造成对方多少次安打，多少次上垒等。我们将会看到，投手凭本能所采取的策略和博弈论推荐的策略很相近，除了在对棒球统计资料的分析中用到数学以外，其他地方都用不到数学。对于未来的比尔 · 詹姆斯[①]来说，这看来是一个很自然的研究课题。

早在 1928 年，莫根施特恩就认识到柯南 · 道尔的《夏洛克 · 福尔摩斯历险记》中的一个二难推论。他和冯 · 诺依曼在他们所著的书中写道：

> 夏洛克 · 福尔摩斯为了摆脱莫里亚蒂教授的追击，希望从伦敦到多佛尔再辗转到欧洲大陆。当他登上火车，火车缓缓启动以后，他看到仍站在站台上的莫里亚蒂教授。福尔摩斯意识到（完全正确），如果他的对手也看到了他，就一定会登上另一列特别快车并超过他。福尔摩斯面临两个选择：要么继续往前到多佛尔，要么在唯一的中间站坎特伯雷下车。他的对手面临相同的选择，因为他的智力使他完全能想象到福尔摩斯的这两种可能性。双方在无法知道对方做出什么样决定的情况下，都必须选择自己的下车地点。最后，作为互相猜度的结果，他们发现两人都站在同一站台上。福尔摩斯肯定会被莫里亚蒂杀死，但如果福尔摩斯安全地到达多佛尔，他就成功逃脱了。

① 萨切尔 · 佩奇与比尔 · 詹姆士都是美国著名的职业棒球手。——译者注

冯 · 诺依曼和莫根施特恩深入地研究了福尔摩斯的这一难题，计算出了各种不同结果下的点数，从而为福尔摩斯和莫里亚蒂设计出了最佳混合策略。他们建议莫里亚蒂以60%的概率赶到多佛尔，以40%的概率在坎特伯雷等候福尔摩斯；而福尔摩斯则以60%的概率在坎特伯雷下车，以40%的概率直奔多佛尔以摆脱莫里亚蒂。这场博弈是不平等的，莫里亚蒂占上风的机会要多一些。

在柯南 · 道尔的故事中，福尔摩斯在坎特伯雷下车，并且看见莫里亚蒂的特快列车风驰电掣般地从他身边开过，驶向多佛尔。有趣的是，福尔摩斯和莫里亚蒂两人都是按照冯 · 诺依曼和莫根施特恩设计的混合策略行事的。他们写道："就像我们上面看到的那样，在福尔摩斯和莫里亚蒂之间这场斗智斗勇的较量中，形势显然是对莫里亚蒂有利的。我们计算出的结果是，当夏洛克 · 福尔摩斯乘坐的火车从维多利亚车站驶出时，他有48%的可能性会被杀害，但是某个因素误导了这一过程，使福尔摩斯赢得了完全的胜利。"

计算结果出现假象这种情况同扑克牌中的虚张声势十分相似，当然打扑克复杂得多，部分原因在于它一般有两个以上的参与者。冯 · 诺依曼分析了扑克的一种简化形式，其结论大体上适用于真正的扑克游戏。他证明，当你手上有一副好牌时，你要高调叫牌；当你手上的牌比较差时，你应该不时地用一些唬人战术，而不是缩手缩脚地叫牌。

冯 · 诺依曼区分了两类骗术。一点儿不搞虚张声势的人因此会丧失很多机会诱使他人摊牌。假定你和你的对手的牌都不好，你不唬人，而你的对手却唬人，这意味着你会彻底失败，而且对手不必摊牌就赢了。如果你也想吓唬对方一下，那么你手中糟糕的牌就要同对手糟糕的牌做比较，这样你有可能赢。唬人一方总比不唬人一方占便宜，因此，冯 · 诺依曼认为理性的打牌者必须会虚张声势。

虚张声势还是一个烟幕弹。就像在匹配硬币游戏中那样，一方总希望对方在那儿猜测。每一方手中的扑克牌都是随机的，游戏者根据对手的叫牌判断对手手中的牌是好是坏。审慎的虚张声势可以防止对手预测到你手中的牌的好坏。

博弈论在生物学中有非常重要的类比。例如，从父母之一的基因中继承了相对罕见的贫血症基因的镰形血球的人，对疟疾有很强的免疫力；而从父母双方都继承了该基因的人，则非常容易患致命的镰形血球贫血症。这种基因以及其他致死基因之谜，很大程度上就归因于某种平衡，同匹配硬币游戏的巨额赌注版本中发生的情况十分类似。因为在这个游戏中。一个游戏者会采用冒险策略，偶尔出正面，使他的获利增长（仅当他出正面的情况下）。镰形血球基因与此相似，也会去冒险以获利，但这仅在只有一个基因存在时才发生。如果这种基因在人口中足够少，那么，得这种病的病例同提高免疫力的案例相比就会少得多。人们相信，这种令人不安的基因之所以在疟疾高发区存留，原因就在这里。

你也许奇怪这与博弈论有什么关系，基因不可能选择什么混合策略或其他任何策略吧。是的，但博弈论已经证明，是否有意识地选择是不重要的。在最抽象的层面上，博弈论无非就是一些表，表中有一些数字，一些实体在有效地作用于这些数字使之最大化或最小化。至于实体是想赢尽可能多的钱的玩扑克的人，还是按照自然选择原理不自觉地要尽可能多地复制自身的基因，这之间并没有什么区别。后面我们还将接触到博弈论的生物学解释这一问题。

极小极大定理

极小极大定理证明，对每一个有限的二人零和博弈，都存在一个理性解，其形式或为纯策略，或为混合策略。冯·诺依曼之所以被尊为博弈论的创始人，主要就在于他在 1926 年就证明了这个理论。冯·诺依曼认为这个定理是至关重要的。1953 年，他写道："就我而言，我深知没有这个定理，就没有博弈论。在研究这个课题的整个时期中，极小极大定理获得证明，在此之前我一直觉得自己还没有什么成果值得发表。”

简而言之，极小极大定理告诉我们，在两个利益完全相反的人之间出现的有精确定义的冲突，总存在一种理性的解；所谓理性的解，就是在给定冲突性质的前提下，双方都确信他们不可能期望有更好的结果了。

博弈论的“处方”是保守的，但当博弈的一方是理性的，他所面对的另一方也是理性的情况下，博弈论提供的处方是他所能期望的最佳处方。当然，这个处方并不保证有最佳结果。一般来说，理性的博弈者在面对非理性的对手时可以做得更好一些。有时候，甚至顽固执行博弈论预定策略的理性参与者，其获利也比预期的多。但在其他情况下，理性博弈者必须适当偏离博弈论的策略，以便利用对手的非理性。匹配硬币游戏就是一个例子。比如，你是游戏的正方，以均等但随机的方式混合出正面或反面。但如果你注意到对手缺乏一些理性，不自觉地选择正面的次数多于一半，那么你也可以更多地出正面。

虽然这种修正是明智的，但修正以后的策略就不再是最佳的了，而且可能因暴露你自己而被利用（比如被第三方或者是非理性的对手突然反应过来而利用）。

n 人博弈

有一次有记者问冯·诺依曼，博弈论能否帮人在股市上赚大钱，冯·诺依曼老老实实地回答说不能。类似的问题屡见不鲜。那么，博弈论适用于什么场合？如果不是为了游戏，又究竟是为什么？

冯·诺依曼本人把极小极大定理当作真正科学的经济学的第一块基石。就这方面而言，冯·诺依曼和莫根施特恩的书中大部分讨论的是有关 3 人甚至更多人参与的博弈。在经济领域中，在大多数情况下，“参与者”的数量很大，甚至是巨大的，因此不可能做很多简化的假设。

有任意数量参与者的博弈称为“*n*人博弈”，对这种博弈的全面分析比零和二人博弈复杂得多。在这种博弈中，利害冲突关系错综复杂——对参与者A是好的，对参与者B可能是坏的，而对参与者C又可能是好的。在这种情况下，A和C可能形成联盟。联盟关系从根本上改变了博弈。

在三人博弈中，两个参与者一鼻孔出气以保证赢是可能的。因此，两个人结盟会使第三者降低赢的份额。冯·诺依曼和莫根施特恩试图确定在什么时候以及由谁来形成这种联盟，是处于弱势的几个参与者联合起来对抗强势参与者吗？或者是弱势参与者试图同强势参与者结盟？他们得出的一个结论是：许多联盟都是稳定的，因此预测将要发生些什么是很困难的，甚至是不可能的。

冯·诺依曼希望利用极小极大定理去对付有更多参与者的博弈问题，极小极大定理对任何二人零和博弈给出理性的解。三人博弈可分解为潜在的联盟之间进行的子博弈。如果参与者A和B联手对抗参与者C，那么事实上可以把它看作A和B的联盟一方同C对抗的二人博弈，其解由极小极大定理保证。列出A、B、C三者所有可能联盟的结果，就能够确定到底哪个联盟最符合他们的最大利益，这样就能对三人博弈给出一个理性解。

由此递推，可以把4人博弈分解为他们的潜在联盟之间的二人博弈或三人博弈，列出所有可能性，解也就一目了然了。从4人博弈可以引申到5人博弈、6人博弈，……以至无穷。

但是，随着参与者人数的增加，博弈的复杂性以及所需的计算量将按指数方式增长。如果把全世界的经济活动用有50亿参与者的“博弈”作为模型，那么这就没有什么实用价值了。总的来说，冯·诺依曼和莫根施特恩关于经济学的著作还没有腾飞，还有待他人来扩充其基础。[1]

---

① 这是作者写作本书时的情况。20世纪80年代以后，博弈论取得了突飞猛进的发展，成为经济学的主流组成部分，多位博弈论专家获得了诺贝尔经济学奖。——译者注

作为一个出色的数学家，冯·诺依曼没有把他的理论局限于其主要科目上。几何是从测量大地的问题引出来的，但时至今日，几何同不动产已经没有任何关系，对此我们并不觉得有什么奇怪。矩形就是矩形，不管它是某个人的农场，还是几何证明中一个抽象的矩形。冯·诺依曼和莫根施特恩指出，零和n人博弈实际上就是一个有n个变量的函数，或者n维的矩阵。在《博弈论和经济行为》一书中，大多数讨论是针对这种抽象函数或矩阵进行的，而不管它们是博弈的回报表、经济活动的结果，还是军事决策。博弈论起源于游戏、对抗和竞争，但它并不局限于这些方面。

然而，恰恰是现实世界中的冲突延缓了博弈论进一步的发展。像他的许多同事一样，冯·诺依曼被卷进了战争事务，这使他缺乏时间做纯粹的学术研究。在第二次世界大战期间，由于承受着沉重的负担，冯·诺依曼在纯数学领域中再也没有发表过什么突破性的论著。保罗·霍尔姆斯于1973年写道：“1940年是冯·诺依曼科学生涯的中间点，正是在这个时候，他的论著出现了断点。在此之前，他是一个懂得物理学的顶级纯数学家；在此之后，他是一个牢记着自己在纯数学方面工作的应用数学家。”

PRISONER'S DILEMMA

4

原子弹

第二次世界大战期间，冯·诺依曼为海军装备局做咨询工作。大多数时间他都处于待命状态，一旦接到通知就要飞往英国。战时对行李重量的限制很严，带上笨重的防弹片头盔就更显得紧张了。有一次，冯·诺依曼想带一卷《剑桥中世纪史》在路上读，于是他把头盔从行李中取了出来，以便带上这本史书。克拉拉基于对丈夫的责任，又把书取了出来，重新把头盔放进去。在几个月的待命时间里，这样的拉锯战重复了好几次，最后还是冯·诺依曼赢了——当他再次接到命令以后，便带着历史书出发了。

1943年上半年，冯·诺依曼是在伦敦和伦敦周边度过的。他写信给克拉拉说（1943年3月13日）："除了人们必须习惯的灯火管制外，这里的生活是绝对正常的……警报、空袭，如此等等，在伦敦内城肯定只是一些形式而已。"

战争使冯·诺依曼的婚姻关系更加紧张，他和克拉拉之间的信件是在明知要受到检察官审查的情况下写的。信件经常迟迟送不到，甚至根本收不到。在夏天该由谁照管玛丽娜的问题上，克拉拉同库珀夫妇争论不休，气得克拉拉把它一股脑儿推给远在千里之外的丈夫。冯·诺依曼的信相当大一部分是向克拉拉解释她在先前的信中发现的一些无意的或者并不存在的小事。他写过一封长信，因为他曾经把她和他的一个被他描写为专横傲慢的朋友做比较，他向克拉拉解释并无他意。

克拉拉在信中常常说自己感到自卑，这种自卑感集中于她的容貌和她的成就。实际上这种感觉并无根据，从照片上看，克拉拉是一个漂亮的、衣着时尚的女性，她肯定是这对夫妻中更引人注目的一个。虽然她感到自己处于名人丈夫的阴影之下，但她自己也是一名非凡的知识女性。在战争岁月里，在冯·诺依曼经常不在家的情况下，她开始为自己谋求发展。后来，她在普林斯顿大学找到一个职位，做人口研究。虽然聘用她是出于她在语言方面的优势，但在这项工作的统计分析方面，她也表现得非常出色。

冯·诺依曼在洛斯阿拉莫斯

从“二战”一开始，冯·诺依曼就确信盟军会赢得这场战争。实际上，他勾画出了一个冲突的数学模型，由此推断出盟军在经过缓慢的启动过程之后，会因为工业上的优势而将取得胜利。冯·诺依曼战时所从事的项目之一——原子弹，是工业优势的主要例子，它对博弈论被人们广泛理解和接受也有重大影响。

1943 年年末，罗伯特·奥本海默邀请冯·诺依曼参加曼哈顿计划。当时许多科学家是勉强参加这个工作的，因为他们怀疑这样一个长远计划能否及时完成以影响战争进程，但冯·诺依曼几年前就预见到原子弹将在他的有生之年变为现实。曼哈顿计划对他来说既是数学上的一次新挑战，也是为国家服务的一个极好机会。

按照保密规定，为原子弹工作的科学家必须住在洛斯阿拉莫斯，冯·诺依曼是极少数例外的人之一。虽然也有一些为曼哈顿计划做外围研究工作的科学家不必转移到洛斯阿拉莫斯去，但没有人告诉他们是为研究原子弹工作的。冯·诺依曼本人对项目十分重要，因此他能够了解有关原子弹研究的一切详情，而且只要他的日程允许，就可以自由来去。

洛斯阿拉莫斯精英的核心团队中有许多人来自匈牙利。一批杰出的匈牙利学者——冯 · 诺依曼、爱德华 · 特勒、里奥 · 西拉德、尤金 · 维格纳，以及西奥多 · 冯 · 卡尔曼，人们开玩笑地叫他们“火星人”。斯坦尼斯拉夫 · 乌拉姆在 1958 年时回忆道，当冯 · 诺依曼被问及这种“从统计学角度看似不可能”的匈牙利人扎堆的现象时，冯 · 诺依曼回答说：“这是一些文化因素所造成的巧合，至于这些文化因素是什么，我也说不太清楚，大概是中欧整个社会所承受的外部压力，对完全没有个人安全保障的下意识，以及要么产生奇迹要么面临灭绝的必然性，等等。”

冯 · 诺依曼为原子弹的爆聚完成了关键的计算。原子弹的设计者必须确立铀或钚的临界质量。在临界质量下，被释放的中子分裂出更多的原子，这些原子又释放出更多的中子以分裂出更多的原子……这样的连锁反应继续无数次，在极短时间内释放出巨大无比的能量。确立临界质量被证明是非常困难的。理论上，铀的两个半球，每个包含临界质量的一半，只要拼接在一起，就可建立起临界质量。然而，在正常情况下，蓓蕾反应会将两个互相接近中的半球在接触之前重新冲开。

显然，必须让铀或钚极快地拼接在一起。投在广岛的原子弹“小男孩”用的是“枪式”触发装置。它包含两片铀 235，一片是球形的，中间有一个洞；另一片是子弹形的，正好可以射进洞中，这两片铀本身都未达到临界质量，但组合在一起，也就是把子弹射进球孔中去以后，就达到了临界质量。这颗原子弹的主要部分是一支枪，它通过化学炸药把子弹射进球体中去。这种安排相对而言效率不高。

另一种可能方案是内爆法，是塞思 · 内德迈耳[①]所提出的。在这个方法中，一个中空的钚球被炸药包裹着，被一个坚固的外壳封闭起来。炸药造成钚的体积被压缩得很小，从而达到临界质量。

这个方法的实现比概念复杂得多。正是在解决这一问题上冯 · 诺依

---

① 塞思 · 内德迈耳，美国物理学家，因与卡尔 · 安德森（1936 年诺贝尔物理学奖获得者）一起发现 μ 介子而闻名于世。——译者注

曼做出了重要贡献。爆聚的钚会变成液体，而为了使原子弹工作，爆炸必须是完全对称和均匀的。有一个开玩笑的说法是，它必须像开啤酒罐而又不让一滴啤酒溅出来那样。在实际装置中，既含有快爆炸药，又含有慢爆炸药的炸药“透镜”，即按照一定形状来装药，必须把爆炸力聚集在钚上。1943 年秋季，冯 · 诺依曼研究了这个问题，经过计算，他成功地设计出这些“透镜”。他有一个重要的观点：爆炸产生的压力会使钚的密度远大于正常状态，这将大大提高连锁反应的速度。由于这一现象，原子弹将从较少的裂变材料中产生极大的冲击波。事实证明了冯 · 诺依曼的这一观点，摧毁了长崎的原子弹“胖子”就是一颗内爆弹。

战时的博弈论

第二次世界大战是博弈论首次投入应用的战争。战争期间，数学家约翰 · 塔凯指定梅里尔 · 佛勒德——后来成为“囚徒的困境”的发现者之一，准备着手研究轰炸日本的问题。这个复杂的问题中包括一些类似于福尔摩斯和莫里亚蒂那样的二难推论：如果美国总是选择最重要的目标去轰炸，那么日本就可以将其预测出来并让防空部队保卫这个目标。

佛勒德曾经是冯 · 诺依曼在普林斯顿大学的学生，他也懂得博弈论。冯 · 诺依曼曾经把自己手稿的一个早期版本借给佛勒德，但是佛勒德在普林斯顿大学时曾有过一次不怎么愉快的经历：1939 年，他做过一个报告，题目是“在博弈中如何赢得机会”。佛勒德用掷骰子赌博为例说明概率论，然后用冯 · 诺依曼对打扑克时虚张声势的分析建立博弈论。当时，扑克在普林斯顿大学里是一种十分流行的娱乐—— 一些家长和教师认为流行得太过分了，为此，佛勒德被系主任叫进办公室要求做出解释。

利用冯 · 诺依曼的方法，佛勒德提出了一种轰炸策略，使轰炸机被击落的机会最小化。由于战时保密，他并不确知其研究工作将如何被利用。塔凯由于受命不能泄密给佛勒德，只能向他暗示他的工作同某篇报道中提到的（在新墨西哥州的沙漠中出现的）神秘闪光有关。显然，佛勒德的研究是为了曼哈顿计划。

冯 · 诺依曼本人也为原子弹的使用提出过战略性建议，并帮助莱斯利 · 格罗夫斯将军[1]选定对日本进行轰炸的地点。一张标注日期为 1945 年 5 月 10 日的字条，现保存在国会图书馆，列出了几个可能的轰炸目标，是冯 · 诺依曼的笔迹，其中包括京都、广岛、横滨、小仓。京都最后被放过了，按照战史的说法，是因为它在人类文化史上的重要性。

一些朋友认为，冯 · 诺依曼用博弈论的理性分析了战时的领导人。普林斯顿的瓦伦丁 · 巴格曼[2]在接受海姆斯采访时回忆说："有一个晚上，冯 · 诺依曼在我们家，当时局势已经很清楚，希特勒输掉了这场战争。我们谈到一个问题——希特勒将怎么办？冯 · 诺依曼说：'这没有问题，飞往南美洲的飞机早就准备好了。'"

按照乌拉姆的说法，冯 · 诺依曼认为德国和日本的战败将导致美国与苏联之间的直接对抗。虽然在轴心国被打败以后同苏联的战争尚未接踵而来，但他认为战争仍然有逼近的可能。

同曼哈顿计划的某些科学家不同，冯 · 诺依曼认为国防工作是很刺激的。许多曾经为原子弹工作的科学家受到了良心的折磨，但冯 · 诺依曼似乎没有受到影响。战后，大多数曼哈顿计划中的科学家重返学术界，渴望忘记战争、忘记原子弹、忘记洛斯阿拉莫斯，但冯 · 诺依曼仍为国防部门担任顾问。他深深地爱上了洛斯阿拉莫斯周围的乡村。有人说，如果他活着，他也许会把家搬到那儿去。

---

① 莱斯利 · 格罗夫斯将军（1896—1970）：因负责五角大楼的建设和主持曼哈倾计划而著称的美国将领。——译者注

② 瓦伦丁 · 巴格曼，美国物理学家，1948 年与维格纳一起为量子力学建立了十分重要的相对论性波方程，被称为巴格曼–维格纳方程。——译者注

伯特兰·罗素

原子弹改变了战争的面目。很少有人比英国数学家兼哲学家——神秘的伯特兰·罗素对此认识得更为深刻。在许多方面，冯·诺依曼和罗素是平行的，虽然两人之间也有许多明显的不同。两人都是他们那个时代最受尊敬的思想家，在事业的关键阶段，他们都关心数学的公理化。在他们生命的后半段，冯·诺依曼和罗素又都部分地放弃了数学而把大部分时间花在战争与和平的事务上。罗素不是博弈方面的理论家，但他发明的"胆小鬼困境"是博弈论中被分析得最多的一种博弈。

罗素生于一个贵族家庭。8 岁时他听他哥哥说，几何学的公理是不能被证明的，这使他大为失望。后来他进入剑桥的三一学院，开创在数理逻辑方面的事业。

罗素有一种强烈的神秘色彩——在数学家中显得非同寻常的某种性格。1901 年，当他 28 岁时，一段神秘的经历使他变为和平主义者。罗素在他的自传中写道："突然，我脚下的地面沉没了，我发现自己处于另一个完全不同的世界……5 分钟后，我变成了完全不同的一个人。在一段时间内，一种神秘的光芒笼罩着我。在这 5 分钟里，我从一个帝制拥护者变成了一个和平主义者和亲布尔派。"①

在第一次世界大战期间，罗素仍然是坚定的和平主义者。他由于宣传反战的观点而被处以罚金，后来又被投入监狱 6 个月。由于倡导和平主义，他失去了在剑桥大学的地位。

1920 年，罗素访问了新生的苏维埃联盟，但是他不喜欢在那里见到的一切。他写了《布尔什维克的理论和实践》一书，谴责布尔什维克的极权主义统治。这是出自政治自由主义者对共产主义的第一波批评。

---

① 布尔人指南非的荷兰人后裔。1899~1902 年，英国为取得对南非的统治权，与当地的布尔人爆发战争，史称"布尔战争"。——译者注

中年时，罗素已是一个家喻户晓的名字：哲学家兼数学家，相对论、婚姻和教育理论方面一些流行书籍的作者。他常在公众前抛头露面，报章杂志也常引用他的话。20世纪30年代末、40年代初，罗素旅居美国。他被纽约城市学院任命为教授，但被法院的一纸命令撤销，部分是由于他在性方面的自由主义观点——罗素认为婚外性行为没有什么错。当他面临失业的困境时，费城的百万富翁阿尔伯特·巴恩斯救了他，并为他提供了一份在巴恩斯基金会属下的一个极具"试验性"的艺术学校和博物馆讲课的合同。但是，两人后来发生冲突。1944年罗素回到英国，在剑桥大学谋到了一个职位。

日本投降以后，罗素同冯·诺依曼一样，相信同苏联的战争是不可避免的。广岛原子弹爆炸之后没有几天，罗素在《格拉斯哥先驱报》上发表的一篇文章中说：

> 苏联肯定能学会如何制造它（指原子弹）。我认为斯大林已经继承了希特勒统治世界的野心。人们必须期望在美国和苏联之间发生一场战争，这场战争将从伦敦被完全毁灭开始。我认为这场战争将持续30年，届时世界上将没有有文化的人，一切都将从头开始，其过程将需要500年……只有一件事——只有这件事可以挽救世界，但我不应该梦想它会实现，那就是美国在今后两年内对苏联宣战，利用原子弹建立世界帝国。这是不可能发生的。

1945年11月28日，罗素在英国上议院发表演讲，提出了同样的观点。他说："当我走在街上看见圣保罗大教堂、大英博物馆、议会大厦以及代表人类文明的其他建筑时，我透过心灵的眼睛看见这些建筑物梦魇般的景象：它们变成了一堆破砖碎瓦，周围堆满了废弃物。"

罗素预测原子弹将会越来越便宜，而且会扩散，他甚至预测热核弹总有一天也会被做出来。这些预言在我们回顾历史时也许被认为是理所当然的，但在当时，许多真正在为热核弹工作的人说的正相反——氢弹实在是太贵了，在可预见的未来是做不出来的；苏联要想拥有自己的原子弹恐怕得等上 10 年、20 年，苏联人也许永远都造不出来。

世界政府

在广岛原子弹爆炸之后几周内，世界上有许多人开始考虑建立世界政府这一问题，罗素仅仅是其中的一个。1945 年 10 月，欧文 · 罗伯茨法官在新罕布什尔州的都柏林召集了一群著名的科学家、文学家和政治家为一个名为“现在就建立世界政府”（World Government Now）的组织举行了命名仪式。原已存在的一个“世界组织美国联合会”更名为“世界政府美国联合会”，后者公开宣称其目的是“把联合国宪章的精神注入一个世界机构，这个机构有能力代表主权国家以保障和平。”芝加哥大学的一个小组代表这个机构起草了世界宪法。

诺曼 · 柯辛斯的书《现代人是过时的》集中反映了世界政府的情感与观点。许多知识分子，其中包括那些在“硬”科学领域工作的，都是很富有同情心的。天文学家哈洛 · 夏普利和物理学家阿瑟 · H · 康普顿很喜欢谈论世界政府这个话题。当时，著名的科学家阿尔伯特 · 爱因斯坦呼吁建立一个“超国家”的实体以控制原子能。爱德华 · 特勒和罗伯特 · 奥本海默也是这样，他们通常以强硬的反对派面目出现。[①]

1945 年 10 月 16 日，美国陆军授予洛斯阿拉莫斯总部以荣誉证书。奥本海默在接受证书时说：

---

① 这一段中提到的人，柯辛斯（Norman Cousins，1912—1990）是散文家、评论家，以敢于直言、批评美国政府著称；夏普利（Harlow Shapley，1885—1972）是著名天文学家；康普顿（Arthur H. Compton，1892—1962）是物理学家，1927 年因发现“康普顿效应”而获诺贝尔奖。——译者注

如果原子弹被加入充满战争威胁的世界武器库中，或者加入正在准备战争的国家武器库中，那么“洛斯阿拉莫斯”和“广岛”这两个名字被人类所诅咒的年代将要来临。

全世界的人民必须联合起来，否则他们将会灭亡——这场严重地蹂躏了地球的战争已经写下了这句话。原子弹已经为所有的人阐明了这句话以便让他们理解。还有一些人在别的时间、在别的战争中，或别的武器中，也曾经说过这句话，但是没有奏效。由于被人类历史的错误概念所误导，有些人认为这句话在今天也不会奏效。我们不相信这一点。在这个共同的危机面前，我们承诺通过我们的工作，为在法律和人道主义旗帜下联合起来的世界贡献一己之力。

并非只有知识分子聚集到了世界政府的旗帜下，一些政治领导人甚至包括杜鲁门总统，也小心翼翼地谈到这方面的问题。在战争结束前不久，杜鲁门在堪萨斯城说：“就像我们很容易地融洽相处在美利坚合众国中一样，其他国家也可以容易地融洽相处在世界共和国中。”

有一段时间内，美国参议院十分严肃地辩论过世界政府问题。1945年10月25日，爱达荷州的参议员格伦·H·泰勒[①]提出了一份呼吁建立世界共和国的决议案。

鉴于原子弹和其他新式且恐怖的武器的出现，如果世界被卷入另一场战争，人类及人类文明则可能被毁灭；

鉴于在参加这场战争的士兵回家之前，一些国家之间早已开始另一场竞赛，企图训练出更庞大的军队，以生产出尽可能多更科学、更恐怖的武器。因此：

美利坚合众国参议院决定，指派其驻联合国的代表团以加倍的

① 格伦·H·泰勒（1904—1984），民主党人，经过3次参选才进入参议院。1948年曾竞选副总统，以批评杜鲁门主义和马歇尔计划著称。——译者注

努力，虔诚并热切地促成世界范围的协议：

> 立即限制和压缩以致最后废除军备，宣布军事训练和征兵为非法，只有联合国安理会为维护世界和平而认为必要的警察部队除外；宣布不管为什么目的生产和使用原子弹及其他所有原子武器为非法；宣布生产和使用任何种类和性质的其他武器和战争工具为非法，只有联合国安理会为维护世界和平而认为必需的这类武器除外。……为此，我们强烈要求美国驻联合国的代表团为建立一个不分种族、肤色、宗教信仰，基于民主原则和普选权的世界共和国，尽一切可能的努力去实现。

泰勒在参议院影响力不大。他是爱达荷州一个农场主的儿子，在竞选参议员之前，他因为曾在一个西部牛仔乐队中当过巡回演出的乐手而使舆论界哗然。泰勒这个冒失的建议是他当参议员以后提出的第一个议案。

泰勒十分忧虑原子弹突袭这种不断的威胁会毁灭人类道德。他告诉美国国会："如果一个人认为他也许不会活着看到明天早晨的曙光，他可能会决定今天晚上就出去寻欢作乐。如果这种宿命论的态度蔓延开来，天知道世界会发生些什么。"

比基尼岛的核试验

与此同时，其他一些人则在考虑如何赢得下一场原子战争，其中一人是海军上将刘易斯 · 施特劳斯。像他的朋友冯 · 诺依曼一样，施特劳斯很早就获得了成功。曾经当过旅游鞋销售商的他，21 岁时成为赫伯特 · 胡佛（当时的威尔逊总统领导下的粮食部长）[1]的秘书，33 岁时成为

① 赫伯特 · 胡佛（1874—1964）：美国第 31 届总统（1929—1933）。——译者注

Kuhn，Loeb & Co.公司[1]下属的纽约投资银行的合伙人。他进入海军时的军衔是少校，轰炸广岛时他已升至海军少将。

彼得·古德查尔德在《J·罗伯特·奥本海默：世界的破坏者》一书中详细地叙述了有关施特劳斯的一件逸事。阿托尼·哈罗德·格林曾邀请施特劳斯在他的教堂参加一个社会活动，格林说：

> 施特劳斯走进房间并亲吻我妻子，他此前从未见过她。施特劳斯说："我知道你有孩子，我能见见他们吗？"这时，他听见孩子们的声音，不等回答就跑去同孩子们一起玩起来，还给小孩子换尿布。后来，我从安全部门的朋友处得知，在他接受邀请之前，曾经迅速地对我这个犹太法学博士做过保密调查。

格林讽刺地做出结论，说施特劳斯"属于非常有人性的那类人"。

当国家回归和平之后，施特劳斯担心原子弹使海军过时了。他建议就原子弹对武器装备的影响做一个试验。他的想法是，在大洋中集合一批包含各种类型的空舰只，在附近投一枚原子弹，观察会发生什么情况。

许多人——包括美国科学家联盟，都反对这个计划，他们认为这种做法没有科学上的目的，而且战争毕竟已经过去。虽然这样的试验表面上是为了帮助美国海军准备对付原子袭击的，但美国是唯一的核大国，不可能用原子弹轰炸自己的舰队。此外，美国可以从外国海军在原子袭击的遭遇中获得结论。事实上，试验中所用的舰只正是从德国和日本海军那里缴获的。

罗切斯特大学的物理学家杜布里奇（战争期间他是麻省理工学院辐射实验室的主任）给《纽约时报》写了一封信反对这个试验。这封信公布以

---

① 这是一家成立于1867年的银行，19世纪末、20世纪初曾为美国铁路网的建设提供资金支持，在业界有很大影响，一度成为当时美国金融界巨头摩根公司的主要竞争对手。二次世界大战后逐渐衰落，1977年被兼并，不复存在。——译者注

后，冯 · 诺依曼和物理学家拉尔夫 · 索耶[①]写了一封加以反驳的信（1946年5月7日），他们坚持认为试验“将极大地提高海军的战斗力”。

施特劳斯的试验被命名为“十字路口行动”（Operation Crossroads），指这场试验对于作战计划的抉择有着决定性的意义，就像处于十字路口一样。这场试验作为人类历史上最大的科学实验被载入史册。而对于世界上的大多数人来说，试验令人沮丧地说明即使在和平时期，原子弹也不会消失。

试验进行之前，“世界末日”的谣言四起。《纽约世界电讯报》引用了该实验的指挥官、海军上将勃兰第为之辩护的话：“原子弹不会使海洋中一半的鱼死去，也不会污染另一半鱼，使吃了鱼的人死去。它不会使水产生连锁反应变成气体，不会使大洋上的船只都沉到海底；它不会把海底炸出一个大坑，让所有的水都流入坑内；它不会造成地震或形成新的山脉；它不会造成海啸，也不会破坏重力场。”而在地球的另一端，一名法国服装设计师巧妙地抓住了机会，用原子弹试验地——环状珊瑚岛比基尼来命名一款新的游泳衣，其大胆的设计象征了原子能时代的疯狂和现代化。

试验于1946年7月1日和7月25日分两次在马绍尔群岛的比基尼环状珊瑚岛区域进行。这是原子弹的第4次和第5次爆炸，也是原子弹第一次事前宣布的爆炸。包括政界、科学界、新闻界的许多要人（约4万人）观看了实验造成的冲击波，冯 · 诺依曼也在其中，甚至还有两个苏联代表。

试验中所用原子弹的确切大小和形状至今还是一个秘密，因为在把它们装上飞机时是用帐篷遮盖着的。《时代》杂志认为这两枚原子弹足够大，因为记者看到在原子弹的一面贴着一幅1英尺高的丽塔 · 海华丝（美国20世纪40年代的影星）的大幅照片。

试验的无线电现场转播称得上是广播史上最特别的一次。废弃的船只上被安放了许多麦克风，一些坐在家里的人都能聆听到天使与魔鬼做最

---

① 拉尔夫 · 索耶（1895—1978）：比基尼核试验的技术负责人，后来致力于原子能的和平利用。——译者注

后决斗的声音。但大多数人只是听到了鸭子“嘎嘎”的叫声，因为作为试验的一部分，试验人员在一些船只上放了一些家禽、老鼠、猪、羊等。为了满足转播的需要，试验人员还在“宾夕法尼亚号”战舰上的一个话筒前放了一个节拍器，主持人让听众集中注意力听这个节拍器发出的“嘀嗒”声——当“嘀嗒”声一停，就意味着原子弹已经爆炸，节拍器和麦克风都不复存在。大多数目击者在几千米以外的船上，16 千米以外的观察员报告说他们感受到了炽热，就像站在打开的炉门前。

冯·诺依曼为这场试验担任咨询工作，这占去了他更多的时间。1946 年 11 月 18 日，他写信给爱德华·特勒说：“我希望你生命中最坏的一刻已经过去，在你面前，除了洛斯阿拉莫斯那快乐而不需要承担责任的生活外，已没有别的任何东西。认真地说，我们选择了这样的生活，真是鬼迷心窍，而你比我更糟糕，虽然我并不清楚我这样说是意味着谦卑还是傲慢。”

计算机

在冯·诺依曼战后的所有工作中，开发数字计算机是其最为突出的成就。正是通过计算机，冯·诺依曼对人们的日常生活产生了极大的影响。

“在今天，‘计算机’这个词通常指冯·诺依曼在 20 世纪 40 年代发明的机器的某个版本。”阿诺·彭齐亚斯[①]在《思想和信息》上这样写道。如果这种说法是过高评价了冯·诺依曼在计算机先驱者中的重要性，也不算太过分。勃罗姆堡和欧文在其 1976 年的论著中引用爱德华·特勒的话说：“IBM公司也许应该把它一半的利润付给冯·诺依曼。”作为IBM

① 阿诺·彭齐亚斯，出生在德国的美国物理学家，1978 年因发现宇宙背景辐射而获得诺贝尔奖。——译者注

公司的顾问，冯·诺依曼帮助它确定了计算机技术的方向：存储二进制（而不是十进制）数字、存储程序（而不是用硬连线）、数字机（而不是模拟机）。冯·诺依曼和他的同事没有去申请专利，这显然是为了鼓励计算机技术的应用和推广。

冯·诺依曼对计算机发生兴趣纯属偶然，其中部分是由于他研究星球互撞的天体物理学的缘故，这让他对流体动力学和冲击波发生了兴趣。当时人们对天体物理学包括的非线性效应了解很少，因此，作为这方面的专家之一，冯·诺依曼在洛斯阿拉莫斯被视为无价之宝。在这里，计算的复杂性给他留下了深刻的印象，而手工和机械式计算器的计算速度十分缓慢。战争时期，他研究了陆军在费城研发的ENIAC计算机，并形成了关于计算机的更好的想法。

战后，冯·诺依曼决定在普林斯顿大学建造更先进的计算机。他的这个想法在研究所被不冷不热地接受了。爱因斯坦认为计算机无助于他提出统一场论，于是，冯·诺依曼转向外界寻求资助。他和RCA公司的电气工程师弗拉基米尔·兹沃里金[①]向海军的刘易斯·施特劳斯“鼓吹”计算机可以预报天气：诺曼底登陆不是几乎被不可预测的海峡气候毁了吗？他们的游说果然起了作用，海军、RCA和其他方面决定提供资金，在普林斯顿大学建造这种新型计算机。

当时，普林斯顿大学的计算机每秒能完成2 000次乘法运算。保罗·海姆斯证实还有下列更令人好笑的故事：在测试计算机时，有人提出了一个恰当的测试题。为了知道计算机是否工作正常，他们必须知道正确的答案。这导致了一场临时竞赛——冯·诺依曼同机器对抗。结果冯·诺依曼比计算机更快得出答案。

普林斯顿大学的计算机并不能很好地预测天气，但这台计算机以及其他

---

① 弗拉基米尔·兹沃里金（1889—1982）：出生在苏联，1919年移居美国，现代电视技术的奠基人。——译者注

早期的计算机在更适合它们的应用方面表现良好。普林斯顿大学计算机第一个真正的应用（20 世纪 50 年代中期）是为氢弹项目进行的一系列计算。

冯·诺依曼在早期计算机方面的工作引发了自动机可能性的大规模研究。在他的人生即将结束的时候，由于希望计算机效率更高，导致他开始研究人类的大脑。克拉拉在丈夫去世后才出版的《计算机与大脑》一书的前言中写道："在他有知觉的最后时刻，他始终对自动机的可能性和在快速增长的应用中尚未弄清的问题怀有兴趣和好奇心。"虽然冯·诺依曼本人没有想到，计算机在博弈论基本问题的研究中变得如此重要。没有计算机，罗伯特·阿克塞尔罗德关于重复囚徒的困境的研究将很难实行。

与此同时，克拉拉成为第一批计算机程序员中的一个。在冯·诺依曼的指导下，她为阿巴丁试验场和洛斯阿拉莫斯承担了编程工作。虽然她是通过冯·诺依曼（他是这两处的顾问）获得这份工作的，但汇编语言程序设计对程序员苛刻的要求排除了对克拉拉利用裙带关系或逢场作戏的任何猜疑。克拉拉后来说，计算机工作是她曾经做过的工作中最激动人心的。

关于冯·诺依曼和计算机有一则稀奇古怪的谣言。这则谣言最早出现在意大利的《大众画报》杂志上，后来发表在《世界纪事》上，是典型的花边新闻，用于补白，但 20 世纪 40 年代末它出现在了好几个国家的报刊上：

> 据美国普林斯顿大学冯·诺依曼教授披露，在 800 名被雇佣来建造"机械大脑"的科学家和技术员中，40%的人都变成了疯子，他们大多数被送进了美国军方的精神病医院，日复一日地做着大量的计算工作。

加拿大一个杂志的编辑见到这个消息以后，便写信给普林斯顿大学的"诺依曼教授"，此信被及时地转给了冯·诺依曼。冯·诺依曼回信说，这当然是一则谣言。

先发制人的战争

与此同时，伯特兰·罗素采取了他曾经否定过的步骤，建议对苏联发动一场先发制人战争。罗素首次向公众呼吁发动先发制人战争应该是在1945年10月号的《车队》（*Cavalcade*）杂志上，这是英国的一本流行刊物。罗素建议盟国形成一个世界性的联盟并要求苏联加入："……如果苏联不让步，拒不加入同盟，那么在经过足够的时间并考虑成熟以后，我之前列举的正义战争的条件将完全满足，而作为宣战理由的事件是不难找到的。"

罗素私下承认他非常不喜欢苏联："我憎恨苏联政府更多是出于理智。"1946年1月他写信给朋友加莫尔·布伦南[①]时这样说。1947年罗素写信给爱因斯坦："我认为和平的唯一希望（这个希望是如此渺茫）在于威慑苏联……总的来说，我认为同苏联达成任何和解的企图都是徒劳的。希望用这种方法获取某种结果，这对我来说都只是'痴心妄想'。"

1947年12月3日，罗素在英国皇家学会的午餐会上发表演讲，这次他说得更加直截了当：

> 我希望尽快看到那些想避免原子战争的国家尽可能紧密地形成联盟，我认为我们应该形成如此强大的联盟，以直面苏联并对它说："如果你同意这些条款，那么你就加入这个联盟；如果你不愿意加入我们，那么我们将同你决一死战。"我倾向于认为苏联将会默认这个计划；否则，我们必须立即采取上述步骤，世界才可能躲过由此造成的战争，并出现单一的政府。这是世界的需要。

---

① 加莫尔·布伦南（1895—1968）：美国女作家、诗人，本名加莫尔·沃尔茜（Gamel Woolsey）。1931年与英国作家、历史学家盖拉特·布伦南（1894—1987）结婚。1933年与罗素相识，成为罗素的红颜知己。——译者注

罗素还同英国的军界人士讨论过这些想法。1948 年 5 月，他写信给瓦尔特 · 马赛[1]，马赛曾提出一份检查核设施的建议书。信中写道：

> 去年，同一些职业战略家的交流使我的观点有了一些改变。他们说，若干年内我们将占据较为有利的地位，但苏联还不会有原子弹；西欧经济的恢复与军事的整合将在战争开始前有进一步的发展。目前，空中优势和原子弹都不可能阻止苏联扫荡整个西欧直至多佛尔海峡；对我们来说，最危险的时期是今后这两年，这些观点也许正确，也许不正确，但无论如何他们都是最好的专家。
>
> 有些事使欧洲人比美国人看得更清楚，如果苏联征服西欧，那么造成的破坏将再也无法消除，即使以后重新夺回来也没用了。实际上，所有有文化的人都会被送到西伯利亚的西北部去，或者被送到白海沿岸。在那里，大多数人将在困苦中死去，幸存的少数人将变成动物（看看波兰知识分子的遭遇就清楚了）。如果使用原子弹，将首先投到西欧的土地上，因为苏联幅员辽阔，在原子弹威力之外。苏联人即使没有原子弹也能摧毁英国所有的大城市，就像德国人如果让战争再拖几个月就能做到的那样。我丝毫不怀疑美国人最终会赢，但是除非西欧能够防止被入侵，否则世界文明将倒退几个世纪。
>
> 但即使是付出这样的代价，我认为战争还是值得的。世界政府必须建立起来。但是如果需要等待，我们应该守住我们目前在德国和意大利的战线，这将有无法估量的裨益。我不认为苏联人会不战而降，我认为所有苏联人都是昏庸和愚蠢的，但是我希望在这一点上是我错了。

舆论界则猛烈批评罗素的这些观点。《雷诺新闻》于 1948 年 11 月 21

---

① 瓦尔特 · 马赛，出生在德国的精神分析学家和笔迹学专家，因反对纳粹统治移民美国。他是反战和“世界政府”的支持者。——译者注

日抗议罗素："用他在漫长的生命中积累起来的全部智慧提炼而出的话，竟然就是关于死亡和绝望的信息。他就是要我们放弃对人类理性的所有信念，把自己陷入没有尽头的大规模杀戮、城市的毁灭、被原子辐射所污染和毒化等状态。罗素爵士——著名的哲学家，提出的是最老式且最血腥的谬论——用战争结束战争。"

然而，公众对原子弹的态度已经发生了变化。在广岛事件之后不久，人们认为原子弹太残酷了，不应该再使用了。死于辐射病的牺牲者以及怪胎的恐怖照片说明，原子弹所造成的苦难并不是随着蘑菇云的消散就消失的。但是，如果因为原子弹太可怕，所以在任何情况下都不能使用，那它就没有威慑价值了。1948 年年底，美国国务卿乔治 · 马歇尔[①]做出了一个令人感兴趣的说明："直到最近，我认为苏联领导人大概已经感觉到美国人将永远不会允许使用原子弹。"

"先发制人战争" 在 1947 年由于苏联拒绝撤出民主德国而进入美国公众的视野。这使美国人认清了苏联已不再是同盟者，而是毫不同情西方利益的国家。美国国务卿詹姆斯 · 伯恩斯[②]建议西方用武力迫使苏联撤出德国，导致喜欢猜测的报刊编辑认为，这表示美国将对苏联本土进行核打击。

《美国新闻》于 1947 年 10 月 31 日刊登了一篇文章，题为"'先发制人战争'的代价"。这份杂志报道说："战时的国防部长亨利 · 史汀生[③]认为，关于先发制人战争的言论在公众中被视作一个错误。同样，杜鲁门总统也至少从他的助手（这位助手一向被认为有良好的大众意识）那里听

① 乔治 · 马歇尔（1880—1959）：美国政治家和军事家。"二战" 后曾出任驻华特使，调停中国内战。1947 年提出 "马歇尔计划"，1950~1951 年任国防部长。——译者注

② 詹姆斯 · 伯恩斯（ 1879—1972 ）："二战" 中任战争动员办公室主任，被称为 "总统的国内事务助理"，1945~1947 年任美国国务卿。——译者注

③ 亨利 · 史汀生（1867—1950）：美国资深政治家，从 1911~1945 年在 5 任美国总统内阁中任职，是罗斯福和杜鲁门总统的原子能政策首席顾问。——译者注

说，人民在议论，如果真要发生战争，最好让它尽快过去。”

认真地考虑过先发制人战争的另一位领导人是空军的司令员乔治·斯特雷特迈尔将军①。1947年12月12日，他在纽约说，在联合国能够保证和平以前，“战争的死亡游戏”中只会有暂时的休战。他发出下列警告时，显然把战争比作一场竞赛（而且显然是足球比赛）：“由于比赛随时都可以恢复，因此胜利的一方必须保持强大及完整无缺，一旦哨声吹响就要立即上场。我们并不鲁莽，但对方却可能鲁莽：我们也不应该是鲁莽的，否则我们会输，并为此付出代价。”

满怀恐惧和灰心丧气的普通民众中有一小部分人也开始考虑使用原子弹的问题。爱德文·霍普金斯在一首乐曲中提出一个问题：“我们还在等什么？”1948年，他在一首赞成先发制人战争的歌曲中断言：“我们必须让原子弹开口/不让残暴的魔王得势/……把他们轰走/让自由王国来临/绝不让群魔逃生！”

① 乔治·斯特雷特迈尔（1890—1969）：著名美国空军将领，第二次世界大战期间曾在重庆和昆明指挥美国空军的作战和后勤之援。——译者注

PRISONER'S DILEMMA

5

兰德公司

兰德公司位于圣塔莫尼卡大街1 700号，离海滩仅一个街区，由一些不太显眼的低层楼房组成。公司的建筑物同加州一些大学校园的建筑物有些相似，一些间隔设置的标记标明了公司的范围，也警示外人这是私人财产。公司没有威严的大门或篱笆，棕榈树和热带的大叶灌木的点缀让人回到了20世纪50年代的加利福尼亚。窗户外面有巨大的固定百叶窗挡住炽热的阳光，高层的窗户俯视着圣塔莫尼卡码头——这里有由弗兰克·盖利设计的圣塔莫尼卡林荫大道，市政大礼堂，已经有些年头的汽车旅馆，一家海鲜酒店用很大的蛤壳装饰着，龙虾像人似的戴着厨师的高帽。海曼·卡恩[①]——兰德最著名的分析人员，有时他会中断思考，纵身跃入太平洋畅游一番。冯·诺依曼到这里访问时，通常住在附近的乔治旅馆——它现在还在，不过已经变成高级的海滨私人住宅了。

有人说，兰德公司集中体现了现代的马基雅维利主义[②]。不论是鹰派的人还是鸽派的人都乐于把它当作一个秘密基地，一些不道德的天才在那里暗中策划阴谋。兰德是如此出名，以致在20世纪60年代它成为彼得·西格在一首讽刺性民歌中挖苦的对象："兰德公司是世界的欢愉/他们整天想着领赏金/他们坐着赌钱玩得兴高采烈/筹码却是你和我……。"

① 海曼·卡恩（1922—1993）：未来学的先驱之一。——译者注

② 马基雅维利（1469—1527）是意大利的政治家兼历史学家，他认为人们为达目的可以不择手段。马基雅维利主义指政治上主张采取权谋和不择手段的学说。——译者注

《商业周刊》报道说："职业军人称这些干涉平民事务的人是国家安全舞台上的'国防知识分子'、'兰德佬'、'技术统治阶级分子'，甚至还有一些更难听的名字。托马斯 · 怀特将军宣称，与其他军事人员一样，'抽着烟斗、像挤在树上夜间活动的猫头鹰那样的所谓的国防知识分子被当成国家的顶梁柱，我对此感到忧心忡忡。'"《真理报》同怀特将军一样担忧，有一次它称兰德"是美国的死亡和破坏科学院"。

保罗 · 迪克逊于 1971 年在其著作《思想库》中写道：

> 如果今日美国的主要问题是优先权错位的话，那么兰德就是这个问题的一部分。举例来说，兰德从不研究美国的老年人今天所面临的问题，却十分认真地在考虑核战争之后的老年人会碰到的一些假设的问题……兰德于 1966 年提出，核攻击的幸存者中如果没有老人和体弱者就最好了，美国的政策应该是抛弃这些人。冷血的兰德报告的结论是："执行一个在道德层面上虽然令人反感，但对社会有利的政策的最简单的方法是不行动。因此，在压力之下，被攻击后的社会的管理者将最喜欢以下述方式解决他们的问题，即不向老年人、精神病人和慢性病人提供任何特殊的服务。"

大众的疑虑和不安丝毫没有削弱兰德员工的自豪感。托马斯 · 谢林[①]在其《冲突的策略》(1960 年) 一书的前言中这样说道："作为一个集体，兰德是最出色的……但兰德不仅是人员的集合，它也是一个以有才智、有想象力和敢于想入非非为特征的社会组织。"其他兰德人员的观点则更接近于狂妄自大。在兰德创始人富兰克林 · 考尔鲍姆 1990 年去世后，《洛杉矶时报》引用兰德发言人杰斯 · 库克的话说："可以毫不夸张地说，考尔鲍姆领导下的早期兰德是西方世界知识精英的中心之一。"

---

① 托马斯 · 谢林，美国经济学家，2005 年与以色列学者罗伯特 · 奥曼一起荣获诺贝尔经济学奖。——译者注

历史

兰德公司从第二次世界大战期间进行的“运筹学研究”发展而来。随着战争变得越发可怕和复杂，人们认识到过去常用的军事策略已经不再适合现代战争了。1959 年，奥斯卡 · 莫根施特恩在《国防问题》一书中写道：“军事行动已变得如此复杂，导致将帅们受到的训练和一般的经验已不足以解决问题，因此，寻求同科学和科学家合作通常是由军事人员本身的需要引起的。……他们的态度不再故步自封，而是经常求助于科学家：‘这里有一个大问题，你能帮助我们吗？’这种态度不限于制造新的原子弹、更好的燃料、新的制导系统等，也经常包括手头的和计划中的战略和战术的应用。”

战争结束以后，军事首脑对智囊从军事系统流向大学和私人企业感到痛惜。但是，军人和公务员的工资对于大多数有才华的人来说是缺乏吸引力的，只有少数科学家愿意为军事部门工作。也有人相信（虽然后来被证明是不正确的），大学为承担秘密的国防工作是有风险的。因此，军方曾经讨论过几个补救的方案，比如为智囊建立一个“政府采购局”，另一个方法是把国防任务以合同形式委托给私人企业或军事部门与企业的联合体。

1945 年夏天，道格拉斯飞机公司派富兰克林 · 考尔鲍姆去华盛顿游说，以建立一个军事研究机构。考尔鲍姆是一个老资格的工程师和试飞员，他曾经协助设计了经典的DC–3 飞机，也是DC–3 飞机首飞的试飞员之一。空军的亨利 · 阿诺德将军[①]对考尔鲍姆的想法特别感兴趣——由于阿诺德将军的一个儿子娶了唐纳德 · 道格拉斯[②]的女儿，道格拉斯公司又

① 亨利 · 阿诺德将军（1886—1950）：是美国空军的第一批驾驶员之一，也是美国空军的创始人，被称为“空军之父”。——译者注

②唐纳德 · 道格拉斯（1892—1981）：道格拉斯飞机公司的创建者。——译者注

是空军的主要供应商，所以阿诺德决定以空军的名义对考尔鲍姆的设想予以回应。

1945 年 10 月 1 日，在旧金山附近的哈密顿庄园，阿诺德将军会见了考尔鲍姆、唐纳德 · 道格拉斯爵士以及道格拉斯公司的一些官员。阿诺德个人调拨节余的 1 000 万美元国防经费供道格拉斯公司用于研究——1 000 万美元在当时是一笔巨额资金，希望这足以吸引最天才的科学家脱离其学术机构。

阿诺德的动机及其行为的合法性引起了争议。指挥员的特权是一回事，但这 1 000 万美元是大众的财富，而且当时的国防开支已经被压缩。梅里尔 · 佛勒德回忆起，在他为军事部门工作时，有一次偶然见到一份带红边的文件，上面标着“只供以下人员阅读，不准摘抄”的文字。他的名字不在允许阅读人员的名单之中，但他还是把这份文件看了一遍——这正是关于筹建兰德研究所并用资助来招聘人员的。佛勒德把这份文件拿给他的上级看，他们猜测艾森豪威尔将军会对此大发雷霆。

佛勒德对这个机构知道得越多，他越觉得这是个好主意。兰德有一部分是博弈论的军事应用研究，就像佛勒德关于轰炸日本的研究那样。佛勒德试图使他的上级相信这个计划的价值。最后，艾森豪威尔和军事司令部的其他首脑被说服了，他们不仅接受了兰德，向道格拉斯公司提供资金也被批准了。

“兰德计划”这个名称是道格拉斯的行政官阿瑟 · 雷蒙特起的。兰德（RAND）意为“研究与开发”（Research and Development）。就像这个含义不清的名字所显示的那样，兰德的作用是没有明确定义的。最初，兰德的任务被定位于研究洲际弹道导弹（ICBM），当时人们认为，如果在未来战争中使用像在广岛和长崎用过的原子弹，则易受责难，因此是否使用原子弹难以被确定。

从法律上说，兰德是一个“混种”，它既非完全同商业有关，也不算是一个政府的代理机构。有一种说法是，道格拉斯建立了一个慈善基金会以管理兰德。也有人认为，兰德应该是整个航空航天工业的项目，而不只是道格拉斯公司一家的项目，这导致兰德敷衍地建立了一个由其他一些大的航空和航天公司的高级行政官员组成的咨询委员会。

虽然只有美国空军一家为兰德埋单，实际上兰德是道格拉斯公司的一部分，它位于道格拉斯总部的二楼，并由考尔鲍姆领导，同时仍保留他在道格拉斯公司的职位。其他公司都担心，他们为空军或兰德出的好主意最终都会落到道格拉斯公司手里。

秘密工作的进展疲软缓慢，缺乏活力。美国空军（1947 年从陆军中分离出来成为独立的军种）抱怨兰德计划没有吸引到最出色的天才，甚至抱怨兰德只对谋取利益感兴趣。1946 年 9 月 5 日，作战部的爱德华 · L · 鲍尔斯写信给阿诺德将军说："我已经获得一个明确的印象，即理想主义已经从美好的愿景中完全消失了，而我们正同道格拉斯公司在完全商业的基础上合作；空军为这个项目同意支付一切费用，只有道格拉斯公司通过接管战争资产可以获得的除外。"

道格拉斯公司本身也没有什么可高兴的。1947 年，它预期的一项国防合同却给了波音公司。许多人怀疑，空军虽然青睐道格拉斯，但故意冷落了它。失去的合同对道格拉斯可能会比兰德计划赢得更多的利润。道格拉斯的行政官员甚至怀疑空军是否屈服于爱国热情，以致他们都没有看看投标书!

在 1948 年 2 月，兰德的咨询委员会（包括波音公司、诺斯洛普公司、北美航空公司的代表）建议兰德从道格拉斯公司中分离出去，成为私有的非营利机构。当时，道格拉斯公司对此并未提出异议。

兰德公司于 1948 年 3 月正式被批准成立，成为众多美国研究所中待遇最特殊的一个。名义上它是非营利的组织，实际上它通过政府合同从事着最有利可图的"商业活动"。福特基金会给予兰德获得最高限额放款的优惠，启动资金迅速增长。兰德不痛不痒的章程就像史密森研究所[①]所描写的那样："为了推动与促进科学、教育和慈善事业，一切为了美利坚合众国的公共福利和安全。"

1948 年 11 月，美国空军把它剩下的合同余额（大约是原先 1 000 万的一半）都转给了兰德。在最初几年中，美国空军是兰德的唯一客户。

兰德同美国空军的合同授予它几乎难以置信的自由。同章程相比，这份合同不算太模糊，因为它要求执行一项计划，研究同洲际武器有关的广泛问题（海面除外），目标是向美国空军推荐符合这一目的的先进技术和仪器仪表。"海面除外"这个短语是为了防止侵犯海军的主权。实际上，这份合同的执行范围比它的言词所规定的要广阔得多。杜鲁门的"原子外交"建立在美国核垄断的基础上，常规兵力被压缩了，美国空军及其原子能力是美国防卫力量的主要依靠。

在这些不受束缚的方针的指导下，兰德的科学家被允许研究所有他们感兴趣的问题，由空军付账，而且不管空军是否对此感兴趣。反之，兰德可以拒绝空军要求进行的专题研究（兰德偶尔也会做一些吊不起科学家胃口的"小课题"）。几乎没有人知道兰德是什么，公众不知道，舆论界不知道，国会也不知道，许多人把它同雷明顿 · 兰德打字机公司混为一谈。兰德主要对美国空军的研发部副主任柯蒂斯 · 李梅将军[②]负责。按照布鲁斯 · 史密斯的《兰德公司》（1966）一书的说法，李梅指出："新的机构必须有高度的自由以实现其研究目标。这样，在兰德的历史上开始反复出现以下模式：当美国空军由于内部权力斗争而使兰德面临沦为牺牲品时，空军高层的'保护伞'在关键时刻挽救了它；在批评家的鼓动下，兰德的

① 史密森研究所，也称史密森学会，是由美国政府创建并管理的学术性机构，它成立于 1846 年，其宗旨为"增加和传播知识"，由众多博物馆、研究中心、动物园等组成，总部在华盛顿特区。——译者注

② 柯蒂斯 · 李梅（1906—1990）："二战"中任美国太平洋战区战略空军参谋长，有"冷战之鹰"的称号，1948~1957 年任美国战略空军司令。——译者注

预算被大大压缩时，它也受到高层保护而不致瓦解。”

一些兰德创始人曾预计兰德会制造武器，但很快兰德就决定不设计武器，甚至也不进行这方面的实验。《商业周刊》（1947年2月8日）在一个闲话栏目中记述了一件不起眼的小事：

> 兰德计划作为美国空军超级机密的“吹牛皮”部门将被取消，主要原因是，现在它已不再是超级机密，反而有些小麻烦。兰德计划是美国空军同道格拉斯飞机公司签订的一份合同，以支持一批各式各样的专家，这些专家把时间花在寻找异想天开的主意上，或者研究空军的高级官员们以局外人的身份提出的一些看法。这些专家对他们所要做的任何事都有最高的优先权。当兰德公司向橡树岭[1]提出希望提供一些有强辐射性的同位素时，它的霉运就来了：作战部开始调查是谁要来的这些人。结果，兰德没有得到这些同位素。

一则长期流传的玩笑说，兰德的意思是“研而不发”。

兰德的内部结构更像一所大学而不是军事机构或公司，它的部门有学术性的名称，例如数学或环境科学（可笑的是，它有一次曾宣称70%获得数学博士学位的人都会到兰德来求职）。充足的军方经费（只有很少的附带条件）给予兰德的自由度不像有充分捐赠的大学。一些慈善性的遗赠也资助了兰德的研究工作，兰德还举办过艺术展览和音乐会。兰德的大楼24小时开放以接纳弹性工作的人，然而它毕竟不是大学，保安会细心地记录下每个来访者的姓名以及进入和离开的时间。虽然目前兰德只有不到一半的任务被认为是保密的，但其敏感部门被强制要求严格保密。

兰德每年出版几百份报告和图书，其数量堪与规模较小的大学出版社相比。其中著名的作品有《一百万个随机数字及十万个标准偏差》（1955），

① 橡树岭：美国生产铀的工厂的名称。——译者注

这本稀奇古怪的手册之所以出版，部分原因是为了人们方便使用博弈论的混合策略。另一本较为流行的兰德出版物是约翰 · D · 威廉斯的《全能战略家》，这是一本为对博弈论感兴趣的门外汉编写的入门读物，内中充满了威廉斯的幽默调侃、兰德内部的笑话以及卡通画。该书既是一本可读性极佳的博弈论导论教材，又可作为一个观察兰德时代精神的窗口。书中有一个段落典型地反映了威廉斯的观点和幽默感（这个段落是为在混合策略中使用随机机制进行辩护的）："炸弹并没有什么智能，因此，投弹手可以更多地想想那些金发碧眼的女郎，而不必去想如何选择目标。当然，如果我们跟着这个反应链往后找，一定会在某个环节出现恰当的智力活动。"该书在许多国家出版，包括苏联。在俄译本中，威廉斯分析的俄式轮盘赌变成了"美式轮盘赌"。

同其他保密单位一样，兰德也被没有根据的谣言所困扰。1958 年 8 月 8 日，参议员斯图尔特 · 赛明顿[①]指控兰德公司曾经研究美国可能会怎样向敌对势力投降——赛明顿认为他们不应该做这样的事，而且他由此发现了美国存在失败主义的征兆。后来人们才弄清，赛明顿要么是没有看过兰德的研究报告《策略性的投降》，要么是完全误解了这篇报告。这一研究报告是对过去案例的综述，在这些案例中，美国被要求无条件地向敌人投降。报告从美国的利益出发，分析了这是否比在此之前可能通过谈判的投降更有利。虽然兰德公司对赛明顿的指控迅速做出了解释，但参议院仍认为值得进行两天的辩论，最后还通过了一个法律，明确禁止用公民纳税的钱去研究任何形式的战败或投降。这个法律至今仍有效。

一则明显没有任何事实基础的谣言发生于 1970 年 4 月，是由纽豪斯新闻社传播开来的：尼克松总统曾经命令兰德公司研究取消 1972 年选举的可行性。这个谣言很快被各方面否定了，但兰德还是为此对当时的工作

---

① 斯图尔特 · 赛明顿（1901—1988）：1953~1976 年任美国参议员，也是批评美国政府越战政策的人之一。——译者注

做了一次全面清理，以确定是否还有容易引起误会或被歪曲的什么事从而引发谣言，当然检查没有什么结果。

虽然兰德为维护其形象采取了这样一些真心诚意的政策，但在 20 世纪 50 年代它仍然感受着外界对它的冷漠。现在，它是大量此类思想库之一（这样的思想库大部分源于兰德的成功），而作为研究所的思想库，没有一个像兰德一度做的那样突出。近年来，兰德已经大大地扩充了自己的客户，除了国防部的其他一些分支机构以外，它现在的客户中包括宇航局、国立卫生研究院、福特基金会、纽约市、加利福尼亚州、纽约和全美两个股票交易所。

敢于想入非非

在公众的心目中，兰德之所以出名，是因为在关于进行核战争及其后果方面，它敢于“想不可想之事”。事实上，兰德的第一个研究项目就是为对苏核打击选定目标。在兰德的一篇回忆性文章中，理论家海曼·卡恩问道（1960）：“核攻击的幸存者能像美国人所习惯的那样生活吗？包括汽车、电视、带车库的住宅、冰箱，以及诸如此类的东西。没有人能回答这个问题，但我认为这是很可能的……”

原子弹比洲际弹道导弹早出现 10 年。洲际弹道导弹（ICBM）像原子弹一样产生了按钮战争的二难推理。德国的 V–2 导弹射程仅 300 英里，在当时已经十分令人震惊了。V–2 让人们看到了洲际弹道导弹的可能性，但在 1945 年，范尼瓦尔·布什[①]告诉美国参议院：“许多人在议论 3 000 英里的高角导弹。我的看法是，这在许多年内都是不可能的。我讨厌大肆宣传这类事的人，他们喋喋不休地议论 3 000 英里的高角导弹可以搭载着

① 范尼瓦尔·布什（1890—1974）：美国著名科学家和战略家，战时曾任罗斯福总统的科学顾问，在动员和组织美国科学家为战争服务方面做出过重大贡献。——译者注

原子弹从一个洲发射到另一个洲，像精确武器一样击中确定的目标，诸如城市。我敢说，在技术方面，世界上还没有人知道怎样做到这一点；而且我坚信，在未来非常长的时期内，人们也不会去做这样的事。……我认为我们可以不去考虑洲际弹道导弹的事。”当然，布什既不缺乏想象力，也不缺乏情报。冯·诺依曼也是这样。他在几年以后（1948 年 12 月 1 日）给《新共和报》的一封信（这封信没有发表）中也表示：“就原子弹的情况而言，我同样感到我们距任何形式的‘按钮’战争还很遥远。”

这种情况为何在 10 年内就完全改变了呢？一个因素是导弹的有效载荷发生了本质的变化。氢弹比裂变式原子弹的威力大得多，这使导弹的精确度不再成为问题，没有击中目标而落到郊区的导弹仍将摧毁目标城市。

兰德及其顾问班子在开发ICBM项目中扮演了关键的角色（由于ICBM与IBM相近，IBM曾经要求给它换个名字）。冯·诺依曼摇身一变，从ICBM的怀疑论者变为最热情的鼓吹者之一，他开始宣传“用远程导弹发射核武器，使之具有最大的威力”。

在实际制造洲际弹道导弹中，兰德的物理学家布鲁诺·奥根斯坦①是主要的设计者。兰德的总裁弗兰克·考尔鲍姆把奥根斯坦的计算结果拿给五角大楼。1954 年，阿特拉斯ICBM计划宣布实施。

兰德研究了由军方领导人或兰德自己的思想家提出的一些令人不安或异乎寻常的概念。兰德的一些研究人员担心在战争中的时间延迟，也就是在决定发动攻击到实施攻击之间流逝的时间，显然，必须给首先按下按钮的人以绝对的优先权。兰德提出了“自动防止失误”草案，根据这个草案，轰炸机随时在空中待命，危机发生时，它们才会真正飞向敌国的目标，一旦到达“自动防止失误”点，它们便将返航，除非接到继续前进的命令。

一份研究报告问道：假定有人夷平了克利夫兰，华盛顿怎么能够发现

---

① 布鲁诺·奥根斯坦（1923—2005）：出生于德国的数学家和物理学家，1927 年移民美国。除了洲际弹道导弹以外，他在宇航、卫星、反物质等许多方面都有卓越的研究成果。——译者注

这一情况？发现这一情况要花多长时间？兰德研究过核扩散，但是谁能获得原子弹，多快能获得原子武器？原子弹什么时候才能做到便宜、便携，又易于使用？兰德有一个半认真的主意——铜子弹。每颗铜子弹是勉强够子临界质量的高裂变同位素，把它装进有厚装甲的、远射程的来复枪，当子弹击中目标时，其爆炸威力相当于成吨的TNT。

在另一份研究报告（由兰德自己而非空军提出）中，兰德仔细考虑了出于偶然性、故意搞阴谋破坏以及有精神病的空军人员发动一场未经授权的核攻击的可能性。兰德的结论是：这三种情况都有很大的可能性，必须认真对待。事实上，如果是一个非理性者处于负责的岗位，那么发动核战争是完全有可能的。空军接受了兰德的建议，对从事同原子弹工作有关的人员进行了比较彻底的心理筛选，并设计了允许动作的连环，也就是更安全的"按钮"，这种按钮要求若干人合作才能引爆核弹头。

1951 年，空军要求兰德就美军在欧洲部署新的军事基地提出建议。这个任务分派给了数学家兼经济学家阿尔伯特 · 伏尔斯泰特，但他拒绝了这个课题，认为它太庸俗。有人引用他 1960 年在《哈泼斯》上的说法："对我来说，这是后勤方面一个非常笨拙的问题，陈腐而且完全不能使人感兴趣。"但他最后还是同意承担这个任务，条件是他可以扩充这个问题，把抽象的威慑问题包括进来。

这项研究成果是兰德 1954 年的一份报告，也是对公共政策产生最大影响的报告之一。该报告一开始就说，美国空军提出这个问题首先就错了。按照这份研究报告，海外基地在代价与效果方面是不匹配的，而且这些基地在苏联的突然袭击面前几乎只能坐以待毙。然后，报告建议建设更多的国内基地，并实行其有"第二次打击"能力的策略。所谓第二次打击，是指美国对苏联发动反击的能力。在苏联的第一次打击中杀死了很多美国人之后，第二次打击成为五角大楼的思想基石。兰德的这份报告还支持北极星潜艇计划，认为这有助于提高第二次打击能力，因为核潜艇不会待在一个地方，所以敌人要摧毁所有的核潜艇并阻止反击几乎是不可能的。

兰德也曾为裁军工作。最广为人知的一份报告是令人沮丧的。兰德的物理学家阿尔伯特 · 莱特的这份报告说，苏联可以进行地下核试验并加以隐瞒，因为他们可以让试验产生和地震同一类型的震动波。

语义学和芬兰语的语韵学

约翰 · 威廉斯曾领导兰德的数学部多年，他后来成为“囚徒的困境”的首次实验主角之一。威廉斯来自一个富裕家庭，接受了数学教育，而且对许多领域（包括气象学）都感兴趣。在他的领导下，一个课题的研究能够把相关的许多课题连成一个网络，从而也使兰德的专家花名册变得多样化。

到 1960 年，兰德已拥有了 500 名全日制的研究人员，以及 300 名兼职顾问。兰德的研究课题非常广泛，包括数学教育、神经机能疾病、阿拉伯政治中的等级制度等。保罗 · 迪克逊曾经列数兰德研究过但对世界没有什么影响或只有极小影响的工作：“苏联砖瓦的价格、冲浪运动、语义学、芬兰语的语韵学、猿猴的社会群落、对广受欢迎的民间玩具铺‘人来疯’之谜的分析。”

在兰德，你可以非常容易地提出几乎任何类型的研究课题，吹嘘它是“金羊毛”[①]，于是就能够被批准立项，而实际上这个课题是无聊透顶的。但兰德的支持者指出，许多这样的研究是以未曾预料到的巨大好处而结束的，其中之一便是空间计划。在NASA成立之前，兰德是美国从事空间研究的主要机构，这真得感谢空军合同中的允许条款。兰德为ICBM计划解

---

① 出自古希腊神话“伊阿宋智取金羊毛”。“金羊毛”是黑海岸边科尔喀斯无比神奇的稀世珍宝，多少英雄豪杰心向往之，却历尽艰辛而不可得。少年英雄伊阿宋为夺回叔父篡夺的王位，毅然踏上艰难的寻宝之路……——译者注

决的许多问题对和平时期的空间飞行也是很有用的，例如它设计的可重入的火箭式导弹的头部（即前锥体）。1946年，兰德发表了“试验性环绕地球的宇宙飞船的初步设计”，这比（苏联的）“斯普特尼克”卫星早10年多。报告指出：

美国在人造卫星方面的成就将激发人类的想象力，它对世界也许会产生可同原子弹爆炸相比的巨大影响。由于掌握原理是实质性进步的可靠指标，因此，在空间旅行上首先获得重大成就的国家将被认为是军事和科学技术方面的世界领袖。为了看清这对世界所造成的冲击，人们可以想象，如果美国人民突然发现某个国家已经成功地制造出卫星，他们将感到无比的惊愕和钦佩就行了。

社会科学在兰德也变得重要起来。威廉斯在1946年年末会见李梅将军，为招聘社会学家寻求支持。威廉斯曾告诉布各斯 · 史密斯：“他们派我到华盛顿去落实这个计划，所以我必须小心翼翼，不让他们感到厌烦。”李梅在一开始时有些怀疑。威廉斯竭力使他相信，若要了解苏联，那么这一点是非常重要的。此外，花一小笔钱在社会科学方面，可能会在别处节省大量资金。会见结束时，威廉斯谨慎地问李梅，不知道他的理解是否正确，即他已获得批准可以招聘少数几个社会科学家。李梅说：“不，不，不是这样，让我们做得干脆些，要干就多招一些，要达到一定的规模。”

兰德招聘的社会科学家中有著名的哲学家亚伯拉罕 · 卡普兰。[①]梅尔文 · 德莱歇回忆起卡普兰有一次乘坐跨国航班，他的邻座问他在哪个公司工作，兰德当时还是道格拉斯的一部分，因此卡普兰回答说在道格拉斯飞机公司工作。“公司生意不错吧？”对方又问。“我不知道。”卡普兰老实承认。对方觉得很奇怪，就追问：“那你在道格拉斯干什么呢？”卡普

---

① 亚伯拉罕 · 卡普兰（1918—1993）：离开兰德后曾在多所大学任哲学教授，1966年被《时代》杂志评为全美大学最佳10教授之一。——译者注

兰只好直说："我是哲学家。"

根据官方的消息来源判断苏联的意向是很困难的，兰德为此做出了一个几乎是想入非非的努力以深入苏联领导人的内心世界。他们采用对文学艺术作品进行阐释的方法研究列宁和斯大林的著作，并写出了"政治局的军事行动法规"，希望以此帮助美国外交官对付其苏联同行。他们还委托像玛格丽特·米德[①]那样的专家研究苏联对权力的态度。在研究苏联方面，一件最可笑的事是，在圣塔莫尼卡建立了苏联经济部的一个"影子部"。利用从纳粹那里缴获的文件，兰德为苏联经济建立了一个很细致的模型。

在被聘为顾问的社会科学家中，有很多是痴迷于博弈论的经济学家。在冯·诺依曼和莫根施特恩的书出版以后的许多年内，让博弈论发展壮大的不是学术界而是兰德。在20世纪40年代末和50年代初，博弈论及其相关领域中最著名的专家都在兰德工作过，而且他们并不是全职的，只是顾问。除了冯·诺依曼之外，兰德还聘用了肯尼思·阿罗、乔治·丹齐格、梅尔文·德莱歇、梅里尔·佛勒德、R·邓肯·卢斯、约翰·纳什、阿那托尔·拉波普特、劳埃德·夏普利和马丁·苏比克——他们几乎都在兰德。[②]这些精英们能集中在同一个研究所里，非常难得。他们中的大多数人在1960年左右都离开了兰德，但他们仍在学术界主导着博弈论这一领域。

---

① 玛格丽特·米德（1901—1978）：因深入南太平洋萨摩亚群岛研究当地土著的风俗和文化并发表专著而闻名的女性人类学家，她去世后被追授美国自由奖章。——译者注

② 肯尼思·阿罗是因提出"不可能定理"（也叫"阿罗定理"）而闻名的经济学家，1972年获诺贝尔奖。约翰·纳什是一位传奇式人物，数学家，曾患精神病但奇迹般康复，1994年获诺贝尔经济学奖。劳埃德·夏普利是2012年诺贝尔经济学奖得主。——译者注

冯·诺依曼在兰德

冯·诺依曼是从1948年开始正式同兰德公司结盟的。1947年12月16日，兰德（当时还是一个计划而不是公司）的威廉斯写信给冯·诺依曼邀请他参与兰德的研究项目，聘金为每月200美元。威廉斯写道："实际上我希望项目成员能够在你所擅长的问题上（即远不够理想的世界）同你讨论这些问题，通信或面谈方式均可。我们将把兰德的所有研究报告和论文都寄给你，我相信你会对此感兴趣的，希望你做出回应（不赞成、提示或建议）。目前，我们只希望占用你刮脸的时间，把你刮脸时想到的主意都告诉我们。"

在1948年的两封信中，威廉斯答应冯·诺依曼："我们想尽最大努力应用博弈论……如果你能在这个夏天，尤其是7月和8月，为我们花一些时间，则将极大地促进这里的工作。我相信，你也会感兴趣的……如果你真能把你充沛的精力倾注到这些问题上来，我们便将受益无穷。"

冯·诺依曼很喜欢兰德的工作环境。约翰·威廉斯住在太平洋边上一座有木栅栏的房子里。这座房子之前是由一个百万富翁盖的，房子太大太贵，以致他死后卖不出去。一个开发商想了一个好主意，他把这座房子划分成5个长方条，然后拆掉第2和第4条，把它变成3套房子。威廉斯买了中间那套，女演员黛博拉·克尔住在另一套中。威廉斯经常在家中举办有高智商的学者参加并且供应烈性酒的派对，冯·诺依曼常来参加。

在一次派对上，梅里尔·佛勒德想向冯·诺依曼表演"有3个面的硬币"，这种硬币在兰德曾经大行其道。所谓有3个面的硬币是兰德的某位研究人员提出的，他认为一个厚厚的、圆柱状的"硬币"如果有适当的尺寸，那么抛起来落下以后，正面朝上有1/3的可能性，反面朝上有1/3的可能性，以边直立在桌面上也有1/3的可能性。此话一出，引起了兰德许多科学家的兴趣，他们纷纷计算这样的硬币应该有什么样的尺寸。威廉斯对这个概念也很感兴趣，他甚至在自家的车间里加工出几个这样的硬币。当佛勒德同冯 · 诺依曼谈到有时需要 3 种方式的随机选择时，他找到了表演的借口，说让我们抛硬币吧。冯 · 诺依曼提醒他，这就有 3 种可能性，佛勒德这才平静地向冯 · 诺依曼展示这种硬币。冯 · 诺依曼看了看这种硬币，想了一会儿，说出了抛掷它可能的概率。他是对的。①

冯 · 诺依曼的“一贯正确”还有另一个故事：兰德曾经研究过一个极其复杂的问题，当时的计算机都无法处理，因此需要冯 · 诺依曼设计一台更强大的计算机。冯 · 诺依曼要他们先把问题告诉他，于是兰德的几个科学家向他解释了大约 2 个小时，同时在黑板上匆忙地写下一些公式和方程。冯 · 诺依曼静静地坐着，手托下巴听着。解释完了以后，冯 · 诺依曼在他面前的纸上涂抹了一阵，最后说：“先生们，你们不需要什么新计算机，我已经把这个问题解决了。”

冯 · 诺依曼在兰德的职位意味着他同时受聘于东海岸和西海岸，而且兰德还不是他唯一的外部兼职。此外，他经常出差旅行加剧了他婚姻生活上的麻烦。克拉拉抱怨自己不受重视，他只对工作感兴趣——而且无疑都是有理由的。为此，她甚至拒绝接丈夫打来的长途电话。在 1949 年 5 月 2 日的一封信中，冯 · 诺依曼反复说他是爱克拉拉的并惦念着她，但让她不要对他的感情进行无休止的考验。他说，没有任何人会随时随地表露其爱意而不感到厌烦。

约翰 · 纳什

在冯 · 诺依曼之后，博弈论领域的下一个主要人物是兰德的另一位

① 佛勒德怀疑，即使是冯 · 诺依曼也不可能计算得这么快，他疑心有人曾在此之前把这种硬币告诉过冯 · 诺依曼。——原注

顾问约翰 · 纳什。纳什 1928 年生于美国西弗吉尼亚州的布卢菲尔德，他在普林斯顿大学读的数学，并且对博弈发生了兴趣。1948 年他发明了一种博弈，是在有六边形格子的菱形棋盘上或者在六边形的浴室瓷砖上用棋子玩的。这个游戏推出以后，很快在普林斯顿大学以及高等研究所流行开来，它被叫作“纳什”或者“约翰”[①]，后一个名字同时也是因为它可以在浴室地板上玩（实际上，哥本哈根的玻尔研究所从 1942 年起就流行同样的游戏，但纳什对此一无所知）。

纳什证明，无论如何，正确的策略必然导致第一个游戏者赢。1952 年，派克兄弟公司以“Hex”（巫婆或术士）的名字推出了这个游戏的一个商业版本。

同冯 · 诺依曼一样，纳什同时在东海岸和西海岸发展他的事业：他既是麻省理工学院的教授，又是兰德的顾问。在 20 世纪 40 年代末和 50 年代初，纳什在一个方向上发展了博弈论，即结盟被禁止的“非协作”博弈，这是冯 · 诺依曼和莫根施特恩没有考虑过的。

冯 · 诺依曼和莫根施特恩处理两人以上博弈集中于结盟的情况，即游戏者抱团配合着行动。他们假定理性的游戏者会对每一种可能的结盟所获得的结果加以梳理，从中选定最有利的一种。由于冯 · 诺依曼和莫根施特恩的首要目的是按 n 人博弈去处理经济冲突，所以上述方法是有意义的。几家商户联合起来搞定价格或者把竞争对手赶出商圈，工人们组成工会集体讨价还价。在以上的情况中，人们有理由期望，只要对当事的这几方都有利，那么这几方都将结成同盟。事实上，这就是自由市场和放任主义经济的定义。

冯 · 诺依曼处理过的唯一一种非协作博弈是二人零和博弈——这种博弈是必然非协作的。当一个游戏者的收益正是另一个游戏者的损失的时候，则不可能形成同盟。然而，这种情况已包含在冯 · 诺依曼的极小极

---

① 在美国俚语中，“约翰”（John）指厕所或盥洗室。——译者注

大定理之中。纳什的工作主要涉及非零和博弈以及有三个或更多个游戏者的博弈。

通过极小极大定理，冯 · 诺依曼对理性化做出了完满的解释。他证明，任何两个理性的生命在发现他们的利益完全相悖时，一定会采取理性的行动路线，因为他坚信对方也会这么做。零和博弈的这种理解是由自身利益和互不信任所强制实现的平衡，而这种互不信任从游戏者对立的目标这个角度来看，是完全有理由的。

纳什发展了上述理论，他证明平衡解也存在于非零和的二人博弈中。由此可见，当二人的利益并不完全对立时，在这种情况下，通过他们的行动可以增加共同的好处，而且达到理性的解甚至更加容易。但是，实际上达到理性的解通常更加困难，而且这种解很难令人满意。

马后炮

纳什的分析方法其核心部分相当简单，易于理解。大家都听过放马后炮吧！在一场球赛过后，总会有些人说："要是我在场上，我就会怎样怎样，因此球队一定赢！"

在这类自由幻想中隐含着一条规则：你不可能改变对方球队的策略。如果你说的是自己应该怎样打这场球，那么你是不可能去改变对方怎样打这场球的，否则赢球就太容易了。如果你可以为对方球队选择策略，那么你显然会故意破坏，让他们输，而这也是不公正的。

纳什对非协作博弈的分析方法强调的是"平衡点"。所谓平衡点是双方都无怨无悔的结果，其分析方法如下：在博弈之后进行事后分析，轮流询问每个参与者，在对手的玩法已经确定的情况下，你是否愿意对玩法做一些变动？如果每个人都乐于接受刚才的玩法并且不再做任何变动，那么刚才的结果就是平衡点。

下面是非零和博弈及其平衡点解的一个例子：

表 5–1

	策略 1	策略 2
策略 1	1，100	0，1
策略 2	2，0	**5，2**

上面这张表同我们曾经用于零和博弈的表有相同的形式，只有一点不同，即每一格中有两个数，前一个数是“行游戏者”的回报，所谓行游戏者就是选行作为其结果的那一个；后一个数是“列游戏者”的回报。因为是非零和博弈，所以不需要再假定一人的收益是另一人的损失。可以看出，某些格子中的回报之和大于其他格子的。

在上面这个例子中，纳什的平衡解是两个参与者都选择他们的策略 2（右下角方格，数字用黑体）。显然，行游戏者对这个结果是满意的，因为他赢了 5 点，是在任何情况下他能赢得的最大值。但这个结果同样能被列游戏者接受，因为用放马后炮的方法，在给定了行游戏者选择其策略 2 的情况下，列游戏者对自己选择了策略 2 是无怨无悔的，因为如果他当初选择策略 1，他什么也赢不了，而现在他至少赢了 2 点。

列游戏者也许会说，好吧，就算你上面说得对，那左上方格是怎么回事啊？要是取那个方格我会赢 100 点呢！答案在于，这是个不现实的结果，因为行游戏者不可能接受它。假定两个游戏者都选各自的策略 1，那么在事后分析中，行游戏者会得出结论，他选策略 2 更好一些（两个点比一个点强）。纳什合理地提出了一个论点，即对于任何一个结果，如果给他机会，某个游戏者愿意改变其策略，那么这个结果就是不稳定的，因此可以推测这不是一个理性的玩法。在上面这个例子的 4 个结果中，只有右下那一个可以让两个游戏者都无怨无悔。

这听起来像是对“理性解”的一个合理的描写。纳什证明，每一个二人有限博弈都至少有一个平衡点。这是对冯 · 诺依曼的极小极大定理的一个重要发展。零和博弈的极小极大解也就是一个平衡点，但是纳什的证明表示，非零和博弈同样也有平衡点。这是一个新的结论。

非零和博弈还存在一些难题。正如数学家小菲利浦 · D · 斯特拉芬指出的那样（1980），上述例子中有平衡点解的博弈显然是有意义的，但在其他许多情况下，平衡点解就不像在零和博弈中的解那样明显。事实上，纳什平衡有时显然是非理性的。后面我们还将进一步讨论相关问题。

PRISONER'S DILEMMA

6
囚徒的困境

人是非理性的。兰德的梅里尔·佛勒德虽然不是第一个认识到这一点的人，却是第一个用博弈论分析这种非理性的人。从1949年开始，他就潜心研究日常生活中各种有趣的博弈、二难推论，以及讨价还价等种种情况。他仔细地调查有关人员怎样去做的，他们是不是（不自觉地）用冯·诺依曼–莫根施特恩的理论、纳什的平衡论，或其他方法指导其做出选择。佛勒德甚至还积累了兰德的工作人员在离职时出售或丢弃其日用品的详细资料（其中许多人只是暑假在兰德短期停留）。比如有一个顾问在圣塔莫尼卡过完暑假后的赠物清单是："苏格兰威士忌1/5又1/5瓶、半盒梅脯、7个鸡蛋、一只破箱子、厨房用具若干，以及鸡零狗碎的杂物若干"，这是为经济学家雨果·斯坦因豪斯[①]的"公平分配"理论所做的一个实验。在1952年6月20日出版的一份名为"若干试验性博弈"的兰德研究备忘录中，佛勒德报告了一些研究结果。

别克轿车的买卖

1949年6月，佛勒德想从一个准备到东海岸工作的兰德雇员那里买

① 雨果·斯坦因豪斯（1887—1972）：波兰数学家和教育家，在函数分析、数理逻辑、概率论、博弈论等许多领域有重要贡献。——译者注

下他用过的别克轿车。他们两人本是朋友，不想互相欺骗，都同意给这辆车定一个公平的价格。该怎么定呢？

正好他们认识一个二手车经销商，于是他们把车开到那个经销商那里，请他按车的现况定一个购进价和售出价。其差价，也就是经销商的利润——买者和卖者的收益，可以在他们两人之间分配。

假定经销商的购进价是 500 美元，出售者如果愿意，可以按这个价格把车卖给经销商。类似地，购买者可以以售出价（比如说 800 美元）从经销商那里买进这辆轿车。如果通过经销商做这笔买卖，那么经销商净赚 300 美元。如果不通过经销商，那么买卖双方会有额外的 300 美元在他们之间分配。

买卖双方应该怎样分配这 300 美元的利益呢？他们可以平分：售价将是经销商的购进价 500 美元加 300 美元的一半，即 650 美元，这样，售车者将获得额外的 150 美元，而购车者只要付出 650 美元就可以获得一辆 800 美元的车。

这听起来很不错，兰德的两个雇员正是这样做的。但这不是唯一的解决方案，买卖双方都可以否决任何定价，只要有一方提出异议，他们就需要做不同的分配。

买方可能坚持他只愿意付 600 美元或者 550 美元，甚至只付 501 美元。车主当然可以抬高价格去回应他，但如果买卖告吹，车主无奈去找经销商，那么他只能得到 500 美元。因此他如果不接受买主的报价，不管这个报价怎样低（只要超过经销商的购进价），他都是自讨苦吃。

对另一方也是这样，卖方可能坚持接近经销商售出的一个价格。奇怪的是，更不近情理的一方在交易中更占便宜。对于二手车经销商来说，这不是什么新闻，但它多少会令人不安。

联结着佛勒德的大量观察和实验的线索就是“收益分配”。当人们可以通过合作以保障额外的利益时，他们应该怎样分配？佛勒德做了一个他自认为非常棒的实验。他答应给兰德的两个秘书以下待遇：给第一个秘书一笔现金奖励（比如说100美元），或者给两个秘书一笔较大的奖金（比如说150美元），条件是他们需要就怎样分配这笔奖金达成一致，并告诉佛勒德他们的理由。

这个实验同别克轿车的买卖是不同的，因为第一个秘书不需要另一个人的帮助就有独得100美元的特权，而另一个秘书——除非第一个秘书与之合作，否则一分钱也没有保证。对这个问题，佛勒德猜想他们将像别克轿车买卖一样，平分额外的50美元，也就是有特权的秘书拿125美元，另一个拿25美元。出乎意料的是，这两个秘书竟然没有同意这个办法，他们达成协议平分150美元！佛勒德感慨地得出结论：分派别的社会关系在如何行动上有着巨大的差异。

然而，即使亲属关系也不能保证真诚合作。佛勒德曾经要他3个十几岁的孩子中的一个去做看护婴儿的工作，为此他搞了一个“反向拍卖”，即同意以最低工资去看护婴儿的那个孩子将获得这份工作。起拍工资是4美元。佛勒德鼓励孩子们达成协议以避免引起一场出价的竞争（这是冯·诺依曼–莫根施特恩关于*n*人博弈的理论中所假定的情况）。虽然佛勒德给了孩子们几天时间去协商，但他们未能达成协议，最后还是通过叫价，以最低的90美分成交。

佛勒德说：“这也许是一个很极端的例子，但如果把它同成熟的国家之间由于不能达成妥协而诉诸武力相比，孩子们的这种错误真的不算太极端。我从1949年8月起就注意到生活中有很多类似的‘非理性’行为，而且这种情况比比皆是，并不少见。”

窃贼的信用

在佛勒德的文章中提到的有实际意义的二难推论中，最重要的是第三个，即“不合作的一对”。文章的这一部分描述了他与兰德的同事梅尔

文 · 德莱歇在 1950 年 2 月所做的一个实验，这是对囚徒的困境的第一次科学讨论。

由于原先的实验不是阐释囚徒的困境的最佳方法，所以我们用一个故事当作囚徒的困境的现代版本。

假设你偷了著名的“希望钻石”[①]，并试图卖掉它。你认识一个潜在的买主——他是一个来自下层社会的大亨比格先生，也是世界上最冷酷、最残忍的人。他非常聪明，但极端贪婪和狡诈。你们已经达成协议，用一个装满 100 美元大钞的公文包交换钻石。比格先生建议你们在郊外某个荒芜的麦田里见面并进行交易，这样就不会有目击者。

你偶然得知比格先生过去曾同许多其他的走私货物商人进行过秘密交易，每次他都建议在一个较远的地点进行交易，而且每次比格先生都会先出示和打开公文包以表明他的诚意，然后就拔出手枪把对方打死，带着钱和货离去。

知道这些情况以后，你当然不认为这个麦田计划是一个好主意。

于是你提出了一个双麦田计划，即比格先生把装满钱的公文包藏在北达科他州的一块麦田里，你把钻石藏在南达科他州的一块麦田里，然后双方通过离各自最近的一个公用电话交换如何找到藏起来的东西的指示。

这个计划提供了内在的安全措施（你很圆滑地没有提及这一点）。当你去找比格先生的公文包时，你身无分文，比格先生（他只是一个精明的商人，不是杀人狂）没有理由在北达科他州的麦田里等着对你进行伏击。因此，比格先生同意了你的双麦田计划。

你在南达科他州找到了一块麦田。当你正准备把装有钻石的公文包藏在那里时，你突然闪过一个念头：为什么不把钻石留着呢？比格先生在抵

---

① 希望钻石是稀世珍品，原产于印度，被镶嵌在一尊佛像上。1642 年被盗走后辗转于世界，几易其主，并因拥有它的主人都没有好下场而使它蒙上了浓厚的神秘色彩。1958 年，一位珠宝商把它捐赠给史密森博物馆收藏、展览，结束了它 300 多年的传奇经历。——译者注

达南达科他州之前不可能知道你背信弃义（你会等他的电话并把藏宝地点告诉他，就像什么意外也没有发生那样）。到那时，你已经在北达科他州拿到了钱，然后搭飞机飞往里约热内卢，再也见不到比格先生了。

这时你又闪过一个更坏的念头：比格先生肯定也在打同样的主意！他同你一样聪明，甚至比你贪婪10倍。他肯定也会对你背信弃义，而你绝对斗不过他。

这个二难推论看上去是这样的：

表 6–1

	比格先生遵守协议	**比格先生违反协议**
你遵守协议	交易顺利完成：你得到钱，比格先生得到钻石	你什么也没有得到，比格先生拿着钻石和钱离去
你违反协议	你拿着钱和钻石离去，比格先生什么也没有得到	双方白忙一阵：你仍留着钻石，比格先生仍留着钱

问题在于你要在对比格先生的决定一无所知的情况下做出决定，并承担由此造成的后果。你最希望的当然是既得到钱又不放弃钻石；比格先生最希望的当然是既得到钻石又不放弃钱。然而，如果没有弄错的话，让这笔交易按照协议的条款顺利完成，应该是使你们双方都由衷高兴的，因为比格先生真的希望钻石能落到他的战利品柜子中——这不是一块普普通通的钻石，而是举世无双的希望钻石！他知道，为了得到它，你是他唯一的希望。同样地，你真的需要钱，而比格先生答应给你的是一个天价，没有人会出得更多了。

因此，归根结底，最好的结果是左上方格——双方遵守成交条件时的结果。而对于任何一方来说，最好结果是他单独违反协议时的结果；最坏结果则是对方违反协议、自己却傻里傻气地遵守协议。

一个考察这个问题的方法如下：你在南达科他州的行动也许不会影响比格先生在北达科他州的行动。不管比格先生怎么做，你最好把钻石留下。如果比格先生把钱留在北达科他州，那你就钱和钻石两得：如果比格先生没有把钱留在那儿，你至少还有钻石在手可以卖给另外一个人。所以，你应该违反协议，在南达科他州什么也别留下。

还可以有另一种方法：你们两个是在一条船上的。把上一节论述再往前推进一步：比格先生完全能得出相同的结论，对他来说违反协议是“理性的”。这样，你们两人都将欺骗对方，都将白忙一场而一无所获。这种逻辑阻止了对双方都有利的交易。因此你应该遵守协议，清醒地认识到欺骗会破坏双方的利益。

现在你明白了，这是一个囚徒的困境式的难题，你该问问自己应该怎么办了。

对这个二难推论的系统阐述是由认知科学家道格拉斯 · 霍夫斯塔特加以推广和普及的。在这里，这个二难推论是特别容易被认识到的。即使是合法的贸易行为，大多数也都是潜在的“囚徒的困境”。你想买一些铝板：你怎么知道销售商不会因你降低价钱而悄悄逃离城市呢？他又怎么知道你不会停止用支票付款呢？我上小学时，孩子们交换玩具的普遍做法是：每个孩子都要在大家的注视下把他的玩具放在地上，同别的孩子的玩具隔开一段距离，然后跑向他想要的玩具（如果两个孩子直接交换玩具，其中一人可能把两件玩具都抓在自己手里跑掉）。以这种安排方式，每个孩子都可以看到其他孩子已放弃自己的玩具，从而避免骗人的难题！在成年人中也有类似的安排，比如在不动产交易中，由第三方保存契约，待条件成立后再交受让人。说到犯罪，报纸上关于变质药品交易的报道中常常提到有人试图像上述那样多多少少搞一些欺骗行为（他们并不总是不受惩罚的）。

佛勒德–德莱歇实验

佛勒德和德莱歇认为纳什的平衡点解可能是无法满足的。记住，所谓平衡点解是指以马后炮方式博弈时，在其他参与者的选择已确定的情况下，没有任何参与者对自己选择的策略表示后悔时的结果。但是，这里可能存在这样的情况，即平衡点并非是一个好的结果。

佛勒德和德莱歇发明的一种简单的博弈就有这种情况。这两个研究人员对于现实生活中的人，尤其是对纳什或平衡点理论一无所知的人，会神秘地运用平衡点策略去玩他们这个游戏，深感怀疑。

于是他们立即开始做试验。他们找来两个朋友，一个是加州大学洛杉矶分校的阿门 · 阿尔钦（Armen Alchain，以下简称为“AA”），一个是兰德的约翰 · 威廉斯（John D. Wiliams，以下简称“JW”），并让他们两人在这个博弈中对抗。我们用以下回报表来表示这个博弈：

表 6–2

	JW的策略 1 [背叛]	JW的策略 2 [合作]
AA的策略 1 [合作]	–1¢，2¢	1/2¢，1¢
AA的策略 2 [背叛]	0，1/2	1¢，–1¢

对表中的那些回报值你不必操心，它们是故意搞得叫人有些摸不着头脑，以便把平衡点隐藏起来的。

每个游戏者都要在不知道对方做何选择的情况下选择自己的策略。如果阿尔钦选策略 1（上一行），威廉斯选策略 1（左边那列），那么罚阿尔钦 1 美分，威廉斯赢 2 美分（左上方格）。由于这是非零和博弈，赢家是从一个银行那里取到钱的，不管什么情况都不需要一个游戏者向另一个游戏者付任何东西。

就像在钻石交易中那样，两个游戏者都发现，不管对方怎么做，他的两个策略中都有一个是更有利的：阿尔钦选他的策略 2 较好，而威廉斯选他的策略 1 较好。但当双方都选其“较好”策略时，他们都只能获得比较差的结果。实际上，他们两个如果都选其“最差”策略，结果反而是比较好的。

按照纳什的理论，左下方格（用黑体标注）是理性结果。任一游戏者单方面改变策略都不会有较好结果。在囚徒的困境中，平衡点策略叫背叛。不管对方怎么做，一个游戏者最好总是选择背叛。

但是让我们看一下右上方格。在这个方格中，每个游戏者的收益都比他在平衡点时多出半美分。在囚徒的困境中，导致最好的集体结果的另一个策略叫作合作。在钻石交易中，欺骗是背叛，遵守协议是合作。

在兰德的实验中，阿尔钦和威廉斯连续进行这个博弈 100 次，并没有显示出二人对纳什的平衡理论有任何本能的偏爱——如果说有什么偏爱的话，则恰恰相反。在这100 次博弈中，阿尔钦选择非平衡策略（合作，即他的策略 1） 68 次，威廉斯选择非平衡策略（策略 2）则达到 78 次。

佛勒德在其 1952 年的报告中不但给出了二人在这 100 次博弈中所选择的策略，还给出了对二人在现场所做解说的记录。解说词显示，二人为保证相互合作，要经过困难的思想斗争。威廉斯承认，游戏者应该互相合作以使他们赢取的利益最大。当阿尔钦不合作时，威廉斯就在下一轮中选择背叛以“惩罚”他，然后又回归合作。总的来说，威廉斯玩得十分理性——大致上同大多数博弈理论家在经过 40 年研究以后再去玩这个游戏时的玩法差不多。

阿尔钦开始时希望双方都选择背叛，他对威廉斯最初的合作尝试感到迷惑。在实验的后半段，阿尔钦提到威廉斯不愿意“共享”。不清楚他这是指什么，可能他对相互合作不满意，因为（在用这张特定的回报表时）他只赢了 0.5 美分，而威廉斯赢了 1 美分，回报是向威廉斯倾斜的。因此阿尔钦想选择背叛使他的收益增加，但当他这样做时，就会造成威廉斯选择背叛作为报复。

这些解说词显然是每个游戏者在该局博弈中已确定了自己的策略之后，并且在知道对方的选择之前写下来的，因此某些解说词涉及对方在上一轮博弈中的选择。为了更清楚，策略编号用符号〔C〕表示“合作”，用〔D〕表示“背叛”。下面我们给出在100次博弈中阿尔钦和威廉斯对策略的选择及其解说的详细列表。

表6–3

序号	AA	JW	AA的解说	JW的解说
1	D	C	JW将选〔D〕——肯定赢，因此如果我选〔C〕——我会输。	希望他是聪明的。
2	D	C	他是怎么搞的!	看来他不够聪明，但他也许会明白过来。
3	D	D	难道他想把事情搞混?	好极了，傻瓜。
4	D	D	难道他固定选〔D〕了?	好极了，傻瓜。
5	C	D	太反常了!	这可不是所有可能性中最好的选择。
6	D	C	我要坚持选〔D〕，因为他想搞混至少4次以上。	噢！他在猜想我一定会再给他一次机会。
7	D	C		他太狡猾了。好吧……
8	D	D		他总有一天会明白的，但恐怕要经过10多个回合……
9	D	D	如果我偶尔选搞混的策略，他就要变了——但为什么他总是从〔D〕变到〔C〕呢?	

（续表）

序号	AA	JW	AA的解说	JW的解说
10	D	D	预测：他将坚持选〔D〕直到我从〔D〕变为〔C〕。	我能保证自己赢5美分，也保证对方不输不赢（在最好的情况下）；另一方面，如果对方提供令人满意的合作，我可以保证对方赢5美分，自己赢10美分。这意味着在很大程度上我控制着博弈，对方最好能看清这一点并见风使舵。 在小赌注的情况下，我愿意（像上面那样）试着（通过用策略〔C〕）同对方合作以谋取互利。在大赌注的情况下，我愿意选策略〔D〕直至对方显示出某些主动性，愿意为他自己的未来投资。对方选一次〔C〕，我就会从〔D〕变到〔C〕，并保持下去直到双方紧紧咬住。 上一轮我若变换到〔D〕就太保守了，但是显然对方是一个有稳定个性的人，而且也不急需一小笔额外的现金，因此他不会这样做。
11	D	C		也许他现在明白了。
12	C	C		我真该死！但是我要再试一试。
13	C	C		这就好多了。
14	C	C		哈！
15	C	C		（狂喜）
16	D	C		
17	C	D		真叫人讨厌！
18	C	D		他真蠢。我要让他吃点儿苦头，教训教训他。
19	D	D	我完全被搞糊涂了。他想发什么信息给我？	让他吃点儿苦头。

（续表）

序号	AA	JW	AA的解说	JW的解说
20	D	D		
21	D	C		也许他现在听话了。
22	C	C		学习总是要一定时间的。
23	C	C		暂停。
24	C	C		
25	C	C		
26	D	C		
27	C	D		老一套又来了。
28	D	D	他希望我选〔C〕的次数比我给他〔C〕的次数多。	让他见鬼去吧！
29	D	D		
30	D	D		
31	D	C	又开始了。	再来一次。
32	C	C	对方倾向于固定选策略〔D〕，他完全不想付出代价，让我总选〔C〕以谋求共享〔D〕。	他学得太慢了！
33	C	C		这才对头了。
34	C	C		
35	C	C		
36	C	C		
37	C	C		
38	D	C		
39	C	D		这……
40	D	D		
41	D	C		总得出手有效才行啊。
42	C	C		老一套又来了。
43	C	C		
44	C	C		
45	C	C		

（续表）

序号	AA	JW	AA的解说	JW的解说
46	C	C		
47	C	C		
48	C	C		
49	D	C	他不想共享。	
50	C	D		他是个靠不住的怪人，他不懂我们是在同第三者斗法，而不是互相斗法。
51	D	C		
52	C	C		他需要更坚定一些才行，但他缺乏这个品质。
53	C	C		
54	C	C		
55	C	C		
56	C	C		
57	C	C		
58	C	C	他不想共享。	
59	C	C	他不想要弄我，他挺满意，我必须教训教训他，让他学会共享。	
60	D	C		真是个无能之辈——机会主义者、无赖！
61	C	C		
62	C	C		天啊！友谊万岁！
63	C	C		
64	C	C		
65	C	C		
66	C	C		
67	D	C	他还是不愿共享。	
68	C	D	他将因这种尝试受到惩罚！	他不会成功的。
69	D	D		
70	D	D	我要再试一次求得共享——通过迷惑他。	

（续表）

序号	AA	JW	AA的解说	JW的解说
71	D	C		这真像训练孩子梳洗打扮——你必须非常耐心。
72	C	C		
73	C	C		
74	C	C		
75	C	C		
76	C	C		
77	C	C		
78	C	C		
79	C	C		
80	C	C		
81	D	C		
82	C	D		他需要再接受点儿教训。
83	C	C		
84	C	C		
85	C	C		
86	C	C		
87	C	C		
88	C	C		
89	C	C		
90	C	C		
91	C	C	作为最后一分钟的机会，他会在某个时候变换到〔D〕去[①]。由于已经太迟了，我还能打败他吗？	
92	C	C		好极了。
93	C	C		

① 阿尔钦的这段解说应读作“作为最后一分钟的机会，变换到（2）”，这里显然是一个错误。威廉斯的策略2是合作。他的举动说明，阿尔钦关注威廉斯在最后一轮或最后几轮中选择背叛这一策略。

（续表）

序号	AA	JW	AA的解说	JW的解说
94	C	C		
95	C	C		
96	C	C		
97	C	C		
98	C	C		
99	D	C		
100	D	D		

尽管回报表设计得使人糊涂，相互合作仍然是最多的结果（在 100 次博弈中占了 60 次）。如果佛勒德和德莱歇的回报表更加“公正”一些，其合作的概率也许会更高一些。

佛勒德和德莱歇怀疑约翰 · 纳什的理论是怎么来的。相互背叛，也就是纳什平衡，这只发生了 14 次。当他们把这个实验结果拿给纳什看时，纳什表示反对，他说：“作为对平衡点理论的检验，这个实验存在着缺陷，即博弈进行的次数太少了，实际上对弈的次数应该多得多。一个人在一系列独立的博弈中不可能像在零和博弈中那样想得那么周全。这里有太多的相互作用，在这个实验的结果中我们看得很清楚。”

纳什的话当然是对的。但无论如何，如果你仔细体会一下就会发现，在纳什的平衡策略中，对于多回合的“超级博弈”，在 100 次试验中，每次都要求游戏双方选择背叛策略，但阿尔钦和威廉斯并没有这么做。

塔克的逸事

佛勒德和德莱歇实验中那个小小且怪异的博弈在兰德公司的圈子中引起了很大的兴趣。我曾经问佛勒德，当他和德莱歇构想出这个博弈的时候，他是否已经认识到了囚徒的困境的重要性。佛勒德回答说：“我必须承认，虽然德莱歇和我确实认为实验的结果相当重要，但是我绝没有料想这个计划会对科学和社会产生如此巨大的冲击……我猜想在实验应用的重要性方面，我比德莱歇更加激动；而在实验对博弈论的影响方面，德莱歇有更大的期待。”

佛勒德回忆，冯·诺依曼认为这个博弈是令人感兴趣的，它向纳什的平衡理论提出了全面的挑战。然而，因为他们这个实验是非正式的，所以他并没把它当回事，于是德莱歇把这个博弈告诉了兰德的另一个顾问阿尔伯特·塔克。塔克也是普林斯顿一个著名的数学家，他既认识冯·诺依曼，也认识纳什（纳什是塔克的学生）。

1950年5月，斯坦福大学心理学系请塔克就博弈论做报告。当时德莱歇讲的那个博弈还深深地留在他的脑海中，他认为从更广阔的观点来看，这个博弈比博弈论更有趣，因此决定在报告中讨论它。因为听众都是学心理学的，缺乏博弈论的背景知识，所以塔克决定以一个故事的一部分的形式去介绍这个博弈，这样就产生了一个在今天广为人知的二难推论，塔克称之为“囚徒的困境”。

塔克所做的工作虽然只是装饰性的，但它的意义却不容低估。佛勒德1952年的兰德备忘录并未被广泛传播，而且在任何情况下人们都不认为他“发现”了一个新的二难推论。佛勒德和德莱歇把他们的实验作为心理学研究介绍给大家，博弈是为实验设计的，而且论文中丝毫没有表示类似的博弈在现实世界中可能是很重要的（虽然佛勒德和德莱歇已经意识到了这一点）。通过把这个博弈当作选择上的二难推论提出，并在学术界加以推广，塔克对社会上的二难推论的研究及随后的进展做出了实质性的贡献。

塔克在给德莱歇的一封信中描述了这个二难推论，称它是“你说的那个博弈的‘乔装打扮’之版本”。塔克的简略描述如下：

两个被指共同犯法的人被警察分别关押。两人都被告之：

（1）如果一个人招供而另一个人不招供，前者将得到奖金，而后者将被处以罚金。

（2）如果两个人都招供，那么两个人都要被处以罚金。

同时，两个人都有充足理由相信：

（3）如果两个人都不招供，两个人都将无罪开释。

这个故事经过多年的传播和重述，现在有了很大的改进，而且总是涉及监禁条件（对监禁条件进行讨价还价比用现金奖励招供要现实得多）。故事的典型现代版本如下：

犯罪团伙的两个成员被逮捕并被监禁。每个囚犯都被单独监禁，不可能互相通气和交换信息。警察承认他们没有足够的证据证明这两个人对主要的指控负有罪责，他们打算以较轻的罪名判处二人各1年监禁。与此同时，警方许诺每个囚犯都可以进行浮士德式的讨价还价。[①]如果他做出不利于同伙的证供，那么他将被释放，而他的同伙将被判处3年监禁。噢，对了，这里还有一个骗人的诡计……如果两个犯人都做出不利于对方的证供，那么这二人都将被判处两年监禁。

两个犯人都允许有一段时间仔细掂量自己该怎么办，但在做出不可改变的决定之前，他们绝无可能知道对方的决定。同时，两个犯人也都被告知，另一个犯人也有同样的待遇。因此，每个犯人只关心自己的福利——使自己服刑的时间最短。

① 浮士德是欧洲中世纪传说中的人物，为获得知识和权力而向魔鬼出卖自己的灵魂，德国作家歌德曾以此为题材创作诗剧。因此人们将囚犯以出卖同伙为条件谋求自身减刑的讨价还价称为“浮士德式的讨价还价”。——译者注

表 6–4

	B拒绝与警方合作	B做出对A不利的证供
A拒绝与警方合作	1年，1年	3年，0年
A做出对B不利的证供	0年，3年	2年，2年

两个犯人可以这样推理："假如我做出不利于对方的证供，而对方却没有，那么我可以逍遥法外（不必受1年的囹圄之灾）。假如我做出不利于对方的证供，对方也这样做了，那么我将坐两年牢（而不是3年）。在这两种情况下，不管我那朋友怎么做，我做出不利于对方的证供都是有利的，都会少坐1年牢。"

麻烦在于，另一个犯人可能正要做出完全相同的结论。如果双方都是理性的，那么双方都要做出不利于对方的证供，这样双方都要坐两年牢。但只要双方都拒绝做出对对方不利的证供，每个人都只坐1年牢。

塔克的故事当然并不是故意为犯罪学做出的真实写照，但有趣的是，它为某些专家对犯人抗辩和讨价还价方面的疑虑提供了证据，这些专家抱怨现实生活中的囚犯面临两难选择，尤其是在死刑判决如何做到万无一失的方面，它起着很重要的作用。这些证据不但要证明嫌疑犯犯了谋杀罪，而且必须证明他是"蓄意"谋杀。实际上，对死刑判决（相对于有期徒刑）定罪的关键常常是犯罪计划中帮凶的证词。就儿童谋杀犯罗伯特·奥尔顿·哈里斯的死刑判决这一案件，《洛杉矶时报》曾这样写道（1990年1月29日）：

在发生谋杀的地点，常常有1个以上的犯罪分子置身其中，因此应该判处死刑的也应该不只1个人。但是对于起诉人而言，"重要的是达到目的，就像在橄榄球比赛中通过底线触地得分一样"，加州大学伯克利分校的法律教授和死刑专家富兰克林 · R · 齐默林就死刑判决问题这样说。

> 在案件中经常出现一个接一个的竞赛：犯人竞相第一个用手指指向同案犯，并同起诉人达成交易，以做出不利于同伙的证明来换取对自己的宽大处理。

齐默林说，有时候，究竟是获得宽大处理的人还是以身试法的人真正扣动了扳机，这个问题是永远也搞不清楚的。

在这个故事中，关于戏剧性的囚徒的困境的一个问题是，感情因素是否完全无关。你也许真切地感觉到，你对上述两个犯人是一样的，你不会不公正地偏好另一个人——如果这样，它是违背你的道德准则的，以后你会感到可怕的。

好吧，我们就把它当作是与道德无关的一个友好的“博弈”。没有人会因为你搞“欺骗”或“告密”而让你心烦意乱——实际上，让我们不再使用任何审判性的词汇。设想有一台赌博机，它提供囚徒的困境的表格，同一时间有两个顾客为赢得现金下赌注。每个赌客决定怎么做，然后收付赌资的人宣布开始以后，赌客将通过扳动一个隐匿的开关表明自己的选择。两个赌客之间不准就各自的选择互相通气，赌场规则禁止任何两个人参与这个博弈 1 次以上。因此，这个博弈若在道德方面出些差错无非是有人企图尽可能多地赢，但它绝不比在打扑克、玩黑桃游戏或任何其他博弈中为取得最好结果而在道德方面所暴露的瑕疵更甚。“好的运动员”都想赢。

由此可见，回报表如下（单位可以是美元、法郎、赌博机筹码，或者任何你喜欢的赌注单位）：

表 6–5

	B合作	B背叛
A合作	2，2	0，3
A背叛	3，0	1，1

问题是，当你的伙伴也在谋求自身的利益时，什么策略最好（对你们双方或对你自己）？不管你怎样问答这个问题，都必须证明这个回答是正当的，以此来改进你的收益。这与合作无关，因为“这涉及怎样做才正确”。

同前面一样，不管另一方怎么做，你最好选择背叛，因为如果对方选择合作，你可以赢 3 美元（而不是 2 美元）；如果他选择背叛，你还可以赢 1 美元（而不是空手而归）。这个道理再简单不过了，因为你们都选了背叛，所以赌博机各付你们 1 美元。

如果双方都有逻辑头脑并能认识到这一点，他们都将选择背叛，并各赢 1 美元。但如果他们缺乏一些逻辑性，他们也许会选择合作，并且多赢 1 美元！

这里的回报比兰德实验中的简单一些，称得上是囚徒的困境式的博弈，只要回报按一定方法分级即可。一般来说，囚徒的困境有如下形式：相互合作的双方可以获得奖励性回报（2 美元），这比不合作时双方可以获得的惩罚性回报（1 美元）要高。但是双方又都眼红引诱性回报（3 美元），这是单方面选择背叛策略时所能获得的最佳结果，甚至比奖金还高。但双方都害怕自己成为不搞背叛而任人宰割的牺牲品，所以只能得到傻瓜回报（0）。

当回报用美元那样的数值单位表示时，一般需要满足以下条件：奖励性回报大于引诱性回报和傻瓜回报的平均值。囚徒的困境的全部魅力就在于通过相互合作可以获得共同利益，这就造成了十分奇怪、令人糊涂的扭曲——两个具有“逻辑”的参与者通过选择背叛策略反而害了他们自己。在上面的表格中，当一方合作而另一方背叛时，2 人共赚 3+0=3 美元，平均每人 1.5 美元。你可能会说，这不是很不错吗？但请你注意，在双方合作时，每人赢 2 美元，比 1.5 美元多。因此，如果引诱性回报和傻瓜回报的平均值大于奖励性回报的话，参与者可能会选择折中的办法，在重复对弈的过程中由一方搞背叛，从而比他们合作赢得更多的钱。但是，在真实的囚徒的困境中，这是不可能的。

到这里为止，我已经描写了囚徒的困境的几个实例，每个都是以奇特的矛盾结束的。不管你怎么做，你最后总会怀疑自己是否做出了正确的选择。那么，在囚徒的困境中，我们到底该怎么做呢？

总的来说，这仍然是一个无法解决的问题，也许永远也解决不了。博弈理论家R · 邓肯 · 卢斯和霍华德 · 拉发在其 1957 年的《博弈和决策》一书中强调了囚徒的困境，他们写道："在囚徒的困境这类博弈中，人们无望的感觉是不可能用'理性'或'非理性'来克服的——这是形势所固有的。"

常识

囚徒的困境之所以难，原因在于它同常识推理相悖。

我们可以用常识这样为背叛辩解："囚徒的困境是两人同时做出选择，任何一方的选择都无法影响对方的选择。所以局面很简单——不管对方怎么做，你最好通过背叛使自己摆脱牢狱之苦。这意味着你应该选择背叛。"

对于反对合作阵营摆出的上述第一个论点，反对背叛的人则会这样反驳：如果每个人都这样推理，岂不是更糟吗？这好解释："双方在可以合作的情况下，如果都选择背叛岂不是太糟糕了吗？错了！记住，双方的选择是不能相互影响的。如果对方背叛，他输了，这是他自作自受，跟你的选择无关。不管什么时候出现相互背叛的情况，你都庆幸自己选择了背叛；如果你选了合作，你获得的是傻瓜回报，这才冤呢。"

用常识为合作辩解的论点如下："双方的处境是相同的，对于其中任何一人来说，期望通过背叛取得对另一方的优势都是不切实际的。假定双方都是理性的，他们理应决定采取相同的策略。两个现实的结果是相互合作和相互背叛。双方都情愿要的是合作这个结果，所以他们应该合作。"

但是，你稍加思考就会发现这个论点是站不住脚的：在实际生活中，没有人能保证双方做出同样的选择——有些犯人会背叛同伙，有些犯人则不会；有些人在不正当的交易中欺骗对方，有些人则忠实于协议。所以从实际出发，我们必须假定 4 种结果都是可能的。

这个论点更令人感兴趣的部分也适用于博弈论假定的完全理性的参与者。假定在囚徒的困境中只有一个行动方案是"合理的"，那么在这样两个理性的参与者之间进行的两难博弈就只有当二者都选合作或都选背叛时的两个结果才是可能的。因此，这个论点只有在假定参与者把这些结果中的某一个当作是理性的并选中时，才是不正确的。

假定有一个行为古怪的百万富翁在地球的两边各挑选了一名才能出众的数学家，让他们计算 π 值到小数点后 100 万位，算出的第 100 万位数字是几，就各给每人几百万美元。因为 π 的第 100 万位可能是 0~9 中的任一位，因此奖金的数额是 0 到 900 万美元。逻辑要求独立工作的这两个数学家算出 π 的第 100 万位是相同的值，而他们二人都更希望这个数字是 9 这样一个事实是无关紧要的。

类似地，两个完全理性的参与者也许更希望他们各自的逻辑思维能力导致相互合作这一事实，也是同问题本身无关的。问题在于，逻辑性到底会强迫他们怎么做呢？

合作的另一个论点如下："归根结底，最好的结果在于相互合作，总回报是 4 美元，比双方选择不同策略时的总回报 3 美元和双方都选背叛时的总回报 2 美元都要强。[①]所以，你要鼓励相互合作，选择合作。即使这

① 此处原文有误，已改正。——译者注

次你因选择合作受到了伤害，但就长远来说合作仍是最佳策略。”

这个论点看起来非常有效，但不适于目前的情况。如果囚徒的困境在相同的一对伙伴之间一遍又一遍重复，真正说得上是“长远”，那么在这种情况下合作确实更有利一些（我们将要看到这一点）。但就目前而论，我们考察的是一次性的囚徒的困境，你做出一次性选择，事情就结束了，你只能尽你所能。

在真实的、只进行一次的囚徒的困境中，把相互背叛作为合乎逻辑的结果来接受是困难的，而认为合作是正当的也同样困难。这里存在着悖论。

佛勒德和德莱歇都说过，他们开始时曾希望兰德有人解决囚徒的困境这个难题。他们曾寄希望于纳什、冯·诺依曼，或者其他人在对这个问题经过深思熟虑以后对非零和博弈提出更好的理论，重点解决以囚徒的困境为典型的、在个体与集体的理性之间出现的冲突，也许他们最后会以某种方式证明合作是理性的。

但这个希望至今没有实现，以致他们仍相信囚徒的困境这个难题将永远不能“被解决”，几乎所有的博弈理论家都同意他们的观点。因此，囚徒的困境仍然是一个负面的结果——它表明理论是会出错的，事实上世界也是会出错的。

文献中的“囚徒的困境”

如果囚徒的困境仅限于博弈论温室中的“奇花异草”，那么相关的种种讨论就只有学术上的意义。当然，实际情况并非如此，囚徒的困境是与所有人终生相伴的一个悖论。

对于囚徒的困境的发现有些像空气——空气总是与我们同在，人们总是要或多或少地关注着它。

由囚徒的困境这类冲突所激发的伦理学规范到处可见，非常普通。

《马太福音》把下列待人规则归于耶稣的教导："你希望别人如何待你，你就应该如何待别人。"同这个规则基本一致的教导甚至比耶稣还早，它出现在以下一些人的著作中：赛尼卡、希勒尔、亚里士多德、柏拉图以及孔子，他们的话不一定是原始版本。如果说上述待人规则为的就是解决囚徒的困境这类冲突的话，恐怕并未过分曲解。人们总是寻求自身的利益：只在互相合作才有可能互利的情况下，让人们放弃明显的私利便成了不受欢迎的道德规范。正因为有这种情况，上述待人规则才是必要的。

类似的劝告出现在康德的《实践理性批判》一书中，名为"绝对命令"。康德的结论是，合乎道德的行为是可以被普遍化的行为。换句话说，你总要问问自己：如果每个人都这样做，将会怎么样?

上述规范中没有一个被认为是囚徒的困境的早期发现，但由于传统上对这些大思想家和宗教圣人的信仰，大多数人都对"合作是正确的、背叛是错误的"这一规范有良好的反应。

接近于发现囚徒的困境的是托马斯·霍布斯的《利维坦》。在霍布斯时代，君主被赋予天赐的权力进行统治。地位较低的那些人必须接受他们的状态，因为这是神的旨意。霍布斯在《利维坦》中的观点是：政府为实现社会的功能尽责是正当的，即使对于没有资源、没有神学的社会也是如此。法律和秩序通过阻止背叛对每一个人都有利，而不只是对那些有幸执行法律的人有利（这里用的是我们的术语，而不是霍布斯的术语）。霍布斯论证说，在没有法律的社会里，每一个人都面临着同其他所有人的战争，没有人能免受剥削。农民的庄稼可能会被偷走，因此他首先就缺乏积极性去播种庄稼。社会成员最好放弃他们掠夺（背叛）的权力，以求得安全，不至于成为牺牲品（奖励性回报）。

在文献中还有一些更接近于囚徒的困境的讨论。对囚徒的困境有洞察力的讨论出现在埃德加·爱伦·坡的《玛丽·罗瑞的秘密》中：侦探C·奥古斯塔·杜宾答应给犯罪团伙中第一个招供的成员予以奖励和豁免，他说："匪帮中被抓获的每一个人并不过于贪图奖金或企图逃脱，他最害怕的是被同伙出卖。最早和最急于出卖别人的人，他本人倒有可能不被人出卖。"爱伦 · 坡的这本薄薄的小说是根据 1842 年发生在纽约的一起轰动一时的谋杀案改编的。他认为，该案中实际提供的奖金始终无人领取这一事实表明，该凶杀案并不是一帮人干的。

普契尼的歌剧《托斯卡》中反复描写了一个鲜明的囚徒的困境，歌剧的情节来自萨多 1887 年的一个剧本。腐化堕落的警察长斯卡庇亚判托斯卡的情人卡瓦拉多西死刑。斯卡庇亚正在热烈追求托斯卡，因此许诺同她进行一笔交易，如果托斯卡答应他的追求，他就让行刑队用空包弹使卡瓦拉多西免于一死。[①]托斯卡同意了。虽然她十分鄙视斯卡庇亚，但假装喜欢他以挽救自己心爱的人的性命总是值得的。

托斯卡应该兑现这笔交易吗？交易的两个部分需同时生效：在斯卡庇亚发出不可更改的使用空包弹（或真子弹）的命令之前，托斯卡不必同他上床。故事以相互背叛结束——这是囚徒的困境中大多数戏剧性的结果。托斯卡背叛了斯卡庇亚：当他们拥抱在一起时，她用匕首刺进了他的胸膛；斯卡庇亚也背叛了托斯卡：行刑队用的是真子弹，卡瓦拉多西难逃一死。当警察赶来要以谋杀罪逮捕托斯卡时，她纵身一跃，从城墙上跳下。

没有证据表明冯 · 诺依曼在写《博弈论和经济行为》时对现在被叫作囚徒的困境的博弈已经有所认知，但冯 · 诺依曼和莫根施特恩已经想到了这方面的问题，他们在书中写道：

> 假设我们已经为所有参与者创造了一组规则，即"最佳的"或"理性的"规则。假设其他参与者也遵守这些规则的话，那么每条规则确实都是最佳的。问题在于，当某些参与者不遵守这些规则时会

---

① 普契尼很喜欢博弈论式的情节。在《西部女郎》中，女主角在一场扑克游戏中，用她的贞操作赌注以挽救其心上人的生命。

> 怎么样呢？如果不遵守规则对他们有利（而且非常奇特地，对那些遵守者造成不利），那么上述“最佳的解”就大有问题了……不管我们以什么方法为“理性行为”制定出行动指南，以证明这种“理性行为”的目的是正当的，我们还要为“理性行为以外”的每一种可能的行为制定“但书”①。

囚徒的困境于是就这样“被发现”，被品头评足，也常常被忘记，一般来说也没有被大家认识到这是一个普遍的问题。政治学家阿克赛尔罗德说：“这有些像人们对温度和热在物理学中的作用的理解。你可以说，‘今天真热’，或者说‘在相同温度下，大杯水比小杯水包含的热量多一些’，但是你不可能把这些事公式化，让它们变得非常清楚，除非你把温度和热之间的差异搞得十分直截了当。对于囚徒的困境，你可以说在个人利益和集团利益之间存在冲突，但如果你没有博弈论的框架，你就不可能对它有真正深入的理解。”如果真像阿克赛尔罗德说的那样，那么，在《博弈论和经济行为》出版 6 年以后兰德小组才发现囚徒的困境也就不足为奇了。

逃票的乘客

炮制囚徒的困境并不难，其主要作料是一种诱饵，这种作料使某一个人的利益更加突出。但如果每个人都使用这种作料，其后果却将是毁灭性的。遗憾的是，这种作料有着充分的供应。由于这个原因，有人从中看出了社会的基本问题——如果你愿意，可以把它叫作“邪恶问题”。历史上的诸多悲剧不是自然灾害而是人为灾害导致的，是某些个人或某些集团采取对抗共同利益的行动的结果。

---

① 法律条文中“但”字以下的部分，指本条文的例外。——译者注

在日常生活中，最普通的一种囚徒的困境是“乘客逃票的困境”。这是涉及许多人而不只是两个人的囚徒的困境，事关公共交通系统的乘客。夜已深了，地铁站里空无一人。你突然想到，为何不挤过旋转式栅门，省下车票钱呢？但是请记住，如果所有人都不买票而是硬挤过旋转式栅门，地铁系统将会被损坏，到那时谁也别想随心所欲地搭乘地铁出行了。

使硬挤过旋转式栅门这件事合理化是世界上最容易不过的事了。你逃一次票使地铁系统崩溃的概率有多大？显然是 0。不管车厢是空的还是满的，反正列车要跑。多一名乘客绝不会使系统的运行成本增加 1 分钱。但是，如果每个人都这么想呢？

这里还有一个大家熟知的关于道德的难题：你开车时不小心把停在路边的一辆车撞坏了，你确定没有人看见这个事故，于是就开车走了。那是一辆昂贵的车，修补撞瘪了的地方要花很多钱，而你完全可以相信车主是上了保险的。那么，你会在那辆车的挡风玻璃上留下一张纸条、写上你的姓名和地址吗？

如果没有留纸条，你就省了这笔修理费，修理费从肇事者身上转移到保险公司那儿去了。如果你认为这对保险公司太不公平了，你可得多想一想：保险公司太乐意去处理这种额外的业务了，因为它们是据此设定其保险费率的。保险公司付出了修理费，但它通过提高保险费率而赢得了利润。让我们来算一笔账吧：保险公司每支付 1 000 美元的索赔，就要收取 1 500 美元的保险费。因此，如果你没有留下纸条的话，你可以省下 1 000 美元，但由于提高了保险费率，公众将为之付出 1 500 美元的代价。

在新西兰，售报箱是以自助方式来运作的，读者取走一份报纸，同时丢一个硬币在集币箱里，没有任何装置可以阻止读者不付钱就取走报纸。显然，由于大家都认识到搞欺诈的后果是什么，所以极少有读者去偷报纸。但在美国，报箱不上锁是不可想象的！

另一方面，美国的公共电视却是以自助方式运作的，任何人都可以免费收看，但如果每个人都这样做，也就没有公共电视了。一般来说，只要对产品或服务的付款是以没有监督的信用方式进行的，或者由于技术上的原因使付款难以强制进行（例如，人们偷偷摸摸地溜进棒球场，在报税单上少报收入），就会发生乘客逃票这类问题。

就是否满足恐怖分子或绑架者的要求做出极为痛苦的决定，也是逃票乘客难题。通常，人们情愿交付赎金，只要人质安全归来。但是，交出赎金会鼓励其他绑架者，将来会有更多的人被扣押作为人质。如果从来没有人交过赎金，也许就不会有绑架者了。同前面的大多数例子不同，这个两难推论是不可能借助于传统的道德观念获得解决的。硬挤过地铁的旋转式栅门可能被认为是“错误的”，而交付赎金以保证人质被释放的任何人都不会被人诅咒。诚然，绑架者（也只有绑架者）是错误的，就像这个词通常被理解的那样，但对这种人我们又能有什么办法呢？

比起两个人的囚徒的困境来，逃票乘客这种难题甚至更加没有希望得到解决。因为它不再是一个人同另一个同伴合作或背叛的问题。这里的“对方”有许许多多（在城市交通系统或公共电视台站是几百万）。在逃票乘客难题中，背叛者可以隐藏在人群中。不管出于什么样的心理动机（肯定是各不相同、多种多样的），无疑会有许多人去硬挤旋转栅门，不买车票而是“蹭车”；与此同时，那些买票的乘客则成了傻瓜，而且搭乘的是维护得很差的地铁，这是对票款损失的报复。

征税是政府避免这类难题的一个方法。如果每一个人都自觉自愿地把钱贡献出来用于维护道路，开设学校和邮局，以及完成其他政府职能，那就太好了。但是，许多人什么也不想付出，很少有人愿意这样去做。在每一个人都要付出的情况下，大多数人确信用于公共事务的赋税是合乎需要的。因此，政府强迫征税。

通常，坐车不买票的现象也是反对莫尔[①]的乌托邦和卡尔·马克思的

---

① 莫尔（1478—1535）：英国政治家和作家，空想社会主义学说创始人。《乌托邦》一书出版于1516年。——译者注

社会主义的一个理由。如果每一个人都努力工作，物质分配也合理透明，就不会有人挨饿或缺乏基本生活用品。但与此同时，每一个人都可能受到诱惑，试图游手好闲，因为他知道自己这样做仍然有吃的，个别人逃避责任与义务不至于对集体造成太大威胁。但如果每个人都这么做，公社就将垮台，老百姓就会挨饿。

在囚徒的困境背后有太多的政治性纷争。保守主义者和自由主义者实际上都不希望发生这类事情。自由主义者并不喜欢缴税，保守主义者也不喜欢看到无家可归者蜷缩在地铁站里。那么，为什么有理智的人在其政见上有如此大的差异呢？

作为在美国的政治生活中最常用的一个名词——自由主义者，就是一个“合作者”：他愿意冒自己被剥削的危险以换取公共福利的提高。自由主义者赞成用赋税去帮助无家可归者，希望他们不是浪费掉这笔钱，而是用来自力更生。自由主义者主张压缩国防开支，因为他们希望其他国家也这么做。通过合作，自由主义者期望创建一个无家可归者更少、导弹更少的社会——这是每一个人都向往的，但是只通过单方面的努力是不可能实现的。

保守主义者在以下意义上常常是“背叛者”：他们寻求通过自身单方面的努力，保证其可能的最好结果。税款可能会被滥用，因此，最安全的方针是让老百姓尽可能多地把进账留在自己手里，一笔一笔地算计怎样花才是最好。敌对国家可能利用单方面的冻结军备获利而占了上风。保守派的政治立场是避免因骗取福利和违反军备条约而收到“傻瓜回报”。

社会问题从来不是简单的问题。许多政治和军事上的纷争交织着太多的偶然性、不确定性、突发事件和意外事故，甚至可能永远争论下去。有人认为，只有所有这些细枝末节的问题都获得解决以后，令人为难的社会问题才可能消失，所有人才会一致同意采取适当的方针。然而，实际情况未必如此，核心的难题大多是名副其实的“难题”，似乎是无法解决的。如果一个实际的社会问题被囚徒的困境所难住，那么即使所有枝节的问题都解决了，要做出选择仍然是极端痛苦、极端困难的，也许永远也没有什么“正确的”答案，智者的思考仍将千差万别。

核竞赛

囚徒的困境可能被“过分炒作”了。不同的两人、两种策略博弈共有78种，每一种必发生于实际生活中的某一场合，其中大多数都有明显的解。博弈理论家倾向于集中研究囚徒的困境，正因为它是有问题的特例。然而，大多数冲突并非囚徒的困境。

在囚徒的困境实例中，没有一个像核武器竞赛那样受到人们如此广泛的关注，无论是在科技论文还是在大众传媒中。同“相互确信毁灭”、“MIRY”（多弹头分导重返大气层运载工具）一起，“囚徒的困境”这个术语成为难懂的核策略行话之一，屡见不鲜。军备竞赛中那令人困惑的囚徒的困境已给现实投上了阴影，但它已成为这个时代的典型特征之一。

佛勒德说，当他和德莱歇为这个博弈——或者更准确地说，为纳什的平衡理论进行系统研究的时候，他并未特别地联想到核形势。当然，后来情况很快就变得明朗起来了，这两个课题是并行的，因为核时代的防卫问题本来就是兰德研究的根本目的。

在囚徒的困境被发现的时候，美国和苏联正在开始耗费巨大的核武器竞赛。这一竞赛是不是囚徒的困境，取决于掌握权力的那些人的动机，这种动机是值得讨论的。

为了简单起见，假定两个相互匹敌的国家必须决定是否要建立氢弹库。建立热核武器库要花费好几年时间，而且要秘密进行。每个国家必须在不知道另一国家已经做出什么决定的情况下，做出自己的选择（因为当它获知对方的信息时，已经太迟了）。

每个国家都希望自己是强者，这是自己建氢弹库而对方不建氢弹库的结果。反之，每个国家都唯恐自己是弱者，也就是没有氢弹的国家。

如果两个国家都有氢弹，那么双方都没有什么便宜可占。地缘政治的实力取决于相对的军事力量。两个氢弹库或多或少地抵消了彼此的力量。再说，建氢弹库要花费大笔金钱，这会使国家的经济实力受到削弱。更糟糕的是，一旦某种武器被造了出来，政府就倾向于使用它，到时候谁也别想再睡安稳觉了。被造出的武器使每一方感到更安全，同时也造成了相反的效果。

根据以上种种情况，我们可以把建造氢弹库看作选择背叛，而抛弃氢弹库是选择合作，整个形势可视为囚徒的困境。每一方都情愿无人去建氢弹库（因相互合作获得奖励性回报），而且不希望双方去建氢弹库，因为这无助于实力的纯增长（因相互背叛获得惩罚性回报）。但每一方又都有可能选择建造氢弹库，或者是出于希望自己在军事上占上风（引诱性回报），或者是担心自己成为没有氢弹的国家（傻瓜回报）。

1949 年，原子能委员会的总顾问委员会（GAC，General Advisory Committee）建议反对研发氢弹（“超级原子弹”）。GAC的报告称：

> 我们都希望通过这样或那样的方法来避免研发这种武器。我们不愿意看到美国采取主动去加速这种武器的开发。我们一致认为，在当前，把我们的全部努力投入这种武器的开发是错误的。
>
> 在决定不进行超级原子弹开发的同时，我们看到了通过实例对全面战争进行某些限制的唯一机会，从而消除了人类的恐惧，提升了希望。

1949 年 10 月 31 日，GAC的首脑罗伯特 · 奥本海默将这份建议书提交给时任国务卿迪安 · 艾奇逊。[①]艾奇逊后来向他的首席核顾问吐露：“你

① 艾奇逊（1893—1971）：美国民主党人，1949~1953 年任国务卿，是“二战”后美国对外政策的主要决策人之一，“总体外交”的倡导者，鼓吹“原子外交”。——译者注

知道，我尽量仔细地听着，但是仍然不能理解奥本海默在说些什么。你怎么可能‘通过实例’去说服充满敌意的对手进行裁军呢？”这段话尖锐地点明了难题所在。

先发制人战争的支持者害怕将来发生“核僵局”，也就是任一方可能发动一场摧毁一切的突然袭击，而报复却是最小的。这几种假设的状态是否也是一种囚徒的困境，将再次取决于双方对可能的几种结果如何评定其等级。显然，每一方都情愿有不受到攻击的结果，而为了使囚徒的困境得以成立，又必须让每一方情愿去攻击对方（即使是为了和平）。客观情况显然不是这样的——事实上，只有当两个国家都极端好战时才会出现这种情况。不幸的是，恐惧是可以自行放大的。20世纪50年代，在美国和苏联，有许多人将对方视为不共戴天的敌人。

PRISONER'S DILEMMA

7

1950 年

1950年是铁幕两边都有了原子弹的第一年。正是在佛勒德–德莱歇进行实验的那个月，哈里·杜鲁门总统决定制造氢弹。在随后的几个月中，东西方的紧张形势急剧升温，对苏联发动一场先发制人战争的呼吁达到最高潮。人们对于双方都有了原子弹这样一种窘境的最初反应（包括官方和非官方的），流露出许多涉及典型的囚徒的困境的茫然与无奈。冷战初期发生的许多事件同对囚徒的困境到底意味着什么有关，值得我们用一定的篇幅加以介绍和讨论。

苏联的原子弹

1949年9月，美国通过间接但无可置疑的证据侦察到了苏联的原子弹试验。没有人看见蘑菇云，也没有人感觉到地震，甚至地震仪也没有任何反应。但空军的一架B–29飞机从取自日本的空气样本中检测出了超常的辐射；海军从世界各处的舰艇和基地收集的雨水样本中检测出裂变的产物：铈141和镱91。除了用中亚某处的原子弹爆炸造成的放射性尘埃来解释这些发现外，再也没有办法来解释它们了。

杜鲁门把J·罗伯特·奥本海默召到华盛顿，问他这些报告是否属实，奥本海默回答是。国家安全委员会就是否要将该消息公开进行了辩论。国防部长刘易斯 · 约翰逊[1]反对公布这一消息，以免引起民众恐慌，他援引奥森 · 韦尔斯[2]关于世界大战的无线电广播访谈为例，说明这样的消息可能产生什么后果。国务卿迪安 · 艾奇逊倾向于把真相告诉大众，部分是基于以下考虑：由总统而不是由苏联宣布这个消息，可以减少一些因此带来的不安和苦恼。但他们对苏联是否会宣布这一消息以及什么时候宣布这一消息都拿不准。当大家得知苏联外交部副部长葛罗米柯准备在联合国大会上发表重要演讲时，舆论立场转移到了艾奇逊一边，杜鲁门决定进行猛力回击。

1949 年 9 月 23 日上午 11 时 02 分，杜鲁门总统宣布：

> 我相信美国全体公民在国家安全方面的态度是完全一致的，因此他们有权获知有关原子能领域发展的一切情况……我们有证据证明，苏联在最近几周内进行了原子弹爆炸。自从原子能首次被人类释放以来，我们早就料到其他国家迟早也会开发出这种新能量……事态的最新发展再一次强调了对原子能进行真正有效的、强制性的国际控制的必要性，这一立场也是本届政府和联合国绝大多数成员国所支持的。

在杜鲁门讲话两天后，苏联承认它已经将原子弹“置于其控制之中”。

对于公众和军方的大多数人而言，苏联的原子弹的出现是令人震惊的。没有人怀疑苏联在加紧研制原子弹，但是成打的评估报告都预计它距

---

① 刘易斯 · 约翰逊（Louis Johnson， 1891—1966）：民主党人，1949~1950 年任国防部长，因在朝鲜战争等问题上与政府其他成员意见不合而辞职。——译者注

② 奥森 · 韦尔斯（1915—1985）：美国著名媒体人，集演员、编剧、导演、主持人、制片人于一身。1941 年因影片《公民凯恩》获奥斯卡最佳编剧奖。此处指他于 1940 年 10 月 28 日在德州KTSA电台的一档访谈节目中，与有“科幻小说之父”之称的英国作家威尔士就后者的《世界大战》一书所进行的对话，该书极力渲染战争的破坏力而引起民众的恐慌。但作为科幻小说，该书虚构了火星人入侵地球的战争，同世界大战无关。——译者注

第一次成功试验尚且遥远。1945 年，莱斯利 · 格罗夫斯将军根据他在洛斯阿拉莫斯的经验，预计苏联要花 15~20 年才能造出原子弹。1946 年时，范尼瓦尔 · 布什则猜测需要 20 年。

回过头来看，这些估计都出奇的乐观，甚至对苏联过于轻蔑。为什么美国在 3 年内就做出来的东西，而苏联要花 20 年才能复制出来呢？苏联对原子弹的了解可能比美国还早，他们还可以从美国的原子弹所造成的放射性尘埃中获得制造原子弹的线索——更不要提从他们从成功的间谍活动中得到的秘密了。本国至上主义的美国领导人认为苏联在技术上是落后的："他们甚至连像样的长柄有盖的深平底锅都不会做。"（说实话，苏联长期以来采取的骗人把戏也助长了这种态度。1946 年，苏联驻联合国代表团曾自豪地宣称：在苏联，原子能只用于和平目的，诸如让河流改道、山脉迁移。）

奇怪的是，在其后若干年已确实证明苏联有原子弹以后，杜鲁门仍长期怀疑这一点。在他卸任以后的回忆录《考验和希望的年代》（*Years of Trial and Hope*，1956）中，他写道："我不相信苏联人有原子弹，我不相信苏联人已经掌握了把极其复杂的结构弄在一起成为原子弹的技术。"杜鲁门怀疑爆炸可能是意外事故——实验室爆炸，而非有计划进行的试验。很难说他的说法同 1951 年 10 月检测到的苏联的两次爆炸（一次在 10 月 3 日，一次在 10 月 22 日）这一事实是对得上号的。

大多数美国人接受了苏联拥有原子弹这一事实，并紧张不安地推测着苏联是否会（或者怎样）把它投到一个目标上。1947 年"五一"劳动节那天，西方观察家注意到同 B–29 轰炸机相似的苏式飞机列队飞过克里姆林宫，这些飞机显然是模仿战时曾经在西伯利亚地区降落的美国飞机制造出来的。大家也知道苏联人曾经仿制过德国的潜艇，它们可能被用来发射带原子弹弹头的导弹。凡此种种都使令人困惑的推测更加火上浇油。《生活》杂志警告读者说，可能有船舶驶进一个港口，在码头上偷偷地卸下一颗延时的原子弹之后驶离。原子弹可能被装上卡车驶向一个美国目标。《原子能科学家通报》预测爆炸时间为午夜前 3 分钟。

某些人担忧苏联会很快地从裂变弹发展到更致命的武器。根据詹姆斯·R·夏普利和小克莱·布莱尔的《氢弹》(*The Hydrogen Bomb*, 1954)一书中的记述，参议员布里恩·麦克马洪[①]曾向原子能委员会的代表们吼道："你们怎么知道苏联人不会决定从一开始就使用氢弹？你们怎么知道现在已拥有原子弹的苏联人不会在下个月就丢下一颗氢弹呢？"

"对战争不感兴趣"的人

苏联的原子弹促使更多的美国人认真考虑先发制人战争这一问题。杜鲁门的科学顾问威廉·戈尔登在苏联原子弹爆炸以后不久写信给刘易斯·施特劳斯(日期为 1949 年 9 月 25 日，该信现与戈尔登的论文一起收藏于杜鲁门图书馆)。他的话典型地反映了当时许多人的复杂情绪。戈尔登同先发制人战争保持着一段距离，只是作为"对战争不感兴趣的人"而提出建议：

> (苏联的原子弹)把直接使用或威胁使用武器的问题提上了议事日程。让我们不要自欺欺人了，为了同苏联达成一项真正的国际控制协议，我们也许必须使用原子弹。事实上其后果将是极端可怕的，即使我认为苏联人目前只拥有为数不多的原子弹，即使他们把这些原子弹投向目标，对美国也没有什么伤害或只有极小的伤害。
>
> 理论上，我们现在就应该对苏联发出最后通牒并使用原子弹。但这以后，我们不可避免地会失利，不管我们能以多么快的速度生产原子弹，也不管我们有多少更猛烈的武器，因为苏联一旦把原子

---

① 布里恩·麦克马洪(1903—1952)：民主党人。1946 年因其提出的《原子能法案》被称为《麦克马恩洪案》，推动了原子能委员会的成立。——译者注

> 弹投向我们的城市，那么就算这些原子弹威力很低，数量也极小，但它们也可以给我们造成无法形容的伤害。即使我们以百倍的凶狠予以报复，或者消灭所有的苏联人，但伤害再也无法修补了。所以，作为一个对战争不感兴趣的人，我能提出的（虽然不够道德却是极好的）主张就是我们立即开火。当然，其具体步骤和细节无疑将由（或应该由）参谋长联席会议决定……然而，我们不会这么做，从长远的观点看来，不管做出抉择的代价有多大，公众决不会支持如此深谋远虑的攻击。

即使如此，戈尔登仍建议把先发制人战争放在心上，让轰炸机的机组人员始终处于待命状态。

尤里的演讲

1950 年 1 月 27 日，纽约，芝加哥大学的化学家哈罗德 · 尤里[①]在一个午餐会上就仍然是假设中的氢弹发表了演讲。尤里虽然并不参与氢弹的研制，但他的话是具有权威性的，因为他是第一个成功地分离出氘（“重氢”）的科学家，而氘很快成为氢弹的关键成分。这个成就使他获得了 1934 年的诺贝尔奖。

同样来自芝加哥大学的约瑟夫 · 梅耶[②]深信尤里的讲话会使约翰 · 冯 · 诺依曼感兴趣，因此提前拷贝了一份送给他，并请他发表意见。尤里提出了 3 个相关的方案：

---

① 哈罗德 · 尤里（1893—1981）：美国著名的化学家，1934 年获诺贝尔奖，他在地球和行星起源的研究方面也有突出贡献。——译者注

② 约瑟夫 · 梅耶（1904—1983）：美国著名的物理学家，他提出的一个统计场理论中的公式被称为“梅耶展开式”。他于 1973~1975 年任美国物理学会主席。——译者注

……让我们假定苏联正在开发这种炸弹，并首先成功。在这种情况下，我认为在东西方目前的谈判中绝无调和的余地，我们有理由相信苏联的统治者大约会不理智地这样想：

"确实，氢弹是极端危险的，我们不希望在世界上产生那么多的辐射以至于危及我们自己和苏联人民。但是，爆炸几颗氢弹就能使我们赢得世界。因此，我们将制造几颗这样的氢弹，并向西方国家发出最后通牒，共产主义的黄金时代就会立即到来。这之后，苏联将统治全球，并废除氢弹的全部库存，让全世界永远不再制造它。"

这是一个非常好的论点。事实上，我怀疑有什么必要去引爆任何炸弹。原子弹是非常重要的战争武器，但它很难像所有人从一开始就强调的那样是决定性的。但是，我拿不准氢弹是否也不是决定性的，所以最后通牒应该被接受，丢氢弹也就不必要了。我认为情况将是这样。

……再假定我们首先制造出了氢弹。在这种情况下，我们该怎么做？只是等着，直到苏联也有了氢弹从而出现对峙？对于民主主义者来说，用像我前面描写苏联政府那样的哲理作为最后通牒是不适合的。这是一个我无法回答的问题，只能提请你考虑……

再假定两个国家都有氢弹。难道你不相信迟早会发生意外事件，从而导致使用氢弹吗？这又是一个我无法肯定地回答的问题。但是我想说，如果两个集团都相信他们能赢得战争，那么爆发战争的概率就会增加，这同武器以及武器的威力大小无关。力量恰好平衡是非常困难的，这就是我们在物理学中所知道的不稳定平衡状态，就像一个鸡蛋以其一端直立在桌面上，只要稍稍碰一下就会倒向其中的某一边。

尤里的结论是，"除非最后出现一个世界政府能够为全球制定法律，否则世界上的问题是没有建设性解决方案的"。他建议"采取任何可能的形式和步骤朝这个方向努力”，包括“建立全世界民主国家的大西洋联盟……以及在尽可能短的时间里，把这类组织推广到世界上尽可能多的国家”。

福克斯事件

纯属巧合，就在尤里演讲的当天，传来了一个震惊世界的消息：英国大使通知苏联，物理学家克劳斯 · 福克斯在伦敦作为苏联间谍被逮捕了。

福克斯虽然出生在德国，但他是英国的顶尖级物理学家之一。他曾经是英国的秘密原子弹研究中心哈维尔实验室的领导，1946 年夏天在洛斯阿洛莫斯工作过。随着情况逐渐被透露出来，形势显得从未如此严峻。洛斯阿拉莫斯出版部曾出过一篇绝密的论文，题目叫“发明揭秘”(Disclosure of Invention)。它是对洛斯阿拉莫斯所有可能取得专利的发明的一个综述，目的是保护发明者及其继承者的经济利益。该论文基本上包括了当时人们知道的有关原子武器的一切——包括对氢弹（“超级原子弹”）的一系列推测与思考。它是由克劳斯 · 福克斯和约翰 · 冯 · 诺依曼合著的。

之所以请福克斯和冯 · 诺依曼去撰写这篇别出心裁的论文，一方面是出于洛斯阿拉莫斯全体工作人员对他们的信任，另一方面是由于他们对那里的工作有全面的了解。纽尔 · 派尔 · 戴维在《劳伦斯和奥本海默》(*Lawrence & Oppenheimer*，1968) 一书中说：

> 对安全问题十分清楚的美国科学家立刻想到了福克斯及冯 · 诺依曼那篇别出心裁的论文。为了弄清这篇论文中包含多少有关超级原子弹的内容，贝特[①]从纽约打电话给拉尔夫 · 史密斯（洛斯阿拉莫

① 贝特（1906—2005）：出生在德国的美籍理论物理学家，1967 年因恒星能量的生成理论获诺贝尔奖。——译者注

斯资料部门的主任）。

“是不是所有资料都在里面？”贝特问。

“都在。”史密斯说。

“噢。”贝特回了一句。由于是长途电话，史密斯没有听出来这是一种什么样的语气。

当法西斯主义在德国大行其道时，福克斯刚好成年。1932 年，当他 21 岁时，他加入了共产党，这是在德国仅存的少数几个著名的反法西斯政治组织之一。当纳粹把 1933 年的国会大厦纵火案嫁祸给共产党之后，承认自己的党员身份是很危险的。福克斯在供词中说，大火过后的第二天早晨，“我从大衣翻领中取出预先藏好的镰刀和锤子[①]，因为我已接受了党的信仰，准备为正义而斗争”。之后不久，福克斯移民到英国，有一段时间他曾被送往加拿大并受到严格审查，确定他不是纳粹分子以后才被允许返回英国。

福克斯不是通过交易成为间谍的。如果他是这样的间谍，他就不可能获得他曾拥有的信任。他是一个完全合格的、天才的物理学家，还是同位素渗滤方面的专家，而同位素渗滤正是放射性元素得以提纯并用于原子弹的过程。福克斯被正式起诉在 1943~1947 年间曾 4 次向苏联透露原子弹的秘密。为此，他只受到了象征性的处罚，最大一笔罚金是 400 美元。

就像一个合格的间谍那样，福克斯是一个快乐且合群的人。有一次，他把车借给理查德 · 费曼，以便他去医院看望妻子。在《广岛遗产》（*The Legacy of Hiroshima*，1962）一书中，特勒曾这样描述福克斯：“他绝不内向，但他是一个安静的人。我相当喜欢他……福克斯在洛斯阿拉莫斯很出名，因为他善良、乐于助人，对别人的工作表现得很有兴趣。”

历史已经淡忘了福克斯充当间谍的军事意义。他也许加速了苏联在裂变式原子弹方面的工作，但归根到底，当福克斯撰写那篇论文时，苏联已经完成了这方面的工作，而福克斯看到的有关氢弹的“秘密”只是特勒最

① 原文如此，似指微型的共产党党旗。——译者注

初的概念，其设计后来被证明是无法被运用的。氢弹最终是在 1951 年被特勒和乌拉姆成功设计出来，那时福克斯已被关在英国的监狱里。当时舆论认为，对苏联氢弹计划最大的推动也许在于对美国氢弹试验所造成的放射性尘埃的分析。根据对放射性尘埃中同位素的比例，萨哈洛夫[①]和其他成长中的物理学家可以推断出重氢被高度浓缩，由此即可完成氢弹的基本设计。

然而在当时，福克斯事件同时让鹰派和鸽派震惊了。在福克斯被逮捕以后，事件迅速向前发展，4 天以后，即 1 月 31 日，杜鲁门提出加速氢弹计划。官方低调地宣布了这一决定："……我们已经责令原子能委员会继续其在各种形式的原子武器方面的工作，包括所谓的氢弹或超级原子弹。"

民众的反应是多种多样的。来自新泽西州奥古斯塔的一位妇女写信给杜鲁门："请不要在那种可怕的原子弹的事情上匆忙地做出决定，有原子弹不就已经糟透了吗？"但是，美国的原子能高级专员约翰 · 麦克劳伊[②]宣称："我为杜鲁门总统的决定感到高兴。如果有什么'氧弹'比氢弹还厉害，我也愿意制造它。"

对福克斯的审讯于 1950 年 3 月 1 日在伦敦的老贝利审判庭举行，记者和一些颇有名气的听众挤满了法庭。肯特公爵夫人穿着玫瑰色的胸衣出现在楼上的包厢。不被人注意的是珀西 · 西利陶爵士，他是英国反间谍部门MI–5 的主任，这个部门曾经在抓捕福克斯的行动中失手。

戴着假发、穿着猩红色长袍的大法官戈达德[③]听着证词，偶尔从一个银盒中抓一小撮鼻烟吸一下。记者们用形容间谍的词汇描写福克斯，《新

① 萨哈洛夫（1921—1989）：苏联著名的核物理学家，苏联"氢弹之父"，也是著名的人权活动家。——译者注

② 约翰 · 麦克劳伊（1895—1989）：美国资深的政治家和外交家，从罗斯福到里根历任总统的顾问，肯尼迪总统的首席裁军顾问。——译者注

③ 戈达德（1877—1971）：从 1946 年起任英国大法官达 12 年之久，其司法理念和案例在法律界有很大的影响力。——译者注

闻周刊》说他“瘦削、面色灰黄、颏骨深陷，穿着浅褐色的合身外套，与他稀疏的头发很相配”。福克斯用尖而细弱无力的声音为自己的罪行进行了辩护。

福克斯的律师在为他进行的辩护中没有提供什么东西，只是说福克斯从未隐瞒过自己的共产党员身份，除了他本人的供词外，没有任何证据证明他有罪。福克斯提到自己患有“有限的精神分裂症”，声称自己的心一半属于共产党，一半忠于大英帝国。大法官戈达德不买他的账：“我不理解所有这些故弄玄虚的胡说八道，我不会接受这些申辩。”

戈达德评价福克斯的罪行处于严重叛国的边缘，应判死刑，但他最后宽恕了福克斯，没有以严重叛国的罪名来量刑，而是判决 14 年监禁。他宣布这是最终裁定，而福克斯则感谢与这一公正审判有关的所有人。

福克斯在服刑 9 年后于 1959 年被移交给民主德国当局。民主德国把他当作凯旋的英雄来欢迎他，并很快在德累斯顿附近的核物理研究所为他安排了一个职位。福克斯获释后在那里出色地服务了 20 年，并于 1979 年退休，1988 年去世。

尤里的演讲稿虽然已提前送交了冯 · 诺依曼，但由于他当时不在普林斯顿，因此很晚才看到。冯 · 诺依曼于 2 月 3 日给梅耶写了回信，当时的形势已经发生了很大变化，福克斯已被逮捕，美国正在研制氢弹。冯 · 诺依曼写道：“委员会及其顾问们在氢弹这个问题上明显的犹豫不决使我感到非常奇怪，而且在技术上，我认为没有什么因素会妨碍它的进展。我认为，在这件事上绝不能再有任何的犹豫了。”

关于有了氢弹我们应该怎么做，冯 · 诺依曼没有明确表态。“我完全同意你的意见，在尤里对形势的一般分析和他建议的特殊政治解决方案之间应该有所区别。目前没有必要讨论后面这个问题，而对于前者，在主要方面我肯定是与之一致的。”

技术性突然袭击的性质

人们曾经错误地认为，在人类的事务中没有什么是可以改变的。原子武器造成毁灭的速度和规模彻底地改变了战争的性质。冯·诺依曼这一代人是最早通过博弈论及其他类似理论对战争进行广泛分析的。

突然袭击的好处在最古老的兵书中就已经被人们意识到了。原子弹增加了突然袭击赢得一个战役，甚至能够赢得整个战争的可能性。冯·诺依曼在1955年的研究报告《原子战中的国防》中写道：

> 在过去……如果敌人想出了一个特别出色的新花招，那么你只有认输，直到你有了应对的方法，而这也许要几个星期或者几个月。对于这样一个非常出色的攻守转换，以一个月为一个周期或许是合理的。而现在，持续一个月实在是太久太久了。在一个月中，你的损失也许完全是决定性的……在有原子武器，特别是在有导弹携带的原子武器的情况下，难题在于它们能够在不到一个月或两周的时间内决定一场战争，并在更大程度上造成破坏。因此，技术性突然袭击的性质同过去的突然袭击是不同的。仅仅知道敌人只有50个可能的花招，你能对付其中的每一个是不够的，你还必须发明某种系统，能够在敌人采取这些花招的一瞬间就实实在在地将其粉碎。

可以设想，突然的原子袭击可能在某个国家领导人意识到战争已经开始之前，就使得这个国家的命运被决定了。对这类可能性（不管它们在1950年时是否现实），常用的政治手腕和军事策略都没有什么用。政治手腕无非是对威胁做出适当的反应，表达一个国家反对侵略、保卫自己的意志和能力。人们希望在大多数情况下这种保卫能力获得认可，从而使战斗得以避免，但原子弹似乎把政治手腕的这种作用一扫而光了。一个国家在不宣而战的毁灭性打击面前将显得无比脆弱，除非自己首先出击，否则就没有什么可靠的国防可言。在对同时做出的决定一无所知的情况下，你要在生或死之间做选择，战争的这种残酷性同博弈论不是一模一样吗？

在 20 世纪 50 年代，冯 · 诺依曼是坚定的先发制人战争的支持者。在冷战中期（1957），小克莱 · 布莱尔为《生活》杂志写了一篇冯 · 诺依曼的悼文，其内容总的来说充满了吹捧，摘录如下：

> 在轴心国被击败以后，冯 · 诺依曼敦促美国立即制造出更强大的原子武器，并在苏联可能开发出自己的核武器之前使用它们。像其他许多人一样，冯 · 诺依曼经过冷静的推理后认为，世界已经变得太小太小了，以致各个国家不可能互相独立地处理各自的事务，因此，创建世界政府是不可避免的——而且越快越好。他同时相信，在苏维埃共产主义统治着半个地球的情况下，这是永远也无法实现的。冯 · 诺依曼当时有一句名言——"同苏联人（交战）不是'是否'的问题，而是什么时候的问题。"作为最强硬的战略家，他是拥护先发制人战争的少数科学家之一。1950 年，他发表了著名的评论："如果你问为什么明天不用原子弹去轰炸他们，我倒要问为什么不在今天就去轰炸呢？如果你说今天 5 点钟去轰炸，那么我倒要问为什么不在今天 1 点钟就去轰炸呢？"

冯 · 诺依曼对修昔底德的《伯罗奔尼撒战争史[①]》十分着迷，后者常常被当作是先发制人战争。修昔底德写道："这场战争之不可避免在于雅典势力的迅速膨胀及因此在斯巴达引起的恐惧。"书中有一个段落是军事实力强大的雅典人对较弱的米洛斯人提出冷静而理智的劝告，冯 · 诺依曼能够逐字逐句地背诵这个段落，而且在他鼓吹先发制人战争时也曾经引用过这段话：

---

① 伯罗奔尼撒战争发生于公元前 431~前 404 年的雅典和斯巴达之间，以斯巴达的胜利结束。因战事发生于希腊南部的伯罗奔尼撒半岛而得名。——译者注

> 我们建议你应该考虑我们双方真正在想些什么，从而试图去获得你可能获得的东西；因为你我都很清楚，当由务实的人民去讨论这些事时，正义的标准取决于权力平等的强制实现。因此，事实上强者可凭其实力想做什么就做什么，而弱者只能接受他们必须接受的东西。

雅典人的建议很有点儿博弈论的味道：冲突且合理的结果可能既不公正，也不是人们所希望的，更不是双方一致同意的。米洛斯人唯一可以自我安慰的是，在雅典人强大的力量面前，他们不可能做得更好了。

看来，冯·诺依曼（或者别的什么人，在1950年前后）并没有把美苏冲突明确地看作囚徒的困境。如果冯·诺依曼当真把美苏关系视为一场博弈，那么他似乎更可能把它看成是零和博弈，因为他可能把美国和苏联视为不共戴天的敌人。当时意识到囚徒的困境的极少数军事领导人之一是安德烈·古德帕斯特将军，他是梅里尔·佛勒德的朋友。1950年，古德帕斯特将军曾经在兰德待了几个礼拜，佛勒德跟他讲过囚徒的困境。佛勒德认为，认识到军事决策中可能包含囚徒的困境是有用的。即使没有别的作用，囚徒的困境也可以提醒人们，某些决策并不像它们看上去那样合适。佛勒德告诉笔者："我们的聊天是有趣的，但就我所知，安迪[①]认真的举动绝不是由这些聊天所造成的，而是由我们对博弈论概念——包括二难博弈概念的讨论激发的。以我的立场而论，这是令人失望的，因为安迪不但是一位优秀的将军，而且他也在普林斯顿接受过教育，拥有政治学的博士头衔。我觉得，如果安迪不去这样做或者没有这样做，那么别的人也都不会这样做或者不愿这样做了。"

然而，许多掌权的政治家表达了他们对囚徒的困境特征的关心。苏

①　安迪是安德烈的昵称。安德烈·古德帕斯特（1915—2005）"二战"期间在北非及意大利服役，战后历任艾森豪威尔的军事顾问、美国国防大学校长、欧洲盟军最高司令、西点军校负责人，1981年退休。——译者注

联有可能背叛——对美国发动一场与原子有关的突然袭击，这就是温斯顿 · 丘吉尔在被问及如果苏联有了原子弹将要发生什么时，其回答的言外之意（1948）。丘吉尔说："你可以通过现在正发生什么，对将要发生什么做出自己的判断。如果处于佳境时，他们都可能做这些事，那么处境不妙时，他们又会做出什么来呢？"他还引用了奥玛尔 · 布雷德利将军[①]的话说："如果苏联有了原子弹，我不相信他们在用它来对付我们这件事上会有任何犹豫。"

人们还进一步认识到，一场原子战争事实上必将同时是原子弹的交换。早在1945年关于珍珠港事件的听证会上，参议员布里恩 · 麦克马洪就说过："如果当年的珍珠港事件中（日本人）使用了原子弹，那么就不会有什么由政治家组成的验尸陪审团留下来去讨论这件事了。"罗伯特 · M · 韦伯斯特少将则说："我相信他们针对我们的任何攻击都将试图以最完全和最突然的方式进行。"

"为和平而侵略"

某个夏日的凌晨三点，在美国的中西部，海军部长弗朗西斯 · P · 马修斯还没有睡。此时他已离开华盛顿的办公室回到位于奥马哈的家中度假。他不满意自己将在波士顿发表演讲的稿子，于是他从深夜开始草拟自己的讲稿，直到次日上午10点才完成。

马修斯在演讲稿中呼吁美国进行一场战争，反对未点名的敌人，其中明显指苏联；他对使用什么武器也未加限制，可以推定包括原子弹。根据规定，马修斯把演讲稿的两个拷贝寄往他在华盛顿的办公室以便通过官方渠道获得批准。马修斯十分清楚凡官方演讲必须经过批准的规定，因为他

---

① 奥玛尔 · 布雷德利将军（1893—1981）："二战"中著名的十大将帅之一，诺曼底登陆时为美国驻西欧远征军司令，战后曾任参谋长联席会议主席。——译者注

本人就是这些规定的起草者之一。

演讲稿本应送国防部副部长斯蒂芬 · T · 厄尔利审查通过，但厄尔利没有见到它，因为马修斯办公室的人把演讲稿直接送到了国防部的公共情报局。至此，故事有了几个不同的说法。一种说法是那里的人以为厄尔利已经批准了这个演讲稿，另一种说法是他们没有意识到这个演讲稿需要批准——这不就是把一份弃之不用的演讲稿重写了一下，用于例行的庆祝仪式吗？总之，公共情报局把这个演讲稿油印之后分发给了新闻界。

马修斯这次声名远扬的波士顿演讲并不是他热衷于先发制人战争这一观点的首次公开亮相。两天前（1950 年 8 月 23 日），他在位于奥马哈市枫丹尼尔旅馆的扶轮国际地方分社午餐会上发表过即兴讲话，全文刊载在《奥马哈世界先驱报》的头版。当时他大肆渲染共产主义的威胁，声言必须坚决打击，并称："我将不限制我们通常所说的争取和平所包含的意义。"

听到这些言论的扶轮会会员并未对此表示反对，也并不认为这些话是有争议的。由于没有受到批评，马修斯信心十足地在第二天凌晨完成了波士顿演讲稿的创作。

1950 年 8 月 25 日，是波士顿海军造船厂 150 周年庆典日。波士顿市市长约翰 · B · 海恩斯为战争中的死难人员纪念碑揭幕，水手们穿着老式制服攀上"老史伦威尔铁甲军号"的帆缆。当晚，马修斯和劳动部长莫里斯 · J · 托宾发表了演讲。这次，全美国的舆论界都知晓了。

马修斯的演讲以任何人都能想象到的这类演讲应有的开场白开始。他赞扬了海军、舰艇、造船厂以及美国的业绩。他问听众，如果我们在独立战争中输了，情况会怎么样？他做结论说，那么将没有 7 月 4 日的美国国庆，没有自由大钟，没有华盛顿纪念碑，没有林肯纪念堂。由此出发，马修斯紧接着做出了一个不那么显而易见的断言，即美国是圣杯和挪亚方舟的守护者。马修斯说，圣杯是独立宣言的精神支柱，也是大宪章的精神支柱。

马修斯着力的是最后几段，他要求全美国考虑发动一场为和平而侵略的战争。他说：

真正的民主通常不希望看到导致暴力的国际协议。163年来，美国总是通过和平谈判解决其国际争端。除非首先遭到攻击并被迫进行自卫而战斗，否则我们不会先拔出剑来。可能我们将被迫改变这种爱好和平的政策了……

我们应该准备好避开任何可能的攻击，并完全改变民主党人传统的态度，大胆地宣布我们无可争辩的目标是一个和平的世界。为了和平，我们愿意并公开宣布我们的决心，不惜付出一切代价，甚至是进行一场战争的代价，以谋求和平与合作。

我们将把卷入当前国际冲突中的互相敌对的国家转变为安定、宁静的世界而努力，只有那些不要和平的势力才会反对。他们把我们的计划污辱为“帝国主义侵略”。我们可以骄傲地接受这种诽谤，因为在实施一项强有力的、坚定的、寻求和平的政策中，虽然它让我们扮演了一个对于真正的民主主义者来说是新的角色——一场侵略战争的发动者，但它将为我们赢得一个值得骄傲和受欢迎的称号，我们将成为第一个为和平而战的侵略者。

演讲后放了朴实的、象征性的烟火。此后的几个小时里，全世界都在问：弗朗西斯 · 马修斯是什么人?

弗朗西斯 · 马修斯其人

当杜鲁门总统在一年前提名马修斯出任海军部长时，人们曾经问过同样的问题。马修斯是奥马哈一个成功的律师，但他在62岁以前从未担任过重要的官职。

马修斯是在美国中西部和密西西比地区欠发达的环境中成长起来的。他的父亲在内布拉斯加的阿尔宾经营一家乡村店铺。他的父亲死后，母亲用人寿保险赔偿金买了一个农场。马修斯逐步积累了法律方面的实践经验，赚了不少钱，成了奥马哈一个无线电台、一家放贷公司和一家建材供应公司的股东。

马修斯热爱参加各种组织，他是哥伦布骑士团的最高骑士，扶轮国际地方分社的社员，由弗拉那根创立的“少年都市”的捐助人，男童子军、女童子军和营火少女团的指导员。[①]后来他成为内布拉斯加民主党的积极分子。如果说他在个性方面有什么优秀品质的话，那就是他对宗教的极端虔诚。他是一个天主教徒，每天都要在自己家里盖的小教堂中进行祈祷。1944 年，他曾经拜会罗马教皇皮厄士十二世，后者任命他为秘密的罗马教皇内侍，并授以斗篷和剑。这一荣誉使他有资格在梵蒂冈供职，这是他从未期望过的。

1946 年，杜鲁门指定马修斯参加总统的公民权委员会。同年，马修斯作为美国商会全国委员会的委员，出任一个应对共产主义委员会的主席。这个委员会出版和散发过标题为“共产党在美国的渗透及其性质以及如何与之斗争”的一些小册子。

虽然这些小册子既批评了罗斯福政府，也批评了杜鲁门政府，但这并没有削弱马修斯对白宫的影响力。在 1948 年的民主党大会上，马修斯平息了由内布拉斯加代表团提出的“放弃杜鲁门”的动议。马修斯为杜鲁门争取到了他最需要的 12 张选票，杜鲁门当然不会忘记马修斯帮的这个忙。在竞选运动中，马修斯同杜鲁门竞选资金的主要筹措者路易斯 · 约翰逊成了朋友，后者后来被任命为国防部长。

---

① 马修斯涉足的这些组织概况如下：哥伦布骑士团是美国的天主教徒于 1882 年建立的一个国际性互助与慈善团体。扶轮国际原名扶轮社，是 1905 年在芝加哥创建的一个商人和专业人士的国际组织，其地方分社叫扶轮俱乐部。少年都市是美国罗马天主教士爱德华 · 弗拉那根所创建的青少年组织。男童子军是 1908 年在英国创建的国际少年组织，成员年龄 11~17 岁。女童子军由美国人尤里特 · 洛夫于 1912 年创建，成员为 5~17 岁的女孩。营火少女团于 1910 年在美国创建，成员为 7~18 岁的女孩，1975 年起兼收男孩。——译者注

马修斯是杜鲁门的海军部长的第三人选。总统最初想让乔纳森 · 丹尼尔斯（托马斯 · 伍德罗 · 威尔逊总统任期内的海军部长约瑟夫 · 丹尼尔斯的儿子）担任海军部长，但乔纳森 · 丹尼尔斯对此不感兴趣。总统的第二个选择是国防部长约翰逊推荐的来自罗得岛的罗伯特 · 奎因法官。马修斯承认被选拔到这个岗位上是一个惊喜。他告诉新闻界：“我得到这个职位并未尽举手之劳。”马修斯从来没有在武装部队中服务过。战时，他曾经巡视不列颠诸岛，监督天主教的救援工作，恐怕也调查研究过战斗人员的宗教需要问题。他长住内布拉斯加，从来没有出过海。他开玩笑说，他的水手生涯仅限于在一处夏季别墅时玩过划艇。

其他人对于他出任海军部长十分惊奇。《圣路易斯邮报快讯》(1949年5月20日）写道：“这让我们认识到，对当局进行不公正批评的人……也可以被邀入阁。”

据很多人说，马修斯虽然对海军部长这一职位并不十分内行，但还算讨人喜欢。当他就职时，除了对海军一无所知以外，他对华盛顿的生活也感到很不适应，因为他觉得自己的事务扩展到了社会领域，而作为一个官员，他又必须全天候在岗。然而，《商业周刊》在1950年9月9日这一期中，居然称马修斯是“华盛顿最不受重视的人”。

马修斯在其海军部长任上的第一年及后来一段时间里没有发生什么大事。唯一的挑战是平定了“海军上将的反抗”。事情是这样的：杜鲁门计划统一武装力量，这使职业军官很不高兴，因为他们觉得这个计划削弱了海军的影响。持这种异议的领头人是海军上将路易斯 · E · 登费尔特。于是，马修斯解雇了他。

但是，最引起争论的是他热衷于派遣海军人员和装备到民间的庆祝活动中去炫耀，而且由公家埋单。他曾经让一支驱逐舰中队去俄勒冈州的波特兰参加哥伦布骑士团的会议；海军后备役的几架飞机飞行数百英里，只是为了在宾夕法尼亚为纪念圣·特丽莎[①]的游行队伍上空撒玫瑰花。

马修斯在憎恨共产主义上从来没有动摇过。下面这段辞藻华丽的段落摘自他在纽约一个天主教慈善机构为集资而举行的午餐会上的演讲（1950年11月9日），读来令人倒吸一口冷气。他说：

> ……（共产主义）是人的堕落本性的致命祸根，它披着新的、伪装的迷人外衣，并施展其恶毒的影响。然而，在它肤浅的哲学诡辩的背后，我们可以很容易地看出它同魔鬼的侍女在其罪恶的事业中所采用的手法相似的、用以蒙蔽人的心智，腐蚀人的意志的那套骗局。在它的毁灭性的作用下，任何微不足道的抵抗都不可能阻止这种有毒的影响对人们的思想和行为的蚕食。我们需要分两个阶段来反对它：首先必须阻止其发展，然后必须改变那些误入歧途的共产主义信徒的信仰。

后果

马修斯在波士顿的演讲引起了轩然大波，一时间涌现了大批强烈抗议者，热烈赞扬的也不乏其人——有表示拒绝相信的人，也有出来澄清的人，不一而足。在马修斯演讲后，劳动部长托宾立即向记者保证，马修斯“是作为杜鲁门总统的正式代表而发言的”。但是他错了，当政府获知马修斯的演讲后，都惊讶得说不出话来。

国务卿艾奇逊在与杜鲁门商议后向新闻界发表了一个简短的声明：“马修斯部长的演讲没有经过国务院审批，他的观点不代表美国的政策。美国不赞成引发任何种类的战争。”杜鲁门在电话中斥责了马修斯。菲利

① 圣·特丽莎（1515—1582）：西班牙天主教加尔默罗会的白衣修女。——译者注

浦 · 杰沙泼大使[①]（艾奇逊的顾问之一）告诉新闻界："向莫斯科丢原子弹不是美国的行事方式。"

国务院本来就对马修斯说在他们中间有共产党耿耿于怀。报道援引一位不愿意透露姓名的国务院官员的话说，马修斯的演讲"正好让苏联人抓住了把柄"。来自国务院的消息进一步说："它在国外可能产生了极坏的宣传作用。"西弗吉尼亚的众议员、众议院外交事务委员会主席约翰 · 凯抨击说，那些专长不在外交领域的政府官员最好"闭上你们的大嘴"。

《纽约时报》的一篇文章（1950 年 8 月 27 日）拒绝相信马修斯言论的含义："……我们很难设想他会有这样的意图——驱策美国进行一场侵略战争。"《芝加哥论坛报》的新闻报道援引"接近马修斯的人士"的话说，海军部长"仍然相信在同苏联的战争中应该首先出击，但他将保持缄默直至杜鲁门总统向他发出命令"。该则消息来源还宣称，马修斯"并不认为他的演讲是同国务院或白宫的政策相抵触的"。

8 月 28 日，马修斯同一位记者谈话，竭力否认他对某些事说过了头。他说："我无意于代表任何人说话，我只代表我自己。演讲就是演讲。我没有说我们应该发动一场战争以强迫实现合作，我只是说我们也许必须这么做，这就是全部。当然，我现在连这一点也不坚持了。"

马修斯的办公日志显示，9 月 18 日他同总统会晤了半个小时。当时华盛顿正私下流传马修斯将被要求辞职，谣传丹 · 基姆鲍尔[②]将接替马修斯。但马修斯后来谈到那次会见时说，杜鲁门反复向他申明无意要他辞职，这是他 10 天内第二次做出保证。

同时，那些和马修斯有着同样想法的人也开始表态了。首先是美国军团的司令乔治 · N · 克雷格。美国军团同美国的对外政策没有什么关系，

---

① 菲利浦 · 杰沙泼（1897—1986）：国际法专家。1948~1953 年为美国驻联合国代表，曾任海牙国际法庭法官。——译者注

② 丹 · 基姆鲍尔（1896—1970）：空军飞行员出身。1950 年出任海军部副部长，1951 年 7 月出任海军部长。——译者注

但克雷格恰好是在马修斯演讲后的第二天晚上，在华盛顿的一个会议上发表的讲话。新闻界正急于猎取下一个有关先发制人战争的故事，因此，克雷格的话引起了媒体更大的注意。克雷格建议美国把门罗主义[①]扩展到整个世界，美国应该宣布共产主义为非法，并进行普遍的军事训练。“如果苏联准备发动第三次世界大战，那么我们应该让战争按我们自己的条件和设想去进行。如果苏联的傀儡在任何地方挑起事端……那将是我们的轰炸机飞向莫斯科的信号。”克雷格不像马修斯，他专门提到了原子弹和苏联。“美国现在必须采取坚定的立场，通过强制手段以保证世界和平。我们有这种先发制人的能力，我们有原子弹和工业实力，我们能够而且必须把我们的人力作为这两者的后盾。”

少数处于掌权地位的人也十分赞成先发制人战争，佐治亚州的参议员理查德·B·罗素告诉马修斯他的演讲“棒极了”。罗素认为：“现在正是时候，有某个身居高位的人出面发表这样的声明并唤醒美国人民，让他们在不受限制的条件下思考问题。”

另外两个参议员也跟在罗素后面大肆宣扬马修斯，他们是卡尔·E·蒙德（南达科他州的共和党人）和埃尔默·托马斯（来自俄克拉荷马州）。这些人都极有策略地把先发制人战争描写成“美国人应该加以考虑的一件事”（罗素的话），这件事是在未来的某一天，我们也许必须去做的——并非目前就要做。

苏联迅速做出反应，谴责美国是战争贩子——这是一个无懈可击的指控，一切尽在其中。8月29日，布加勒斯特电台广播了一则经过精心选择的关于冷战的巧言：

美帝国主义的罪恶计划通过厚颜无耻的美国海军部长马修斯再

① 门罗主义：19世纪初，欧洲国家尤其是英国在拉丁美洲大量投资，影响日益扩大。当时美国正值资本主义迅速发展，其在美洲的利益与欧洲发生冲突。1823年12月2日，美国总统门罗在致国会咨文中宣称，美国不干涉欧洲事务和任何欧洲国家在美洲的殖民地，任何欧洲国家也不能干涉美洲事务和在美洲进行新的殖民扩张。门罗以此抵制欧洲，以便自己向拉美扩张的政策被称为门罗主义。——译者注

一次暴露无遗，他说美国必须为了强制实现和平而宣战。这样玩世不恭的声明激起了美国公众舆论的义愤。为此，美国国务院慌忙否认马修斯的声明，因为这一愚笨可笑的错误表达了华尔街那些吃人者的想法。

苏联空军的瓦西里·斯大林将军（约瑟夫·斯大林的儿子）断言，没有一架敌人的轰炸机能够到达任何一个苏联目标，不管它飞得多快、飞得多高。但他的话是不能使人信服的。

公众的反应

波士顿演讲同时也打开了美国公众舆论关于核难题的“潘多拉的盒子”。马修斯和杜鲁门的办公室都收到了大量有关先发制人战争演讲的来信，这些信现在都保存在杜鲁门总统图书馆。马修斯的参谋人员对他收到的信进行了分析，分析报告说，在这些信中有107封是赞成波士顿演讲的，反对的是55封。然而，写给杜鲁门总统的信中，反对的远多于赞成的。

大多数写信者的辩论显得感情冲动，并不代表美国人民的理智。一个86岁的老妇人、缅因州社会党党员的来信是一首诗：

你奢谈为和平而“侵略”，
用心何在？
我倒要和你商榷——
无非是让青年上战场流血，
无数人被送进墓穴，
悲痛的母亲难度岁月。
尊敬的部长先生，

> 我们可不想听那凄凉的哀乐！

强烈支持马修斯的人也显得很狂热。住在纽约的一个人认为马修斯的话是“我一生中读到过的最意味深长的”。加州的一个马修斯支持者写道：

> 第一次世界大战期间，我在海军作战部服役。第二次世界大战期间，我的大儿子在日本。现在，我的小儿子也到了应征入伍的年龄。战争要进行到什么时候？现在我们有氢弹的优势可以孤注一掷！……让他们见鬼去吧。他们只会自找苦吃！

加利福尼亚州的一个人来信说：

> 我们完全支持你关于轰炸苏联的设想。在农场里，我们希望除掉吃小鸡的臭鼬，找到并捣毁它的巢穴；对可恶的苏联也要这样，用炸弹摧毁他，给它应得的结果。

还有一封来自长老会领袖的来信，落款处写着“祝你速胜”。

而大量来信则要求马修斯辞职，或要求杜鲁门解雇他。一张从西雅图寄给马修斯的明信片上只有几个字：“辞职吧，你这个疯子。”美国社会党要求他辞职，纽约州劳勒尔顿家庭妇女联合会也这样要求。加利福尼亚州圣里昂德罗的一位家庭妇女向马修斯发出忠告：“请你辞职并做一次精神病学的检查。”明尼阿波利斯的一位男子写道：“难道你就没有想过你不负责任的表态会给苏联提供一个借口来攻击我们吗？为了国家的利益，请你辞职，越快越好！”费城的一位妇女斥责杜鲁门：“你最好解雇他，否则我认为你和民主党的其他人私下所想的正是他所说的……”

北卡罗来纳州的一位男士反驳马修斯关于“强迫实现合作”的说法，他指出：“合作是你不能强迫的一种关系。”纽约州的一个男子说：“作为第二次世界大战的一个老兵，我非常清楚，我们所能相信的就是，只有和平才能防止一切战争。”

洛杉矶的一位妇女说得更清楚："所谓先发制人战争肯定是魔鬼本身的计划，令人奇怪并感到忧虑的是——它竟出自一位被认为是狂热的教士之口。"许多写信的人叫马修斯去查《圣经》中的一些特殊的段落，通常是让他认识到先发制人战争在道义上是错误的，虽然也有少数人认为核屠杀对于实现《圣经》上的预言是必要的。明尼苏达州的一封来信则推荐马修斯读一下托尔斯泰的《战争与和平》，以便让他认识到"苏联人为了他们的祖国母亲会怎样战斗。"

在反对马修斯演讲的信件中，令人不安的是有相当大比例是出于反天主教的偏见，他们在反对先发制人战争的同时，往往暗示这是黑暗的梵蒂冈的阴谋。加利福尼亚州的一个妇女写道，这篇演讲"为不向外国人效忠的真正的美国人指出了这样一种危险，即在我们的政府机构中有天主教徒。"加利福尼亚的一位妇女问道："马修斯部长，据我了解你是一位热心的天主教徒，你是否表达了梵蒂冈的希望，让我们来承担同苏联作战的一切后果？"

许多信件把马修斯比作希特勒，也有提到斯大林、墨索里尼、西班牙宗教法庭的，他被称为"世界的祸根和带来灾难的人"（新墨西哥州圣菲），另一封来自亚利桑那州的信则把马修斯叫作"头号傻瓜"。一个纽约人提到了因把美国称作"战争贩子"而广为人知的苏联驻联合国代表马立克，称马修斯的演讲"为马立克在安理会上提供了何等丰富的内容"！新泽西州蒙特霍利的一个男子告诉马修斯："如果战争真的到来，你可以亲自驾驶一枚导弹飞向其目标，这才是你为国家做出的最好服务。"

在这场争论中，双方都宣称几乎所有的人都同意他们的意见。演讲之后的周一，有人打电话给马修斯让他放心，说他的演讲表达了"全国每100人中大约90个人"的观点。一个纽约人坚持"就我个人所知，没有一个人愿意'为了和平而发动一场战争以强迫实现合作'"，而另一个纽约人在大洋对面的牙买加报道说："我和我所有的同事都赞成你的观点。下一次再有任何苏联卫星制造麻烦的话，就把我们的轰炸机送到莫斯科去。"

威廉·洛泼，这位《曼彻斯特晚间导报》有影响力的出版人写信告诉马修斯："在这里，我们都支持你。当然，某些人必定会说出一些用心险恶的话，或者说作为一个国家我们必须学会忍耐，就像一个人躺在零下40℃的雪堆里还要感到非常舒服一样——但这个人永远也不会醒过来，而是上天国去了。"

马萨诸塞州海德公园的一位牧师说："我认为你为了和平的利益而进行一场侵略战争的建议是不符合基督教的精神的，是残忍的，这是我代表我们教区的许多领袖人物和普通大众说的。"阿肯色州小石城的一封来信则保证："许多人都支持你的观点，包括我本人，奇怪的是杜鲁门为什么不给斯大林以致命一击让他彻底完蛋。"

令人感到好笑的是，不少人写信给杜鲁门，直率地坚持几乎所有美国大众都一致拥护先发制人战争，并暗示只有少数老奸巨猾的政治家可能会反对。宾夕法尼亚州赖斯维尔的一个医生在给杜鲁门的信中写道："海军部长马修斯先生的演讲宛如为目光短浅的美国政坛那令人窒息的气氛吹进了一股清醒的微风，他正确地说出了我们大多数人的所想和所感。"纽约水城的一个妇女告诉总统："我听到许多人在谈论，他们都说'去轰炸苏联'，让它完蛋。在我看来，这真是'要么全力以赴，要么索性放弃'"。亚利桑那州的一封来信说："有关这一问题从我收集到的意见而言，先发制人战争的计划是非常受人欢迎的，而且仅仅表达了人们广泛持有的信念。如果有哪位内阁成员挡道，他就应该被解雇。"纽约布法罗的一个男人在其公司信笺的上端写道：

> 许多人已对与事实玩"躲躲猫"的游戏感到厌倦了，对于用外交辞令小心翼翼地暗示真相感到厌倦了。在我公司的工人和其他工厂的工人中，我的确发现有一个不愿和苏联摊牌的人。在工休和午餐的时候，你会听到有人说："一旦我们做好准备，就应该狠狠地揍苏联一顿。"其他人都频频点头。

难道这是一个试探气球?

一些出自高级官员的耸人听闻的评论是如此强硬，使人难以拒绝或否定。冷战时期至今没有弄清的问题之一就是：马修斯的演讲是不是一个试探气球？《新闻周刊》问道："这会不会是朝鲜战争爆发以后的新的外交手腕？"《华盛顿明星报》于1950年8月27日写道："在内阁中是否另有一个集团，马修斯先生现在成了它的发言人：他的论点是否反映了海军或整个军事系统的想法？这些问题需要外交官们去猜想。"同一天的《华盛顿时报》断言："国会和政府中有许多人赞成用原子弹去轰炸苏联……"显然，因为人太多了，所以没有必要提及任何一个人的名字。《华盛顿邮报》专栏作家马奎斯 · 蔡尔斯[①]写道："他（马修斯）想出先发制人这个主意说明这里到底发生了些什么，对此甚至没有人有一丁点儿的了解。但是，现在他被迫承认受到了谴责并处于尴尬的境地。"

有记者报道，谣传马修斯的上司、国防部长路易斯 · 约翰逊曾在私下谈话中讨论过先发制人的战争，哈罗德 · 斯塔森[②]也曾经认真地考虑过这个问题。

确实，马修斯表达的这个概念早已从各个角度经过一段时间的讨论了，但这并不意味着他是一个有组织的、赞成先发制人战争的小集团的喉舌。没有令人信服的证据可以证明马修斯在为一个有组织的集团说话，至于他表达了杜鲁门的想法这一说法更要排除在外。

---

① 马奎斯 · 蔡尔斯（1903—1990）：著名新闻记者和评论员，是普利策奖的第一位获得者。——译者注

② 哈罗德 · 斯塔森（1907–2001）：普林斯顿大学毕业的法律博士，1938年成功竞选明尼苏达州州长。1955年任总统特别顾问，参与联合国裁军委员会工作至1958年。——译者注

麦克阿瑟的演讲

8 月 27 日，发生了另一起引起麻烦并使问题复杂化的事件。道格拉斯 · 麦克阿瑟将军曾经准备好一篇声明，并打算在芝加哥举行的退伍军人组织VFW的会议上宣读。麦克阿瑟的声明宣布，如果台湾落入美国的敌人之手，那么“任何未来的战区将从美洲大陆的海岸，即美国的海岸东移 5 000 英里”。

麦克阿瑟的声明为在台湾问题上采取强硬路线进行辩护，引证了“东方情结”这一古老的观点。麦克阿瑟说：“没有什么比下述俗套的论点更谬误百出了，持有这种论点的人鼓吹在太平洋实行绥靖政策和失败主义，认为如果保卫台湾，我们将疏远亚洲大陆。这样说的人不了解东方，他们不知道在东方人心理学中有一种模式，即尊重和追随有进取心、坚定不移、不屈不挠、生气勃勃的领袖，如果领袖胆小怕事、优柔寡断、看轻东方精神，他们会很快把他换掉。”

就在声明将要发表前不久，麦克阿瑟给VFW的美国总司令克莱德 · A · 刘易斯发去一封电报：“我很遗憾地通知你，我接到指令必须撤回我的祝词。”正是杜鲁门让麦克阿瑟这么做的。

但是，麦克阿瑟已经把他的祝词发送给了许多新闻机构，《美国新闻和世界报道》已经把它登了出来，并且发给了它的订户。就这样，这篇被撤销的声明很快被挖掘出来并在报纸上重新披露。而且，共和党人还硬把它塞进了《国会记录》中。

奥维尔 · 安德森

与此同时，另一场争论正在酝酿之中。这次引发争论的是受人尊敬但级别较低的一个空军少将——55 岁的奥维尔 · 安德森少将。他有一份令人印象深刻的服役记录：他参加过两次世界大战，在第二次世界大战中是第八空军师的副司令。两次世界大战之间，他于 1935 年参加了陆军的空军联队和美国地理学会主办的试验，穿着比战斗机驾驶员稍多一些的服装，戴着美式足球式的头盔，和一个同伴驾驶“探索者II号”气球上升到 72 395 英尺（约 22 千米）高度，创下了世界纪录。这使他成了一个英雄，堪与后来的宇航员相比。这个记录一直保持到 1950 年，直到 1951 年才被一架飞机打破。

据说，安德森不是五角大楼人员会在政策问题上同他“商量”的那种少将。他被安慰性地安排在亚拉巴马州马克斯韦尔菲尔德的空军军事学院当讲师。《蒙哥马利广告人》杂志的一个记者听说安德森在讲课中提到过对用原子弹攻击苏联的一些思考。出于对马修斯事件后再制造一则好新闻的敏感度，该记者要求对安德森进行一次采访，安德森同意了——不出所料，这是一次引起轰动的采访。

在采访中，安德森说：“如果我们袖手旁观，看着苏联制造原子弹，并且认为他们不会使用原子弹，那么这就是一种危险的假设。”他下面的话听上去就有些离奇了：

> 我们面临着战争。我不赞成先发制人的战争，但是我赞成抛弃幻想，赞成对斯大林说：“乔①，你骗不了任何人，你想毁灭我们。”如果他回答“是”（他什么时候都会回答“是”），那么我们必须得出结论：人类文明要求我们采取行动。
>
> 如果下令让我行动，我在一周之内就能摧毁苏联的 5 个原子弹基地。当我去见上帝的时候，我想我会向他解释为什么这样做——好吧，让我现在就来解释，以免太迟了。我想我会向上帝解释，是我拯救了文明。

① 乔：是约瑟夫 · 斯大林的名字的昵称。——译者注

5个原子弹基地？苏联有5个原子弹基地可不是众所周知的，难道安德森泄露了秘密情报？后来有人向他提出这个问题时，安德森说他当时只是随口说出了这个数字。这倒是可信的，不过这样无意地说出一个军事秘密，总不是一件可取的事。

几乎与此同时（8月30日），另一位将军阿尔伯特·魏德迈[①]也在美国军事学院的一次讲话中讨论了先发制人战争这个问题。通常，公众很少听说这些人，但突然间，似乎美国的军事机构全都活跃起来，开始谈论起先发制人战争了。

记者很快获悉，马克斯韦尔空军基地早就是关于先发制人战争言论的温床。在柏林封锁期间，马克斯韦尔的前司令S·D·格罗勃斯准将曾对蒙哥马利一个市民团体说，美国应该要求苏联在36小时内撤去封锁，否则就将面临原子弹攻击。

还有报道说，安德森此前在一个名为"Kiwanis"的俱乐部集会上就曾讲过他赞成立即向苏联宣战，而这并没有引起不愉快的反应。人们开始看出，类似轰炸莫斯科这样的言论在士兵俱乐部的圈子里早就习以为常了。8月31日，《华盛顿邮报》的专栏作家德鲁·皮尔逊写道："有证据显示，在空军学院中，将军们在执行一个深思熟虑的计划，向学生们灌输直接打击的想法。"

空军迅速做出了回应。9月1日，空军参谋长霍伊特·范登堡宣布，在正式决定以前暂停履行安德森空军军事学院院长的职务。他说："空军一直并永远是和平的主要工具。"

同一天，杜鲁门出面整顿局势。他在广播电台和电视上进行了一次关于朝鲜问题和先发制人战争的亲切讲话。杜鲁门系着一条蓝色的、有联合国旗帜和栎树叶围着的小地球仪图案的领带，他的开场白是："我的美国

① 阿尔伯特·魏德迈（1897—1989）：美国陆军四星上将，"二战"中曾任美军驻华司令和蒋介石的参谋长。——译者注

同胞们，今晚，我想同你们谈谈关于朝鲜、关于‘我们为什么要在那里，以及我们的目标是什么’这些问题。”

总统认为，苏联应对朝鲜冲突和帝国主义政策负责。他主张把武装力量的规模翻一番（从150万增加到300万）以应付这种威胁。他强调美国对朝鲜和台湾并没有野心。

杜鲁门说：“我们不信奉侵略和先发制人战争……我们武装起来只是为了反对侵略并进行自卫。”他把先发制人战争称作“独裁者的武器，而不是像美国这样的自由民主的国家的武器”。

舆论界的反应

尽管杜鲁门不认账，但在其后的几个礼拜中，关于先发制人战争的故事仍在舆论界充斥。《生活》杂志报道说（1950年12月11日）：“现在，前所未闻的关于使用原子弹的言论越来越多了。”《时代》杂志（1950年9月18日）认为，“当一个人了解到他极有可能遭受原子弹轰炸时，他不可能不考虑他能做些什么去阻止这种情况的发生……现在只有极少数美国人还相信克里姆林宫是可以与之和解、可以满足其欲望，或是可以与之理论的。同时，也只有极少数美国人甘愿后退，等待着苏联人来攻打我们。”

大多数出版物强烈地反对先发制人战争。《时代》的编辑部文章总结说：“在军事上，1950年美国所宣扬的先发制人战争是灾难性的大错……在这种形势下，困惑了许多美国人的关于先发制人战争的道德问题甚至有可能被忽略。1950年的种种事实使先发制人战争是否道德的这个问题，在军事面前显得毫无意义。”

在1950年9月11日的《新闻周刊》上，退休的美国空军将军卡尔·斯珀茨[1]应邀写了一篇社论："在军事机构内部讨论先发制人战争是理所当然的，这就如同无数公民也辩论过这个题目一样。最近经常有人说起，先发制人战争的理论依据就像'把己所不欲者强加于人，人家也将把它强加于你——但是先下手为强'。这是懦夫和胆小者的思维方式，这是强盗的逻辑，我们当然不是那种动不动就爱扣动扳机的国家。"

《科利尔斯》杂志（1950年11月11日）写道：

> 几个月来，我们看到和听到关于"先发制人战争"的种种议论。我们仔细地研究了赞成它的各种论点。在经过倾听和思考以后，我们最后甚至连这个词组的意思都不清楚。"先发制人战争"，它能制止什么？
>
> 它不能制止战争。
>
> 它不能制止用原子弹轰炸美国。我们相信苏联人会把所有的原子武器聚集在一个容易遭受武力袭击的地方，美国空军确切地知道这个地方在哪儿，我们的轰炸机能肯定能躲过他们的第一次进攻，并在战争的第一天就摧毁苏联所有的原子弹……这一切都乐观得令人难以置信。

波士顿天主教大主教管区的《向导报》提出了一个问题：先发制人战争在道德上是否正确。他们的答案是"是"，但前提是它出于"道德上肯定正确"的原因而战，而且其他解决方案都失败了。《向导报》说："大量的证据显示，苏联是罪大恶极的，而且正在谋划新的罪行，我们寻求的只是保卫基本人权。"《向导报》的结论是，针对苏联的先发制人战争可能是必要的。

至少，先发制人战争也成了一本书的主题，那就是哈莱特·阿本特

---

① 卡尔·斯珀茨（1891—1974）：曾任美国战略轰炸航空兵司令。是"二战"结束之际唯一参加了德日两国投降仪式的人。——译者注

的《一半是奴隶，一半是自由人》。阿本特推断苏联甚至已经把原子弹分解成零件，偷运进美国的一些城市并重新装配了起来。“如果有朝一日，苏联大使向我们提出投降的屈辱性条款，并威胁说，如果不在一小时内在投降书上签字，那么无声定时装置将同时引爆那些秘密隐藏起来的炸弹，到那时我们的政府该怎么办呢？”作者暗示，一些不点名的“高级军事官员”和公民领袖正在拟定一份核最后通牒。阿本特还讨论了原子弹的突然攻击，认为这是“卑怯的行为……虽然如此，但它可能会提供最初的、低代价的胜利。”

有多少颗原子弹？

在西方电影中，拔枪稍晚的歹徒总是立刻被打死；而在现实中，枪战可能更加残酷——临死前的歹徒可能会给动作比他快的对手也来上几枪。说来奇怪，在关于先发制人战争的辩论中，有一个最少被提到的问题，即上述情况在核战争中是否也会出现。之所以被提得最少，其原因之一就是大家（即使在决策者中）对核储备的规模全然无知。

现有原子弹的数目是一个秘密，其保密程度到了几乎荒谬的地步。按照杜鲁门的说法，在华盛顿这样一个文件满天飞的城市里，也没有任何地方能够保存这样的文件——上面用英文记载着美国有多少颗原子弹。这个数目据说是被“记录在一张纸上，撕成几片，用特殊的方法保护着的。”杜鲁门是在他当上总统两年以后，即1947年4月才正式获知此事的。

一则有名的故事说，当杜鲁门知道原子弹只有区区几颗的时候，十分吃惊。1947年4月3日的正式新闻发布会透露出这则故事，多种消息来源都说，杜鲁门知道零部件数量只够装配7颗原子弹。如果这令人惊奇，其原因在于进展太慢。6个月以前，1946年10月，杜鲁门曾告诉他的工作人员，他相信没有半打以上的原子弹可用，但是杜鲁门相信“这足够打赢一场战争”。

这个秘密几乎没有被透露，甚至是那些制定军事政策的人。1949 年 1 月，被报道称为先发制人战争的提出者——参议员布里恩 · 麦克马洪抱怨国会：

> （美国国会像）一个必须训练其部队的将军，却不知道他们可以打多少发子弹。当我们争辩需要 6.5 万吨级的航空母舰，或者需要 70 个航空兵大队，或者需要普遍军训的时候，我可以毫不夸张地说，恐怕我们并不真正知道自己在说些什么。我们不知道自己有多少原子武器，因此，恐怕我们缺乏通过任何重大的国防议案的判断力。

对于莱斯利 · 格罗夫斯将军来说，这无疑是一件值得骄傲的事：真正知道这个秘密的人数并没有随着岁月的流逝而增长。1947 年，海军部长詹姆斯 · 福雷斯塔尔和海军作战部部长切斯特 · 尼米兹上将都被要求对原子武器的生产速度提出意见。两人都以为对方知道有多少原子弹，其实两个人都不知道。甚至在柯蒂斯 · 李梅将军于 1947 年问起这件事时，格罗夫斯也显得铁石心肠、滴水不漏（要知道，柯蒂斯 · 李梅在一年前已成为美国战略空军司令部的司令）。他回答说：“这方面的信息太复杂了，它基于许多因素。我无法回答你的问题，因为我强迫自己忘记其中的任何数字。”

格罗夫斯的话听起来像是在推诿，其实也不尽然。美国到底有多少颗原子弹这个问题确实不是一个能简单回答的问题，即使他知道全部事实。

一枚完全装配好的“胖子”原子弹[①]。是不能长久储存的，它只有大约 48 小时的有效期，48 小时一过，电池一耗尽，它也就不起作用了。之后必须把它部分地拆卸开，给电池重新充电。此外，每颗原子弹还需要用钋 210 作为起爆药。钋 210 是一种极不稳定的同位素，其半衰期只有 138

① “胖子”原子弹（Fat Man）：在长崎投下的原子弹的外号。——译者注

天，因此每隔几个月就要更换它（主要的核燃料钚则是很稳定的）。所以，原子弹的各个部件是分开储存的，仅在需要时才进行装配。备件库的维护——尤其是钋的维护非常昂贵，且需要大量人力。

因此，问题并不是现有多少颗完整的原子弹，而是一旦需要，美国究竟能装配出多少颗原子弹来，其瓶颈在于关键部件的供应非常短缺。

历史学家戴维·艾伦·罗森伯格发表在1982年5月号的《原子科学家通报》上的一篇文章透露，当时的原子兵工厂小得可怜。根据美国能源部的资料，在1945年中期，美国拥有的“核心”和可供装配的机械零件只够制造两颗原子弹[①]。1946年这个数字达到了9，1947年为13，1948年为50。美国能源部没有给出钋起爆器的数量，早年它可能是瓶颈所在。1947年4月，在杜鲁门收到简短通报时，7枚原子弹这个数字意味着当时约有13个“核心”，但钋的生产能力只够装备其中的7个。

能源部对1948年以后的原子弹数量仍然保密，显然，其数字是急剧上升的。能源部负责人告诉罗森伯格，可用于原子弹的机械装配件的数量在1949年是240（同1948年的55相比），而1950年是688。能源部负责人说，这些年来，机械装配件的数量多于“核心”的数量（请比较一下，1990年，老布什总统和戈尔巴乔夫签订的START条约[②]规定，双方各自把核弹头压缩到6 000枚）。

关于核武器库的规模还有另外几条线索。罗森伯格引用1950年关于战略空军作战的一份研究报告，称这一年在一场假想的空袭中可能会使用

① 这个数字有些混乱。它显然是指在新墨西哥州特里尼蒂进行试验所爆炸的那一颗原子弹以及在长崎投下的那一颗原子弹，但它没有把在广岛的那一颗原子弹计算在内，因为它当时还没有做出来。如果情况确实如此，那么美国在长崎投下原子弹以后的一段时间里根本就没有原子武器。美国能源部的历史学家告诉罗森伯格，1945年的数字可能指的是日历年结束时（12月31日）的原子弹拥有量。

② START（Strategic Arms Reduction Treaty）条约，即美苏削减战略武器条约，是老布什总统在1991年（而非1990年）7月29日到8月1日访问莫斯科时正式签订的。半个多月后发生了“8·19事件”，苏联解体。——译者注

292 枚原子弹。这个数字设定了 1950 年可用原子弹的下限。原子弹武器库的增长情况大体上如下：

可用的完整原子弹数（当年年中）

1945	约 2 枚
1946	约 6 枚
1947	约 7 枚
1948	不超过 50 枚
1949	少于 240 枚
1950	292~688 枚

要获得苏联核武器库的可靠信息就更加困难了。《商业周刊》1950 年 7 月 8 日这一期上刊出的一则故事说苏联大约有 10 枚原子弹。几个月以后，《时代》杂志把这个数字定在“10 至 60 之间——足以让克里姆林宫进行一场令人畏惧的报复”。

这些数字只是故事的一部分。经过改装后能够运载原子弹的飞机比原子弹还要少，能够进行原子弹轰炸的飞机编组和飞行员也供不应求。在 1948 年年中以前，位于新墨西哥州罗斯韦尔的沃克空军基地的第 509 轰炸机大队一直是唯一能够投原子弹的组织。

把原子弹投向目标是一件十分困难的事，美国在这方面进行的一些试验算不上令人满意。1947 年，在美国战略空军司令部进行的一次训练中，几乎一半的轰炸机没能成功完成空投。1948 年，美国战略空军司令部策划了一场对俄亥俄州代顿的夜间模拟袭击，竟然没有一架轰炸机能按命令完成其使命。

雪上加霜的是美方缺乏苏联的军事地图，官方的苏联地图是故意歪曲的，以迷惑可能的进攻者。美国战略空军司令部所能凭借的只是从纳粹那里缴获的关于苏联的航空摄影照片，甚至是沙俄时代的地图。结论只能是，在 1950 年前后，在对苏联的假想的原子袭击中，许多炸弹都不可能击中目标。

只要一颗裂变式原子弹就能把克里姆林宫（它的占地面积略多于0.1平方英里）[1]以及莫斯科老城区的大部分夷为平地。然而，整个莫斯科的面积达386平方英里。如果一枚原子弹或多或少可以完全摧毁的区域是4平方英里的话，那么只用一枚原子弹时，莫斯科的大多数人口、建筑和工业几乎可以毫发未损。

在先发制人战争最为甚嚣尘上的1950年，总共有292~688枚原子弹。那么对美国来说，比较现实的考虑是一场进攻大约能摧毁几百个目标，1 000平方英里或略多一点儿的区域会夷为平地，这个面积大致和罗得岛相当。

而一场进攻的后果更是难以预测。舆论界有时用“把苏联轰回到石器时代去”这样的话来形容先发制人战争。有一种倾向就是想象用一场裂变式原子弹的进攻就把苏联消灭干净。这显然是不可能的。《美国新闻》在1947年的一篇文章中指出：“俄罗斯地域辽阔，没有一个生命中枢或神经中枢。使用足够的原子弹可以杀死许多人，可以炸毁莫斯科和一些炼钢厂；但是基于目前已知的一切，它不可能赢得一场战争。更有可能的是，这种攻击将使俄罗斯人民团结起来。”

在这个武器库中拥有几千颗氢弹的年代，一个国家要把神示的魔鬼给消灭掉实在是太有可能了，但在先发制人战争叫嚣得最凶的那个时候却是绝无可能性的。即使在1950年，美国仍没有足够的原子弹。

尾声

对安德森的调查结果始终没有公开，安德森后来被重新任命为位于得

---

① 1平方英里≈2.5899平方千米。——编者注

克萨斯州威奇托福尔斯谢泼德空军基地的3750技术训练联队的司令。空军发言人坚称，这不是降级，安德森并未因他的言论而受到任何形式的处分或谴责。但安德森本人显然没有接受这种观点，他申请了退休而不是接受新的岗位。

马修斯也因先发制人战争的演讲而受到牵连，他在第二年辞去了海军部长一职。没有迹象表明政府对他的离去有任何伤感，最后由丹·基姆鲍尔接替了他的职位，马修斯接受了驻爱尔兰大使一职。1952年10月18日，马修斯在他奥马哈的家中度假时，因心脏病突发去世。扶轮俱乐部在一次集会上为纪念他默哀一分钟。马修斯经营的一个企业在其内部出版物中称颂“他具有上帝赋予人类的一切美德”。

关于先发制人战争的议论持续到20世纪50年代初期，其中部分是受到氢弹成功研发的鼓舞，因为这在短期内似乎恢复了美国的领先地位。1952年，传闻空军部长芬莱特曾这样谈到氢弹：“用7颗这样的武器，我们便可以统治世界。”据说，这话是在五角大楼的秘密通气会上说的。但芬莱特本人和其他人都否认这种说法。如何防止第三次世界大战——阻止它发动——成为1951年和1952年在美国小学里最为流行的话题。

同杜鲁门一样，艾森豪威尔拒绝先发制人战争。但是，温斯顿·丘吉尔不在艾森豪威尔的管辖之下，他仍然大谈其先发制人战争。罗伯特·佩恩[①]在他1974年的传记《伟人》(*The Great Man*)中描写道：“丘吉尔在一个湖边小花园中一边喝着威士忌和小苏打水，一边在心中盘算，如果原子弹归他所有，他会消灭他的敌人。此情此景，如果不是那么可怕，宛如孤注一掷的悲剧，丘吉尔真可以称得上是一部喜剧的主角。”英国于1952年10月在澳大利亚的沙漠中试验了它的第一颗原子弹。佩恩的书中记载了那个时候丘吉尔做的一个奇怪的梦：丘吉尔发现自己在一列火车上，正在同莫洛托夫和伏罗希洛夫进行一次横跨俄罗斯的旅行。这个不

---

① 罗伯特·佩恩(1911—1983)：英国作家、诗人。——译者注

大可能的三人小组演出了一场反革命，丘吉尔有一些如火柴盒大小的原子弹，于是整个苏联被夷为平地，苏联人惨遭灭绝。

1953 年 12 月，丘吉尔同艾森豪威尔以及法国总理拉尼尔在百慕大会晤。丘吉尔的私人医生莫兰勋爵随行并将见闻写进了日记。在 12 月 3 日的日记中记录了丘吉尔和一位不点名的教授之间的谈话：

> 首相："西方大国声言可能要使用原子弹已经有一段时间了，而苏联毫无回应。这段时间已经过去了。你认为苏联有多少原子弹？"
>
> 教授："噢，在 300 到 400 颗之间吧。美国人可能有 3 000 或 4000 颗。"
>
> 首相："如果发生战争，欧洲将受到重创并被征服，英国也会受到重创。但我希望不至于被征服，苏联会得以保留，但没有中央政府，也不可能继续进行一场现代战争了。"

莫兰 12 月 5 日的日记中不但记载了丘吉尔关于先发制人战争的讨论（就像明知不对仍坚持错误观点且争论不休的人那样），同时也提供了第二手材料，说明艾森豪威尔没有拒绝考虑先发制人战争。这部分日记是这样的：

> 丘吉尔首相对今天的一些事显得信心不足。显然，当他同艾克[①]辩论说苏联已经发生变化时，艾克把苏联比喻成妓女——她也许换了装，但她将从马路上被轰走。按照艾克的看法，苏联不会对文明世界构成威胁。
>
> "当然，"首相在屋里踱来踱去地说，"任何人都会说苏联人有一个魔鬼心肠，想毁灭自由国家。好吧，如果我们真的这样觉得，恐怕我们应该在他们拥有同美国一样多的原子弹之前采取行动。我向艾克指出这一点，他说，逻辑上恐怕应该考虑这一点，但是如果有

---

① 艾克是艾森豪威尔的昵称。——译者注

人不相信世界上如此大的一部分人是魔鬼，那也没有什么大碍，不妨与之友好相处，只要我们不放松自己的防备就行。”

1957年，艾森豪威尔派罗伯特·斯普拉格和杰罗姆·威斯纳[①]到奥马哈去同战略空军司令部SAC的首脑柯蒂斯·李梅交换意见。他们告诉李梅将军，没有几架SAC的轰炸机能幸免于苏联的突然袭击。后来，斯普拉格和威斯纳详细描述了那次会晤（见《洛杉矶时报》1989年7月24日），说李梅同意他们的结论，他指望飞越苏联的U–2侦察机提前一星期向他发出苏联在准备一场突袭的警告。李梅夸口说：“我将在他们离开地面以前把他们打得屁滚尿流。”当斯普拉格和威斯纳表示反对，说首先使用核武器不是国家的政策时，李梅说：“对，这不是国家的政策，但它是我的政策。”

① 斯普拉格是俄亥俄州州议员。威斯纳是科学家、教育家，也是艾森豪威尔、肯尼迪、约翰逊三任美国总统的科学顾问。——译者注

PRISONER'S DILEMMA

8
博弈论及其不足

兰德最初的博弈论专家小组渐渐解体了。冯·诺依曼变得越来越忙，顾不上博弈论了。1951年，兰德曾经给冯·诺依曼发双薪，每天付他100美元，企图让他花更多的时间在兰德，但是收效甚微。1955年年初，冯·诺依曼最终放弃了他同兰德的合作，当时他被任命为美国原子能委员会委员，这迫使他压缩了外界的工作。

梅尔文·德莱歇是留在兰德直到20世纪80年代退休的少数人之一。梅里尔·佛勒德于1953年离开兰德去了哥伦比亚大学，在那里他帮助校方把兰德的同事R·邓肯·卢斯吸收过来；也是在那里，佛勒德开始了他崭新的学术事业：作为一家电视生产商的顾问，他设计修改了现金支付的方式，即目前在计算机上常用的通过提问显示一串通配符“？”供用户输入金额。近年来，他的兴趣还包括投票中隐含的数学，以及发现并企图推广能更公正地表达少数人利益的投票制度。

此时，约翰·纳什的妄想症变得越来越厉害了，他曾用企图加强兰德的安全保卫措施的奇怪念头去纠缠他的同事，甚至还被送到精神病医院进行过治疗。他康复以后加入了普林斯顿大学的高等研究所。

对博弈论的批评

人们对博弈论的看法也发生了改变。《博弈论和经济行为》出版10

年以后，最初的欢欣鼓舞回归平静了。博弈论受到反对、怀疑，甚至是谩骂。

对许多人来说，始终同冯 · 诺依曼联系在一起的博弈论似乎是用来包装对人类命运无情的冷嘲热讽。一些例子说明对博弈论的这种新的评价是何等严重。1952 年，人类学家格列高里 · 巴特森在给诺伯特 · 维纳的一封信中写道：

> 应用博弈论的后果强化了参与者对规则和竞争前提的接受程度，从而使参与者越来越难以相信他们也许有别的方法去互相应对……博弈论宣传欺骗与报复，我怀疑长期这样去宣传是一种病态，是可憎的。我不但在考虑宣传冯 · 诺依曼模型中固有的、出自假设的人们互不信任这个前提可能带来的后果，同时也在考虑宣传更抽象的前提，即人的本性是无法改变的，以及可能带来的后果……冯 · 诺依曼的“参与者”同人和哺乳动物是完全不一样的，他们只是一些“机器人”，完全没有幽默感，也完全不会“玩”（像小猫、小狗那样玩）。

博弈论专家对于他们的信条受到玷污这种情况是十分清楚的。1954 年，兰德的约翰 · 威廉斯写道，博弈理论家“常常被人类学专业的学生看作早熟的孩子，他们不懂得人类和人类工作是极其复杂的，他们瞪大了天真无邪的眼睛胡思乱想，希望他们的玩具武器能像杀死无生命的玩具龙那样，也能杀死活蹦乱跳的真龙。”

再看看兰德的老资格研究员R · 邓肯 · 卢斯和霍华德 · 拉发在他们 1957 年的书《博弈和决策》中是怎么说的吧：“历史事实告诉我们，许多社会科学家对博弈论的幻想后来都破灭了。最初，他们天真地赶时髦，认为博弈论解决了社会学和经济学中的无数问题，或者至少能为需要经过几年工作才能解决的实际问题提供答案。结果证明，情况并非如此。”

当时，查尔斯·希契[1]是兰德经济学部门的头儿，他在1960年接受《哈泼斯》杂志采访时说："就我们的目的而言，博弈论非常令人失望。"

公众倾向于把博弈论当作一种工具（如果他对博弈论有些什么想法的话），用来说明核战争的正当性。纽尔·派尔·戴维斯的《劳伦斯和奥本海默》一书中引用J·罗伯特·奥本海默的话问道（1960）："我们怎样才能创造出文明呢？文明总是把道德当作人类生活的基本组成部分，而且我们不可能谈论杀死几乎所有人的那种前景，但这在深谋远虑的博弈论中却被排除在外了。"

还有一些人认识到许多问题归因于用博弈论的人都在追求些什么。1962年，阿那托尔·拉泼普特为《科学美国人》杂志写了一篇题为"博弈论的应用和误用"的文章，十分具有洞察力。文中写道：

> ……博弈论基于弗朗西斯·培根的名言"知识就是力量"，其最原始、最残忍的意义被加以诠释并得到了接受。在我们的社会里，决策者压倒一切、全神贯注于权力冲突，不管这种冲突是发生在经济、政治，还是军事领域。博弈论是一门"冲突的科学"。但是，这门新科学除了是为那些以最快速度攫取最高权力的人所准备的"权力的储水池"以外，还能是什么呢？如果你透彻地理解了博弈论，那么这种贪婪的希望就会黯然失色。

人们对博弈论的疑虑一直持续到20世纪80年代，也许延续到了今天。斯蒂夫·J·海姆斯在其《约翰·冯·诺依曼和诺伯特·维纳》一书（1980）中写道："博弈论描绘了这样一个世界——在这个世界中，有智慧、会算计的人们在冷酷而不懈地追逐其自身的利益……这种对人类行为所进行的霍布斯式的描绘是如此的刺眼，因而引起了许多人的反感和反

① 查尔斯·希契（1910—1995）：经济学家，曾领导兰德经济学部门达13年（1948—1961）。——译者注

对。但冯 · 诺依曼情愿被怀疑和不信任，也不愿意接受关于人类和社会本质上怀有希望的想法。”

对博弈论的指责分为两大类：一类认为博弈论无非是一种用以证明战争或任何不道德行为是正当的马基雅维利式的演练；另一类则认为博弈论在现实世界中没什么用处（博弈论在纯数学方面的有效性则从未成为问题）。这两种反对意见都有待检验。

效用和马基雅维利

博弈论中的参与者都是以“利己主义者”的面目来出现的。对囚徒的困境的描述，包括塔克的描述和本书中的其他几种描述，都要求你把自己置于不讲道德的、冷酷的亡命之徒的位置，而且你的对手则同样残忍、无情。故事为什么这么冷冰冰，没有感情？

这并非因为博弈论讨论的是具有某种心理素质的人（以自我为中心或者冷酷无情）如何进行博弈所造成的，而是与经济有关。博弈论只是关于效用，同坐几年牢、多少美元，以及诸如此类的任何其他事无关。你可以回忆一下，所谓“效用”只是一个抽象概念，可以被看作参与者下的“点数”。由于效用是一个大家不太熟悉的概念，所以科学家在解释博弈论时绕过了解释效用这个枝节问题。由于效用同美元、年数，或其他某个物理单位之间有简单而明显的对应关系，所以这样做是可能的。

对于一个非道德的个人主义者而言，这种对应确实是简单的。钱是好东西——钱越多越好！我们可以把效用当作实实在在的对象，同时忽略由背信弃义造成的顾忌，或由于做了好事而获得心理上的回报等一些使事情复杂化的因素，如此一来，讨论问题就容易多了。但如果认为博弈论是专门讨论持有这种观点的人的，那你就错了。

同算术一样，博弈论很抽象，它可以应用于现实世界，但前提是它的严格要求必须得到满足。比如，有一个人要算一下他口袋中有多少零钱。他掏出 3 枚 1 分和 7 枚 5 分的硬币，于是他算出自己有 38 美分。后来他发现自己点错了——5 分硬币只有 6 枚而不是 7 枚，因此他只有 33 美分。这意味着什么？难道这意味着他的算术错了吗？当然不是。他只是点错了硬币数，并非做错了算术。类似地，对效用做出正确的评估是应用博弈论的前提。

这里，算术同博弈论出现了分歧。任何两个人.只要他们点的硬币数是正确的，那么算出的零钱数一定是相同的，而效用则因主观定义的不同而不同。如果博弈的结果不是现金奖励，而是人世间事物的一些非常复杂的状态，那么任何两个人都可能对一组博弈的结果评定出不同的等级。

博弈论是一个万花筒，它只能反映使用它的人的价值体系。如果博弈论开出的处方有时候似乎是马基雅维利式的，那么一般来说，这是因为应用博弈论的那些人的价值体系是马基雅维利式的。

在有鞍点的零和博弈和没有鞍点的零和博弈之间也有严格的区别。即使结果因偏爱程度不同而可定为不同的级别，这样的零和博弈也总是存在鞍点的。对于其他博弈，效用必须有一个严格的数值尺度（“中间尺度”），否则就没有用于计算出正确混合策略概率的数值数据了。

对于军事策略这样一类实际的事务，对于其结果（比如和平、局部战争，或核子大屠杀）能否指定数值就很难有多少把握了，你可以凭空凑出一些“合理的”数字，但这同应用博弈论的目的是背道而驰的，因为博弈论要求提供一些远比直觉精确的劝告。就像拉泼普特在《科学美国人》上所指出的：

> 除非对优先程度做出这种十分精确的定量的表示，否则我们对没有鞍点的博弈是无法做出合理决策的。我常常怀疑，那些热衷于博弈论的决策者在多大程度上理解了这一经过最后断定的不可能性，它就像用经典的工具无法化圆为方一样不可改变。我见过许多研究

报告，听过许多长篇大论，说什么冷战和热战都是可以当作博弈的。假定冷战和热战都是零和博弈（其实不是），那么就必须用一个中间尺度来为战争结果这个“效用”赋值。这就是一个问题。当然我们可以回避它，认为可以用这样或那样的方法来为效用赋值，这样就能同这场博弈融洽相处了。这不是十分滑稽吗？这不成了基于任意假设都可以实际应用博弈论了吗？

由于事物的复杂性，可以理解不同的人对可能的结果的评价是不同的。被某位分析家视作囚徒的困境的博弈，另一位分析家可能会认为这是有鞍点的零和博弈，还有一位分析家会把它看作需要混合策略的博弈，谁都可能得出不同的结论。但是，谁都可能在正确地应用博弈论！

人是理性的吗？

90%以上的博弈论应用，其目的在于揭示人的行为，或为人的行为提出建议。但博弈论在预测一个人将要怎么做这一方面并不算出色。这个缺点很难被消除。博弈论开的处方是基于人“理性”参与的假设，当对方非理性时，这些处方可能就不是最好的了。

这个问题有点儿像零售商的“诱人上钩再调包”的手法。你到一个汽车销售商那里去，因为他登了一则广告，有一款你想要的车，售价 1 万美元，这是这种车的最低广告价格。当你到那里后，售货员说这种型号的车已经售罄，他们有另一种型号，售价 1.2 万美元。麻烦在于，你不知道这个价格是否是该型号车的最好价格，你甚至不知道你是否想要这个型号的车。你到该经销商那里去的唯一原因是想得到广告中的那种车，现在他们没有这种车了，该怎么办呢？你肯定会犹豫，因为去另一家销售商那里，情况未必会更好。

在博弈论中，你通常是基于一个可能的结果（极大极小值或纳什平衡）而选定某个策略的。如果你的对手不根据博弈论所提倡的那样去做，你可能发现换一个策略会更好。

最早向博弈论提出挑战的实验之一是兰德公司在1952年和1954年所进行的一系列研究。研究小组的成员包括约翰·纳什在内，目的是检查冯·诺依曼的n人博弈论是否可用。

在兰德的实验中，4~7个人围坐一桌，模仿冯·诺依曼理论中的n人博弈。实验对象被告知，如果他们能形成联盟便可以获得金钱。一个裁判泄露了对每个可能的联盟予以奖励的现金数额，联盟的成员可以用任何看上去是合理的办法来分享奖金。实验结果可谓一团乱麻，与《博弈论和经济行为》中的描写大相径庭。兰德报告是这样说的（引自《博弈和决策》）：

> 显然，参与者个性上的差异是随处可见的。一名参与者加入联盟的倾向性同这个人是否健谈密切相关。当一个联盟形成以后，经常是由其中最敢作敢为的成员负责讨价还价。在许多情况下，即使在联盟的首次形成中，进取心也起着重要作用；在裁判发出“开始”命令以后，第一个大叫、叫得最响的那个人也会使结果有所不同。
>
> 在4人博弈中，参与者围着桌子的位置安排似乎对结果没有什么影响；但在5人博弈中，尤其是在7人博弈中，位置就变得十分重要……一般来说，当参与者人数增加时，气氛会变得更为混乱，更激动一些，竞争的程度也会更加激烈，对参与者来说也会更不愉快……

我们极难判断所观察到的结果证实了冯·诺依曼及莫根施特恩的理论，还是否定了他们的理论，这部分归因于他们的理论到底断言了些什么并不是十分清楚。

在兰德的实验中，那些极端激动的实验对象并没有像冯·诺依曼和莫根施特恩所分析的那样行动，这不能说明他们的数学理论有什么错误。然而，对于任何需要博弈论的人来说，这个实验还是值得引起注意的，这表示博弈论并不能很好地预测人的行为。对于希望博弈论很快能使经济学发生革命的人来说，那些实验结果必定是特别令人失望的。经济学理论必须预测有血有肉的人将怎样做，不论其行为是理性的还是非理性的。

我们需要的不仅限于研究多人博弈以发现非理性的证据，更令人迷惑的是对囚徒的困境的实验。就像在佛勒德-德莱歇实验中那样，大多数这类实验涉及重复的囚徒的困境——后者是一系列的囚徒的困境，其中每个参与者都知道他将同其他参与者反复地互动。

重复的囚徒的困境在心理学研究中已经成为十分流行的题目，以致政治学家罗伯特·阿克塞尔罗德专门给它起了个名字叫“社会心理学的实验用豚鼠”。阿那托尔·拉波普特在1965~1971年之间发表的涉及囚徒的困境的实验报告大约有200个。

俄亥俄州的研究

20世纪50年代末和60年代初，美国空军资助俄亥俄州立大学对囚徒的困境进行了一系列心理学研究。其实验结果以系列论文的形式发表于《冲突消解学报》，但这并未给人类的理性提供多少令人信服的证据。

俄亥俄州的实验（以及其他类似的实验）大致是这样进行的。实验对象是两个刚开始学习心理学课程的大学生，他们互不相识。他们坐在带书架的阅览桌的两侧，书架挡住了他们的视线，他们互相看不见。在每个实验对象面前各有两个按钮，一红一黑，研究者告诉他们，他们可以选择其中之一并按一下，然后根据两人按按钮的情况，他们会得到回报。回报表就贴在那儿，在整个实验期间，实验对象可以随时看它。

对实验对象所做的解释中完全没有博弈论的术语，我们只要知道红色按钮代表“背叛”，黑色按钮代表“合作”就够了。所用的回报表是专门为典型的囚徒的困境设计的——当然，金额是已贬值的：

表 8–1

	黑	红
黑	3¢，3¢	0，5¢
红	5¢，0	1¢，1¢

实验对象按下按钮以后会点亮研究员面前的面板上的相应的灯，后者据此发放赏金。接受实验的每一对学生进行的次数是固定的，通常是 50 次。每进行一次以后，每个实验对象根据他拿到的赏金的多少可以判断出对方按了哪个按钮。每次实验都挑选若干对大学生以获得统计样本。

第一次实验（由阿尔文 · 斯柯达尔、塞耶 · 米那斯、菲尔伯恩 · 拉托什和米尔顿 · 李贝茨进行）报告说，大多数实验对象在大多数时候会选择背叛。根据所用的回报表，相互合作的实验对象比他们相互背叛时能多拿 3 倍的钱，但是在 22 对实验对象中只有 2 对这样做了，其他 20 对中的每个人大多数时间都选择背叛。（这个结果同佛勒德和德莱歇 1950 年的实验结果不同。但是他们的实验是非正式的，只有一对实验对象，在统计学上不属于有意义的样本。）

在由斯柯达尔和米那斯进行的另一次实验中，实验对象被允许进行磋商，就是在试验次数过半（25 次）以后，让两个实验对象讨论两分钟，允许他们自由地订立契约并且都按下黑色按钮，或者谁按了红色按钮而对方可以威胁进行报复等。但这些情况都没有发生。按照研究人员的说法，“……实验对象显然不愿意达成联合的策略。议论集中于对方，带有明显的意图，就是发现对方将采用何种策略”。对于大多数实验对象组合而言，这种磋商对进行博弈没有什么影响。

为什么实验对象不愿意合作？在实验结束以后，研究人员向实验对象提出了这个问题。典型的回答是：“我怎么知道他会去按黑色按钮呢？”或者是：“我总是希望当我按红色按钮时，他会去按黑色按钮。”

按照研究人员的分析，实验对象更感兴趣的是压低对手的得分而不是使自己的得分最大化。研究人员推测，这是“一种受文化影响造成的准则，导致互不相识的人彼此之间谨慎行事，最好首先保证自己同另一个人处于平等地位，而不是冒险一定去胜过他”。

J · 塞耶 · 米那斯、阿尔文 · 斯柯达尔、戴维 · 马洛和哈维 · 罗松在重复这一实验时试图尽量使竞争的意识降到最低，这次他们小心翼翼地避免任何带有竞争色彩的词汇，诸如“博弈”、“比赛”、“赢”、“输”等词汇，在向实验对象讲解实验方法时一概不用。然而这也无补于事。事实上，研究人员报告说，实验对象选择相互合作的概率是如此之低，甚至比让他们随机地按黑的或红的按钮碰巧是合作的概率都低！

上述结果同非理性没有什么关系。研究人员除了对囚徒的困境进行实验外，还进行了其他博弈实验，在这种博弈中，不存在刺激背叛的因素，甚至相反。有一个博弈的回报表如下所示：

表 8–2

	黑	红
黑	4¢，4¢	1¢，3¢
红	3¢，1¢	0，0

这个博弈甚至令人不感兴趣。这里完全没有理由去背叛。无论如何，你要是按红色按钮，至少要罚去 1 美分。然而，真有实验对象去按红色按

钮，而且按的比例高达 47%！

这里，背叛必定是由竞争的冲动推动的。总是选择合作的参与者能拿到可能的最高分，然而比赛却是“平局”。通过背叛一个合作的伙伴，他自己虽然赢得少了，但相对于他的对手，他的得分却增加了。

这个发现也许是最能说明问题的。人们并不是从囚徒的困境中学习如何进行博弈的，而是从连城游戏、桥牌、跳棋、国际象棋、捉迷藏等游戏中学习如何进行博弈的，而所有这些博弈都是零和博弈，这些博弈向参与者提供的奖赏是心理上的，即成为一名胜利者，而这种奖赏来自失败者的失落。即使在某些看似非零和的博弈中，情况也是如此。在“垄断”游戏[①]中，你可以获得“不动产”和“现金”，但在博弈终了时，你手中只有游戏用的筹码，大家关心的只是谁赢，仅此而已。

有人认为，这种对零和博弈的倾斜反映了人类社会固有的竞争性。然而，这也有可能仅仅是由于实际的困难，所以用赌金来包装博弈，从而使人们真正在意的就是赌金。对此我没有确切的把握。在俄亥俄州的实验中，因为奖金很少，所以实验对象并未把博弈当真。实际上，分币只相当于垄断游戏中的筹码币而已。一种比较真实的非零和博弈是电视中进行的游戏，在网络广告收入的支持下，回报为汽车、旅游或几千美元的现金。在这种情况下，参与者更注重增加自己赢得的分数，而不大关心别的人怎么做。

俄亥俄州的实验小组写道：

> 例如，在我们的博弈实验中，实验对象普遍会努力避免出现自己想同对方合作但对方却不回应，从而使自尊心受到伤害的情况，这可以很好地解释实验对象为什么多数会按红色按钮。（在囚徒的困境中）这种维护自尊心的需要压倒了回报表中的金钱的价值，使具

① 垄断游戏是流行于美国的一种棋盘游戏，也叫“大富豪”或“强手棋”，可由 2~8 人参加，通过掷骰子决定走步，用筹码币模仿房地产交易，以争夺垄断权。——译者注

有主观意识的参与者实际上并没有处于二难境地。因此，他的选择要么是做得与对方一样好或者好于对方，要么索性“破罐子破摔”，甘愿冒做坏的风险。从直觉上来说，具有这种文化背景的人大多也具有这种自我印象，使得他们选择前者成为必然，即使要故意地牺牲些什么……

俄亥俄州实验中的参与者并不善于发现耍弄他们的诡计。有一个实验设计了这样一个骗局：博弈的一方是一个真正的实验对象，另一方只是一个“傀儡”：当真正的实验对象选择合作时，让傀儡也选择合作（双方都赢得奖励回报）；当真正的实验对象选择背叛时，让傀儡也选择背叛（双方都受到惩罚）。在这样进行了 50 个回合的实验中，没有一个实验对象意识到发生了什么事。当问起他们时，他们全都认为双方这么一致只是巧合，纯属偶然。

实验有几十种变形，其中有一些非常古怪，用以检查其对选择合作的比率起什么作用。公布的一些结果中，有些是互相矛盾的。许多研究是初步的，实验对象不够典型，数量也少了些；有些结果和发现在随后的实验中并未重现。

俄亥俄州的一个实验发现，选择合作的比例同性别无关；而其他的一些研究则声称在囚徒的困境中，女性选择合作多于男性，更有一些研究报告说，当男性知道其伙伴是女性时会变得富有“保护性”，并更倾向于合作。斯柯达尔怀疑，在囚徒的困境中知识分子是否也会有不同的行动，他对一些数学系的研究生进行了一次非正式的实验（他认为数学系的研究生比心理学系的本科生聪明），发现在合作方面，他们同普通人群并无明显不同。

阿那托尔 · 拉波普特发现，医生、建筑师和大学生选择合作的概率大于小业主。迈阿密大学的一项研究表明，当实验对象可以用电击彼此进行“惩处”时，合作的概率较高。我认为这是不足为奇的。阿伦 · 史蒂克斯称，一种广泛使用的镇静剂利眠宁增加了合作和赢得的钱数，其他研究则显示巴比妥酸盐没有多大作用，而安非他命则减少了合作和赢得的钱数。史蒂克斯指出，肯尼迪总统在 1961 年与赫鲁晓夫举行峰会期间，在他接到几份报警报告时，曾经服用安非他命以保持警觉。

在这些研究报告中，唯一可信的结论是：在某一种环境下倾向于合作的人，在其他一些环境中也同样倾向于合作；有些人习惯于合作，而有些人习惯于背叛。例如，空军在俄亥俄州进行的另一次实验中，丹尼尔 · R · 卢茨克发现在“国际主义”和合作之间是强烈相关的。他建立了一套心理测试标准以度量关于国际合作的各种观点。（用以度量国际合作的一个条款是：“我们应该拥有一个权威的世界政府以制定法律，把所有成员国联结在一起”。）然后，他进行了一次标准测试。卢茨克的“孤立主义者”小组比“国际主义者”小组更多地按红色按钮。卢茨克得出结论并直率地说：“‘爱国主义’和‘民族主义’显然是同对其他国家和民族缺乏信任以及不能同舟共济联系在一起的，即使在合作能导致更大的个人利益的情况下也是如此。”如此强硬的话，竟出自一位曾在迪克斯要塞当心理医生的中尉之口！

PRISONER'S DILEMMA

9

冯·诺依曼的最后岁月

有人猜测，在象牙塔和实用性之间存在着巧妙的媒介。冯·诺依曼在接近其生命的终点时，成为使人眼花缭乱的一大堆私人企业和政府机构的顾问，其中包括中央情报局CIA、IBM公司、标准石油公司等。雅各布·勃洛诺夫斯基直截了当地写道（1973）："冯·诺依曼浪费了他生命中的最后几年。"他认为，冯·诺依曼的错误不但在于偏离了纯数学，而且偏离了纯科学。冯·诺依曼为什么去承担那么多完全同智力无关的工作，人们至今也不清楚。他父亲对金钱的强调可能在他的心灵深处留下了烙印。斯坦尼斯拉夫·乌拉姆写道（1976）："冯·诺依曼似乎对将军们和元帅们很钦佩，同他们相处得很好……我觉得他对冷酷和强硬的个人和组织有一种隐秘的羡慕之情。"

氢弹

冯·诺依曼在最后几年全力以赴的项目之一是氢弹。氢弹所需要的计算比原子弹还要吓人。1951年，冯·诺依曼帮助洛斯阿拉莫斯实验室设计了一台计算机[①]。有一次，冯·诺依曼告诉乌拉姆："也许，它在运行

① 该计算机名为"MANIAC"，是模仿普林斯顿高等研究所的IAS计算机而设计的，但外部设备比IAS丰富。该计算机于1948年上马，1952年3月完工。——译者注

过程中所完成的基本算术运算次数比整个人类在此前所完成的所有计算的总和还多。”这个猜想刺激了两个数学家，他们想验证这是否正确。他们的结论是：这个猜想是不正确的。在人类历史上，全世界的小学生在纸上“嘎吱嘎吱”地做的算术题加在一起其实已经超过了氢弹所需的计算量。

但即使如此，氢弹的计算工作仍耗时 6 个月之久，相当于几个人一生的计算工作量。刘易斯 · 施特劳斯认为美国在氢弹方面能打败苏联很大程度上要归功于冯 · 诺依曼。

在这项工作过程中，冯 · 诺依曼成为原子弹试验最积极的辩护者，他常常向那些对放射性和放射性尘埃的长期影响提出警告的科学家发出挑战。冯 · 诺依曼在给施特劳斯的一个备忘录中，曾经这样分析（引自 1962 年的《人和决策》)：

> 当前，有关放射性污染对世界的有害影响，以及那些模模糊糊的恐惧和含混的议论全都可以归结为这样一个概念，即任何对生命所构成的危害都必须被排除……每一个有价值的活动都是要付出代价的，包括确切无疑的危害和潜在的危害——也就是风险。而唯一的问题是，这个代价是否值得……
>
> 就原子弹的放射性污染这一特殊问题而言，即使我们心甘情愿地付出每年增加 3 万～4 万死亡人数的代价，这个数字只占全年死亡总人数的 2%！
>
> 真正的相关之处在于：这个代价是否值得付出？对于美国来说，是值得的。而对于其他国家，没有核工业，或在世界政治中采取中立态度，它可能是不值得的。

虽然冯 · 诺依曼十分反感共产主义，但他没有为参议员约瑟夫 · 麦卡锡的反共运动所利用。对奥本海默的指控之一是他曾经反对氢弹计划，而这恰好是冯 · 诺依曼最关心的一个计划，但冯 · 诺依曼坚定地为奥本海默辩护，证明奥本海默是忠诚并值得信赖的，他有一些出色的、极其尖锐的辩护词使得起诉人狼狈不堪。在庭审进行中，起诉人描述了一种纯属假设的情况，含沙射影地暗示这与奥本海默的行为相似，并问冯·诺依曼，如果他处在这种情况下是否会有不同的表现。冯·诺依曼识破了这个陷阱，回答道："你告诉我的是假设某个人的行为很坏，并问我是否也会以同样的方式行动。这等于是这样一个问题：你从什么时候开始不再殴打你的老婆了？"[①]在奥本海默事件中，冯·诺依曼的正直获得了如潮的好评。

冯·诺依曼还辅助设计了用以发现苏联核攻击的计算机系统SAGE（Semi–Automatic Ground Environment）[②]。在为SAGE工作的过程中，冯·诺依曼曾经很担心在这个系统投入运行前，苏联就发动突然袭击。IBM公司的卡思伯特·赫德回忆说，冯·诺依曼曾做了一项研究以确定IBM现有的计算机中是否有能提前发现苏联攻击的。为此，冯·诺依曼编了一个计算机程序并口授给赫德，由赫德记录下来。结果，赫德发现冯·诺依曼的程序中有一个错误，这对冯·诺依曼来说是极其罕见的，因此在赫德心中留下了很深的印象。最后的计算证明，现有的计算机都无法满足该项任务的实际需求。

一头猛虎

辛酸和极度悲观笼罩着冯·诺依曼人生中的最后几年，它深深植根

---

① 这是一个典型的设置圈套的问题，你回答了这个问题就证明你曾经殴打过你的老婆。——译者注

② SAGE是美国空军耗资80亿美元建设的半自动地面防空系统，其主机采用了麻省理工学院研制的"旋风"计算机，用以处理并分析来自全美17个防区的远程警戒雷达所截获的信息。该系统从20世纪50年代末一直应用至20世纪80年代。——译者注

于冯 · 诺依曼的心底，比不幸的婚姻和怀才不遇的感觉更甚。

50 年代初对冯 · 诺依曼来说，正是才华横溢的岁月。1951 年，J · 罗伯特 · 奥本海默把冯 · 诺依曼在研究所的薪俸增加到可观的 1.8 万美元，在研究所以外的兼职也让他收入颇丰。已到豆蔻年华的女儿玛丽娜在为初进社交界的新年舞会上引起了各界名流的注意。

然而，冯 · 诺依曼和克拉拉早已不和。冯 · 诺依曼在写给妻子的一封信中，用博弈论中关于猜测对方意图的术语描写了自己矛盾的心理。开头，他为两人又吵了一架表示道歉，然后他恳求妻子支持他，对婚姻中的互相信任或背叛发表了一通忧郁的议论。冯 · 诺依曼声言，过去的误解已经造成克拉拉对他有些畏惧，她的行为正是出于畏惧，没有什么正当的理由。冯 · 诺依曼还说，他担心克拉拉出了什么事，但他不希望这是真的。这是一封极度痛苦的信。

冯 · 诺依曼这种无望的感觉扩展到了人类本身，他看到技术使少数个人掌握了越来越大的权力。用于战争的技术是一个明显的例子，但绝不是唯一的例子。我们不能指望少数个人谋求大众的利益，因此技术被不明智地利用，并倾向于产生愈演愈烈的问题，而且看不到解决的办法。逃避问题也不再行得通了。就像冯 · 诺依曼指出的那样："我们已经耗尽不动产了。"未来的战争和灾难将是全球性的，人类能否幸免是值得怀疑的。

1954 年 11 月，《财富》杂志的编辑邀请冯 · 诺依曼共进午餐，并为组织一篇文章提出概念、发表看法。过后，编辑海利 · 多诺万[①]根据冯 · 诺依曼的谈话整理出一份提纲寄给他，并写道："在我的提纲中，有些地方直接引用了你的话；有些地方是根据你的意思写的，个别地方是我写的，但我认为你也会说这些话。当然，我不想把这些话强加给你。"这个大纲比最后登出来的文章更坦率，也更忧郁，更能体现冯 · 诺依曼当

① 海利 · 多诺万（1914—1990）：因在《时代》杂志上披露水门事件并要求尼克松下台而闻名的记者和编辑。——译者注

时的思想：

> 世界和美国（前者是一般意义上的，后者是作为特例）正骑在一头猛虎的背上。它有健壮的身躯、锋利的爪子，如此等等。但是，你知道怎样从它的身上下来吗？要知道，骑虎难下啊！你认为在今后25年里，世界就像骑在老虎背上一样非常不稳定，非常危险（也许说25年太短了些，但是我们只要求你写25年内的事）……
>
> 掌握大权的极少数人可以毁灭这个世界——他们干得干净利索，又不费吹灰之力……
>
> 你关于前景的长远观点是悲观主义的。不知道这种悲观主义是否源于你出生在中欧，花1万美元去做一下精神分析是否能确定这一点？无论如何，你是悲观的，因为你本人无法想象能控制世界的不稳定性和结束危险局面的任何形式的世界组织，你也没听过有人说他已经想象到了这样的组织。

多万诺建议文章的标题定为“一头猛虎”（A Very Fine Tiger）。最后该文刊于1955年6月号，题目为“我们能幸免于技术吗？”（Can We Survive Technology？）文章中出现了一个类比：“对于1980年前后就能发明出来的一种爆炸来说，地球实在是太小太小了，地球上的政治单位也太不稳定了……一旦发生这种爆炸，现有的国家将立即瓦解。像曼哈顿岛那样大小的国家也将处于冲突战斗之中，它们使用的则是1900年式的武器。”

原子能委员会委员

1954年10月23日，艾森豪威尔总统任命冯·诺依曼为原子能委员会委员，年薪1.8万美元。由于这项工作要求他辞去其他所有顾问职位，这意味着冯·诺依曼挣的比过去要少。对这一任命，他怀有复杂的心情。乌拉姆在其《一个数学家的经历》一书中回忆说：

> 在冯·诺依曼被授以原子能委员会委员的职位以后不久……我们有过一次长谈。受奥本海默事件的影响，他对这一任命有极大的保留……他说，他是在经历了许多个不眠之夜后才决定加入的……但是作为一个在国外出生的人，他能够获得信任，出任这一对科学和技术等许多领域有着巨大潜在影响的高级政府职位，他又感到非常高兴和自豪。他深知他的举动对国家具有极大的重要性。

之后，冯·诺依曼向研究所请假并获准。

《纽约时报》判断说，对冯·诺依曼的任命是“对一大群因奥本海默的裁决而感到不快的科学家做出的有用的和解姿态”。《时代》杂志说：“一些知名人士指出，冯·诺依曼是最有资格在世界上最重要的一场角逐中，坐在原子桌的一边同苏联直面相对的杰出人物。”之后，阿尔伯特·爱因斯坦接受新闻采访时说：“冯·诺依曼是一个极聪明的人。”

《纽约时报》在冯·诺依曼被任命后对他进行了采访并发表了一篇简短的文章。冯·诺依曼像平时一样，就原子能在和平时期的应用说了一些打趣的话，然后话锋一转，告诉《纽约时报》的记者：“我相信，原子能要实现经济应用还需要很长时间——尤其是在我们这个国家，这里的能源是如此便宜。”文章描绘了这位体面人物舒适惬意的生活场景：

> 这位在匈牙利出生的数学家兼教授同他的妻子克拉拉以及一只名叫英孚士的大狗坐在他的起居室里。
>
> 他一边朝墙边堆放的好几百张古典音乐唱片点点头，一边说他自己是“反音乐”的，但他的妻子是一个音乐迷。
>
> 冯·诺依曼夫人也是一位数学家，但是他们 19 岁的大女儿玛丽娜——这位在拉德克利夫学院学人文科学的大学生则对这个话题不

感兴趣……[1]

冯·诺依曼博士不吸烟，他说自己饮酒“非常有节制”。他的妻子披露了他的“至爱”（就像她称呼的那样）是“家常小甜饼、糖果、巧克力和各种甜食”。夫妻两人都喜欢匈牙利的菜炖牛肉和葡萄酒。

令人啼笑皆非的是，某些人对冯·诺依曼的任命持反对意见的理由竟是基于他曾经支持过奥本海默这一事实，因此可能形成另一次对共产主义的基于空想的温和学术路线。《匹兹堡新闻邮报》上的一篇编辑部文章称，这项任命“是一件奇怪的事……冯·诺依曼博士的记录中没有任何材料证明他有过行政管理的经验……”邮报的这位作者推断，之所以选中冯·诺依曼，要么是为了安抚奥本海默的支持者，要么是为纽约州的共和党拉选票（白宫则宣称冯·诺依曼是无党派人士）。

参议院批准对冯·诺依曼的任命的听证会开始于1955年1月10日。冯·诺依曼在做自我介绍时，直言不讳地说自己是“坚决反对共产党的，而且比大多数人更崇尚武力”。他提到他在匈牙利最密切的亲戚“只是些表兄弟”。1955年3月14日，对他的任命被批准。

此后，冯·诺依曼一家迁居华盛顿。他们住在29街1529号一幢舒适的黄色豪宅中，房子是时髦的乔治敦风格。在这里，他们在有两个壁炉的大起居室中继续举办一些轻松活泼的派对。

作为委员，冯·诺依曼成为一位公众人物，许多专栏和特写对他进行介绍，他也为公众事务频频在电视上露面。他每天都会收到一大堆信件，这些信是一些著名科学家写来的，内容五花八门、千奇百怪。发明了各种游戏的人也给他写信，其中有些人想把他们的发明推向市场。有一个人声称自己发现了素数的“模式”，并认为冯·诺依曼也许想知道这个模式（日期是1956年9月14日，现存于国会图书馆档案室）。

---

① 这个评价显然为时过早。1956年，玛丽娜以优异成绩毕业于拉德克利夫学院，之后成为一位著名的经济学家及通用汽车公司副总裁。——原注

1956年,《家政》杂志发表了一篇关于冯·诺依曼夫妇的文章，题目竟然是“嫁给一个相信思想能改变世界的男人”，这是50年代妇女杂志新闻学里那些十分奇怪的例子中的一个，就是固执地把一个并不是很有趣的主题搞得尽量有人情味，引人注意。记者问克拉拉：“当你猜测你的丈夫是不是地球上最聪明的人时，你有什么感觉？”文章中写道：“当华盛顿特区一个苗条、肤色微黑的女人——克拉拉·冯·诺依曼，看着她的丈夫，一个52年前出生在匈牙利的胖乎乎、乐哈哈的男人时，她突然闪过一个念头，那就是她也许嫁给了世界上最聪明的人。”

克拉拉告诉《家政》杂志：“顺便说一下，他对于这个家的地理知识几乎为零。有一次我让他给我拿一杯水；过一会儿他空着手回来了，问我杯子放在哪儿。我们在一起生活了17年……他从来也没碰过锤子和螺丝起子；他从不干家务事，除了修修拉链，拉链坏了他一弄就好。”

克拉拉谈到他们的科学沙龙。“对我来说，这是世界上最引人入胜的谈话。有时候，当我重游旧地时，比如法国的戛纳，头一两天我会觉得很快乐，然后话题转向食物、衣服等，我就开始觉得有些异样，好像缺少一些重要的东西。”

《家政》的文章对冯·诺依曼的项目之一所做的描写近乎黑色幽默：“近来，冯·诺依曼博士对于检验一个建议的结果十分感兴趣，这个建议是在北极和南极的冰原上布洒染料，使得从地球上反射掉的能量减少，从而使地球变暖升温若干度，成为一个‘亚热’的行星。初步的计算证明，只要用大致等于建造全世界的铁路所付出的代价，就可以对全世界主要的冰原有效地进行染色。由此，他获得这样一个概念，一种新的战争形式——气候战，这是完全有可能的，通过气候战，一个国家可以把敌国的气候变得极其不利。”

克拉拉这样谈起丈夫：“他无法想象退休以后在某处一幢可爱的小屋和花园中度过余生，这对他而言无异于死亡。他是一个复杂的人，同这样一个人一起生活是复杂的，但同时也有丰厚的回报。我喜欢数学世界和数学思维的清澈透明，在那里，任何问题只有一个正确的答案。我喜欢我们生活中的主题。我们彼此喜欢，虽然我们也有自己的问题，但是只会偶尔谈到，很快就能得以解决。我与他一拍即合。其他人处在我的位置或许也会这样，而我碰巧成为他的另一半，这本身就是非常奇妙的。”

带来希望的时刻

原子能委员会和艾森豪威尔政府面临的难题之一是裁军。东方和西方都意识到了这样一个看似非而实质是的事实，即他们的核武器库并不能保障安全。双方都宣称，没有核武器的世界也许会更美好。但是，在裁军方面的合作则要冒被对方欺骗的风险——例如对方会把原子弹秘密地储存在什么地方。在1954年1月举行的总顾问委员会会议上，冯·诺依曼反对那些赞成裁军的同事的理由正是这一点。按照会议记录，冯·诺依曼指出，“我们相信苏联在秘密运作方面比我们强，这将迫使我们在劣势下同他们进行秘密的军备竞赛。”

从1952年1月起，联合国的裁军委员会就已处于被冻结和停工的状态。每当西方国家提出一项裁军计划时，苏联就会投票加以否决，然后苏联再提出自己的计划，而西方大国则发现它是不可接受的。

1955年，法国和英国派驻联合国的代表团提出了一个新的裁军建议。这个建议呼吁销毁所有核武器，并由一个国际机构监督执行。美国赞同这个计划，只剩下苏联没有明确表态。谈判慢慢吞吞地进行着。美国、英国和法国代表对苏联连哄带骗，企图用理智和对人性的责任感来打动苏联。

1955年5月10日，一件意想不到的事发生了：苏联提出了自己的计划，其中包含英法提案中的全部条款！英国政治家菲利浦·诺埃尔-贝克[①]称这是一个“希望的时刻”。

西方大国对苏联的1955年计划进行了详尽的研究，以便弄清其中是否有什么诡计或隐藏的条款，结果什么也没有发现。两天后，美国代表宣布：“我们满意地看到，我们早就提出、在过去两个月中重复了许多次的概念，其中大部分已被苏联接受了。”

长长的休会使签约工作推迟到了8月底。这年仲夏，四大强国在日内瓦举行了峰会。7月17日，冯·诺依曼出现在全国广播公司NBC的“峰会”电视特别节目中。节目由鲍勃·霍普主持，不在现场而接受了采访的人中包括伯特兰·罗素、小威廉·伦道夫·赫斯特、戴维·布灵克利及其他名人。冯·诺依曼在演播室的一块黑板前面摆好姿势后说：

> 你在这里看到的是核反应能量的数学表达式——这既是一个科学问题，又是一个政治问题。大家都非常关心核武器的破坏力，许多人认为，当初如果没把它们做出来就好了。
>
> 但是，科学与技术必须保持中立……

该节目以冯·诺依曼陈述他那些被经常重复的、关于原子弹的公开观点结束：“应该怎样使用和控制科学家开发出来的东西，不是由科学家决定的，而应该由全体人民和他们的领袖来决定。”

日内瓦会议是鼓舞人心的，期间还出现了两件令人意想不到的事：苏联部长会议主席尼古拉·布尔加宁宣布，苏联将裁军4.5万，并且希望西方国家响应苏联的举动。

艾森豪威尔则给了苏联及英国和法国代表一个更大的意外：他提出了一个不切实际的建议，即美苏之间取消所有的军事秘密。艾森豪威尔建议双方都把各自的全部军事秘密向对方敞开，“互相交换全部军事设施的蓝

① 菲利浦·诺埃尔-贝克（1889—1982）：英国著名政治家，致力于裁军和和平，是联合国宪章起草人之一，1959年获诺贝尔和平奖。——译者注

图，全面而彻底，一个不剩”。然后，艾森豪威尔又建议“双方都向对方提供对全国范围内的设施进行航拍的权利——我们向你们提供设施资料供你们进行航空侦察，你们可以自行选择拍摄各种照片拿回去研究；你们也把相同的设施资料提供给我们，进行这样的检查”。这种“开放天空”的计划可以使每个国家都相信对方没有进行突然袭击的计划。

艾森豪威尔在宣布了他的计划后停了下来，等待译员进行翻译。正在这时，外面响起了轰隆隆的雷声，一道明亮的闪电过后，灯光突然熄灭。艾森豪威尔开了个玩笑：“我可不是有意让灯光熄灭的。”译员在漆黑的大厅中把他的话翻译了出来。

苏联没有回应艾森豪威尔的建议。在第二天的自助餐上，布尔加宁告诉艾森豪威尔这个计划是行不通的，他说把轰炸机伪装起来实在是太容易了。艾森豪威尔回答说：“如果你这样认为，请告诉我们该怎样伪装。”

在峰会以后的几个星期内，无论是东方还是西方都没有响应对方的建议。美国没有削减自己的兵力，苏联没有同意交换军事秘密，两个国家的新闻界都指责对方的领袖只是意图谋取宣传攻势上的胜利。有人指出，苏联削减地面武装力量的意义比美国这样做的意义要小，反之，美国的军事秘密则比苏联的少。

1955 年 8 月 5 日，艾森豪威尔成立了一个关于裁军的总统特别委员会。原子能委员会在这个委员会中的代表是约翰 · 冯 · 诺依曼。9 月 6 日，美国驻联合国的新任代表哈罗德 · 斯塔森宣布了一个令人沮丧的消息：美国对裁军计划的支持“提出保留”。

发生了什么事使美国政府出尔反尔呢？那就是它的投机目的，以后的许多事也是这样。一个明显的疑点就是，艾森豪威尔政府根本就无意于达成裁军协议，它只是伪装成“和平天使”而已。艾森豪威尔政府也许十分肯定苏联决不会同意裁军，因此他们可以装模作样一番而不必真正摊牌。下列事实证明了这一点：艾森豪威尔后来在《杜勒斯口述历史》中承认：“我们知道苏联不会接受它（开放天空建议），我们对此深信不疑。”应该指出，如果美国领导人真的愿意相互裁军，那么此形势并非囚徒的困境。

1956 年 3 月，斯塔森在联合国发表的演讲中表明了美国在裁军问题上的新立场，即氢弹和威胁使用氢弹“构成了反对侵略的原子屏障”。氢弹是“和平的重要安全保证”，也是“对战争强有力的威慑因素”。1957 年 4 月，斯塔森承认美国对裁军不再有任何兴趣：“我们的观点是，如果裁军，将武装力量和军费开支降到一个过低的水平，那么……出现的将不是和平前景的改善，而是战争危险的增加。”他若有所思地承认：“曾经有过一段时间，美国认真考虑过采用非常极端的形式进行军备控制和核查，让武装力量、军费开支和军备都保持在一个非常低的水平。但是，我们最后的结论是，这种极端形式的军备控制和核查是不现实的、不可行的，也许是无法达到的。”

疾病缠身

1955 年夏天，冯 · 诺依曼前往一个他常去的电站视察工作，不料他在走廊光滑的地板上摔了一跤，他的左肩受了伤，疼痛了很久。7 月中旬，他住进贝塞斯达海军医院做了几天检查。他出院时“显然处于令人满意的状态”，在给施特劳斯的信中他写道：“我的身体看来没有什么问题……”

但是疼痛仍在继续。冯 · 诺依曼又做了一次检查，这次医生怀疑他患了癌症。克拉拉写道：“我丈夫不知疲倦和令人吃惊的以思维为中心的那种活跃而令人激动的生活方式，突然结束了。”

冯 · 诺依曼得的是骨癌。之后，他住进波士顿的新英格兰浸礼会医院做手术。他的主治医生歇尔兹 · 沃伦博士进行了活组织检查后，发现冯 · 诺依曼还有其他癌变，癌细胞已经进入血液并扩散到全身。进一步的检查证明，前列腺是其癌症的起源。

克拉拉写道："在接下来的几个月中，我们是在希望和失望的交替中度过的。有时我们相信肩部的疼痛只是疾病的表面现象，不用很长时间就能治愈，但是他忍受的无休止的疼痛又把我们对未来的希望一扫而光。"

有人猜想，冯·诺依曼的癌症大概是他在10年前参观比基尼岛的原子弹试验时受到辐射造成的。许多同原子弹有关的物理学家都因癌症英年早逝——费米1954年53岁时死于癌症，奥本海默1967年去世时刚62岁。当然不能由此做出结论，因为许多没有受到过核辐射的人也同样死于癌症。[①]在美国国会图书馆保存的冯·诺依曼的论文中夹着一张1956年6月19日的电报，上面写道："您所有埃尼威托克的朋友向您致敬，并祝您早日康复。"埃尼威托克环礁是氢弹试验场。

按照《生活》杂志上的悼文中的说法，冯·诺依曼曾经问他的医生："事情既然已经来了，我应该怎样度过剩下的日子呢？"沃伦博士回答道："好吧，在你恢复到足够好以前，我不允许你回原子能委员会工作。同时我想说，如果你还有什么重要的学术论文，或是对科学的进一步发展有什么话要说，我建议你立即着手准备。"

冯·诺依曼后来知道，他离死亡大约还有一年半的时间。他安排了一个繁忙的日程表，会见了来自弹道导弹委员会、洛斯阿拉莫斯、普林斯顿和利物摩尔的人，并且向少数人泄露了他的健康状况不容乐观。他的胳膊用悬带吊着，当有人问起时，他只是讷讷地说锁骨骨折了。1955年11

---

① 我曾经想查一下在比基尼原子弹试验时在场的显要人物中是否还有死于癌症的，可惜，报纸上登的讣告大多数不给出死因。在9个给出死因的人中，有2个是死于癌症的，他们是约瑟夫·W·史迪威将军和A·C·麦克奥里弗将军，两人都是著名的战争英雄。史迪威于1946年10月12日死于肝癌，因为离比基尼试验太近，这显然同放射性无关。麦克奥里弗于1975年死于白血病，享年77岁。试验时在场的另一位将军L·H·布雷莱顿，他于1967年在为没有公开的病因做了一次腹部外科手术后的第9天，因心脏病去世。9例死亡中，有2例死于癌症，是美国当前的平均数，因此上述死于癌症的例子并不能证明原子辐射的影响提高了癌症的死亡率。

月底，冯 · 诺依曼的脊椎也出现了毛病。有一天夜晚，当他和克拉拉离开一个派对时，他说自己走起路来“摇摇晃晃”了。医生给他配了轮椅，从 1956 年 1 月起，他就被束缚在轮椅上了。

过去，他每天只睡 4~5 个小时，现在他睡得多了，还戒了酒。1956 年《家政》杂志上的一篇文章避而不提死亡，只是说冯 · 诺依曼在派对上饮橘子汁——“这是他在鸡尾酒会上最爱喝的”。他床头的一部热线电话直接连到他在原子能委员会的办公室，一部前后座之间用玻璃隔开的大型高级轿车会送他和他的轮椅到原子能委员会去开会。①

人们推测他日子不多了，但都闭口不提。刘易斯 · 施特劳斯在 1956 年 1 月 19 日写的一封信中，表达了他预感到冯 · 诺依曼会彻底康复而欢欣鼓舞的心情。普林斯顿大学的阿尔伯特 · 塔克写道（1956 年 3 月 27 日），他从奥斯卡 · 莫根施特恩口中听到冯 · 诺依曼的健康情况正在好转的消息。1956 年 6 月 11 日，冯 · 诺依曼的秘书玛丽 · 贾尼内克对他的健康状况只是略微透露出一丝真相：冯 · 诺依曼拒绝了来自阿斯本人文学院的邀请。她说，冯 · 诺依曼的病情恢复得并不像希望的那样快。

1956 年年初，冯 · 诺依曼提出了“退休”计划。为了在离开原子能委员会以后谋得一个职位，他派人到麻省理工学院、耶鲁大学、加利福尼亚大学洛杉矶分校和兰德公司进行过试探。显然，冯 · 诺依曼估计这些机构虽然知道他病得很厉害而且可能不久于人世，也会急切地盼望聘用他。冯 · 诺依曼询问了这些单位的医保和寿保范围，以及人寿保险是

---

① 坐在轮椅里的冯 · 诺依曼是不是斯坦利 · 库布里克 1963 年的电影《奇爱博士》中的人物原型？电影中的奇爱博士、“武器研究与开发部主任”也是坐着轮椅的，他说他从一家名为“布兰德”的公司那里取得了国防研究任务。就像讽刺作品经常发生的情况那样，现实中的许多人被认为是该电影的原型（尤其是维纳 · 冯 · 布朗和爱德华 · 特勒），但我们没有理由认为其中的某个角色是专门基于某个人的。库布里克、彼得 · 乔治和特里 · 索仁是基于乔治的小说《红色警报》（*Red Alert*）改编成电影脚本的。扮演奇爱博士的彼得 · 塞勒斯在接受采访时说，他是基于对亨利 · 基辛格的观察来表演的。从卷曲的头发和戴着眼镜来看，奇爱博士更像基辛格，因为冯 · 诺依曼不戴眼镜。

否可免于医学检查。加州大学洛杉矶分校的保罗·A·多德院长表示可以让医学中心最好的几个医生为冯·诺依曼免费诊治。兰德公司的富兰克林·考尔鲍姆表示愿意为冯·诺依曼提供37 500美元的免于医学检查的人寿保险并保证给予克拉拉一个终生的程序员职位。3月，冯·诺依曼接受了加州大学洛杉矶分校提供的职务，但他的身体始终没有恢复到能够工作的程度。

冯·诺依曼最后几次公开露面中，一次是在1956年2月，艾森豪威尔总统在白宫向他授予自由奖章。冯·诺依曼坐在轮椅上听完总统宣读充满了溢美之词的公告后对他说："我希望我能活得足够长，以便报答这个荣誉。"艾森豪威尔慌忙回答，但是他只说出以下两句话："噢，你会的，你将同我们在一起很长时间，我们需要你。"然后，总统把饰有红绸带的奖章别在了冯·诺依曼的西服翻领上。

冯·诺依曼还有些未完成的科研工作，他开始着手去处理它们。他对用大脑作为未来计算机的模型很感兴趣，他还谈到过建造一部像最简单的大脑那样的计算机的构想。为此，耶鲁大学曾邀请他在1956年的西利曼讲座上就计算机和大脑这个问题做一个报告——这对冯·诺依曼而言是一个无比巨大的荣誉，因为神经科学不是他本来的研究领域。

西利曼讲座安排在3月底，冯·诺依曼很想把这个报告当成他对科学的告别演讲。克拉拉在《计算机和大脑》（*The Computer and the Brain*）一书的前言中回忆道："然而到了3月，一切虚假的希望都破灭了，他能到任何地方去旅行的话再也没人提起了。耶鲁大学一如既往地给予理解与帮助，没有取消讲座，但是建议把手稿寄去，让别人代他宣读。他做了极大努力，但还是没能按时完成计划中的演讲稿——由于命运的作弄，他再也不可能写完这个讲稿了。"

1956年4月，冯·诺依曼住进了沃尔特·里德医院，自此再也没有离开那里。他把病房变成了他的办公室。在他生命的最后时刻，仍有不少人为各种事务到这里来拜访他，其中包括国防部长查尔斯·威尔逊，空军的许多高级官员。施特劳斯建议艾森豪威尔向冯·诺依曼颁发费米奖以表彰他在原子能领域的贡献，这样冯·诺依曼就成了以物理学家费米命名的这个奖项的第一位获得者，包括一枚金质奖章和5万美元现金——这个数额在当时实在是太高了，以致以后的获奖者的奖金金额被砍去了一半。[①]施特劳斯在医院向冯·诺依曼颁发了奖章。施特劳斯后来写道："冯·诺依曼领奖后表示，只要他还有知觉，就要把这枚奖章永远保留在身边。"

在1971年为纪念冯·诺依曼而发表的一篇演讲中，施特劳斯回忆道：

> 在冯·诺依曼去世前，出现了戏剧性的一幕：人们在沃尔特·里德医院举行了一次集会，大家围在他的病床边聚精会神地听着他那充满智慧的最后的忠告和建议。这些人中有国防部长、几位副部长，有陆军部长、海军部长、空军部长，以及各军兵种的参谋长。中心人物是那位比周围的人都要年轻的数学家，他是多年以前从匈牙利移民到美国来的。我从未见过比这更具戏剧性的情景，也从未见过人们对一个伟大的知识分子有比这更动情的、更真诚的敬意和颂扬了。

对冯·诺依曼来说，死亡来得非常缓慢。《生活》杂志委婉地描述了这一状况："冯·诺依曼从来没有太多地关注过自己的身体，而这将比他的思维更能延续他的生命。"医生发现癌症进一步扩散，但没有告诉他本人。他的病势如此严重，以致不能出席玛丽娜1956年6月在长岛举行的婚礼。7月3日，《纽约时报》披露了冯·诺依曼"患重病"已经几个月

① 这个说法是不太确切的。另一说法是，1963年的费米奖授予奥本海默，引起了很大争议。作为折中，美国国会一方面批准向奥本海默授奖，一方面决定把奖金金额砍去一半。这个说法比较可信。——译者注

之久的消息。这一年的夏天，冯·诺依曼安排了几次会见，最后一次是在7月13日，他觉得好一些，会见了《财富》杂志的编辑约翰·麦克唐纳。但即使如此，冯·诺依曼的弟弟迈克尔事前还是给这位编辑写了封信，提醒他冯·诺依曼可能无法连贯地说话。

冯·诺依曼的母亲也常常到医院看他。1956年7月，她自己也病了，两个星期以后死于癌症，享年76岁。冯·诺依曼的家人试图对他隐瞒这个消息，但作为一个善于做出判断的能手，冯·诺依曼还是猜出发生了什么，这使他陷入了新一轮的悲伤之中。

军方想尽一切可能延长冯·诺依曼的生命。J·W·施瓦茨写信给奥玛尔·布雷德利将军，询问在加州大学洛杉矶分校医学中心进行的抗癌血清试验的情况。布雷德利回信说，考虑到冯·诺依曼对国防的价值，他愿意以一切可能的形式提供帮助；但他建议不要在冯·诺依曼身上用这种血清，因为它仍在实验阶段。

冯·诺依曼忍受着身体机能迅速下降的巨大痛苦，他有时候会背诵数学或历史，或通过逐字逐句地回忆几年以前的谈话来减轻疼痛。有时候他连家人或朋友都不认识了。海姆斯写道："接下来，他出现了精神彻底崩溃的现象：极度的疼痛，每天夜里由于不可控制的惊恐而尖叫。"在一部有关冯·诺依曼一生的短片中，特勒说："我想，当冯·诺依曼无法思考时，他的痛苦比我曾经见过的所有人忍受的痛苦都要大。"冯·诺依曼的病痛如此强烈地震撼了他的家庭，以致他的弟弟尼古拉斯曾这样告诉笔者，他和克拉拉两人都立下了"遗嘱"：他们一旦处于类似状况时，家人应禁止医生用大剂量的药物维持他们的生命。

冯·诺依曼的智力衰退看来并不是癌症的直接后果。按照歇尔茨医生的说法，除了剧痛以外，冯·诺依曼的大脑并未受到影响。当疼痛到极点时，医生用迷幻药来缓解疼痛。此时冯·诺依曼已命悬一线，这就造成了他智力上的严重衰退。克拉拉在1956年10月23日写给艾贝·陶勃[①]的一封信中提到，冯 · 诺依曼服用过镇痛剂，并感谢医生使他免受痛苦的煎熬。国会图书馆保存的冯 · 诺依曼的论文中有一张没有署名的纸条，上面记录了他病中某个夜晚的情况（不是冯 · 诺依曼的笔迹），包括入睡和醒来的时间，服用的药物为“Lotusate”，冯 · 诺依曼抱怨了自己在打嗝（但护士并未注意到他打过嗝）；凌晨时分，他还对空军的事务表达了模糊不清的忧虑。这张纸条总结道，这是一个相对来说比较平静的夜晚，没有出现用匈牙利语说胡话的情况。冯 · 诺依曼的护理员是美国空军派来的，以防止在他无意中泄露军事秘密。

在有关冯 · 诺依曼的回忆中，最后一则逸事是他弟弟迈克尔在医院时为他诵读歌德的德文原版《浮士德》。当迈克尔翻页停顿下来时，冯 · 诺依曼就根据记忆急促地背诵出后面几句。

巨星陨落

当死亡最终逼近时，冯 · 诺依曼改信了天主教，这次他是真诚的。《生活》杂志报道说：“一天早晨，他对克拉拉说，‘我要见一个祭司’。他又补充了一句，‘但是，我要的是一个特殊的祭司，他还应该是个知识分子。’”找来的安塞姆 · 施特里特马透祈福修道士主持了冯 · 诺依曼改信天主教的仪式，并为他洗礼。就这样，冯 · 诺依曼以一个天主教徒的身份度过了他生命中的最后一年。

对于冯 · 诺依曼临死前改信天主教这件事，莫根施特恩告诉海姆斯：“他终其一生当然是一个彻底的不可知论者，而最后突然转向天主教——这同他身体健康时的思维方式和世界观是完全不相容的。”但是，改变信仰没有给冯 · 诺依曼带来更多的平和。直到临终，他一直惧怕死

① 艾贝 · 陶勃（1911—1999）：数学家、物理学家，在相对论、微分几何、差分方程等领域均有重要贡献。——译者注

亡，施特里特马透回忆道。

1957 年 2 月 1 日，空军总参谋长特温宁[①]写信给冯 · 诺依曼，感谢他在科学顾问委员会所做的工作，并请求他接受该委员会的续聘。但是一个星期以后，1957 年 2 月 8 日，冯 · 诺依曼就去世了。

① 特温宁（1897—1982）：因其在“二战”期间对日及对德轰炸中屡建奇功而有“火鸡猎手”之称的美国空军将领。1957~1960 年任参谋长联席会议主席。——译者注

PRISONER'S DILEMMA

10
“胆小鬼”和古巴导弹危机

1950年年底，剑桥大学劳工俱乐部通过一个决议谴责它的主席——伯特兰·罗素。决议尖锐地批评罗素鼓吹核战争并反对苏联的言论。罗素发表了一个简短的回应：“我从未鼓吹过先发制人的战争，如果俱乐部成员稍微花点儿时间调查一下，就会弄清这个问题。”

这是20世纪50年代中延续了很长时间的多次否认中的第一次。在发表于《民族》1953年10月号上的一封信中，罗素把这整件事情归之于共产党的阴谋：

> 关于我支持先发制人的战争以反对苏联的故事是共产党的发明。我曾经在一个集会上发表讲话，只有一个记者参加了这个集会，而这个记者是共产党人，虽然他是为一份正统的报纸进行报道的。他抓住这个机会，对我进行中伤。我虽然做了最大努力，却无法消除这种伤害……这位伦敦的“新政治家”在报道中把他的假设当作事实，而且只是在我和我的律师拜访了那家杂志的编辑以后，才迫使这位“新政治家”发表了一封长信来反驳我。如何看待我的信是您的自由，如果您让那些还相信这篇造谣中伤我的报道的人了解我这封信的内容，我将十分高兴。

是什么使罗素这个先发制人战争的主要倡导者之一这样赖账呢？显然，是因为局势发生了变化。苏联的核武器库扩大了，美国人有了氢弹，而苏联也有了氢弹。因此，做噩梦的不一定是突然袭击的受害者了，遭受突然袭击的敌国也许没有什么大碍，甚至是反操胜券。现在，双方都有了进行第二次打击的能力，一场任何形式的核战争都将是全面的大屠杀。罗素后来对于自己曾经支持过战争这件事（与他的和平主义形象相悖）感到不安，但他仍然积极投身于反战和裁军运动。1958 年他成为核裁军运动组织的首任主席，两年以后他辞去了这个职务，主要是因为这个组织的斗争性不足，不符合他的个性。1961 年，他因为组织静坐示威要求核裁军而被投入监狱。

在 1959 年的一次BBC（英国广播公司）广播节目中，罗素终于承认了他先前支持先发制人战争的立场。记者约翰 · 弗里曼问道："前几年你倡议发动一场先发制人的战争以反对共产主义、反对苏联，这到底是真的还是假的？"罗素回答：

> 这完全属实，而且我对此并不后悔。但它同我现在想的并不一致，我现在想的是，在双方都有核武器的情况下，核战争是最大的灾难、绝对的灾难。战后有一段时间，当时美国垄断着核武器，而且根据巴鲁克[①]的建议，美国甘愿把核武器置于国际共管之下，我想这是一个非常宽宏大量的建议，极有希望被全世界所接受。并非是我鼓吹先发制人的战争，我只是想给苏联施加极大的压力迫使它接受巴鲁克建议；同时我也确实认为，如果他们继续拒绝这个建议，那么到时可能确实需要付诸战争。到那时，核武器只存在于一方，因此处于下风的苏联应该让步。我当时认为他们会让步的，而且我现在仍然认为这可能会阻止出现两个同样强大的大国都拥有这种毁灭性武器的局面，这种局面正是现在危险的根源。

---

① 巴鲁克：美国金融家和政治家，"二战"后负责核控制工作，也是"冷战"这一名词的发明者。——译者注

如果迫不得已，罗素真的会去轰炸苏联吗？弗里曼问道。“我真的愿意，”罗素答道，又加上了一句：“但是你不能虚张声势，除非你准备好摊牌。”

弗里曼又问为什么，于是罗素又翻来覆去地否认自己赞成先发制人的战争。罗素说：“事实上，我已经完全不记得我什么时候曾经想过采用威胁的政策，包括希望一场可能发生的战争。”进行到这里，弗里曼就不再往下问了。然而，事情已经很清楚，罗素怎么会忘记就在他第一次否认之前几个月所写下的那么多的演讲稿、信件和文章呢？

“胆小鬼”

本书之所以涉及罗素，是为了介绍博弈论的另一个难题：“胆小鬼”博弈（Chicken）。类似于囚徒的困境，胆小鬼是许多人类冲突中的一个重要模型。

这个博弈最初引起大众注意是因为1955年的一部电影《无因的反抗》。在电影中，被宠坏了的洛杉矶少年驾驶着偷来的汽车到悬崖边玩一种游戏，他们称之为“胆小鬼游戏”（chickie run）。游戏中，两个孩子同时开车在悬崖边疾驰，在车子跌下山崖前的最后一刻跳出车子。哪个孩子先跳出车就算输，将被叫作“胆小鬼”。

电影中有一个情节是一个孩子的衣袖被车门把手挂住了，同车子一起直跌进大海。这部电影连同这个游戏引起了公众的极大注意，部分原因是电影明星詹姆斯·迪恩在影片公映前不久因驾驶一辆将旧汽车拆卸而成的跑车，结果出了车祸导致身亡。迪恩开着这辆汽车估计以每小时100英里的速度行驶在一条开放的公路上，结果不仅毁了他自己，还撞伤了两个路人。

很显然，胆小鬼这个游戏是永远也不会流行起来的，只有好莱坞例外。在以后的年代里，它几乎成为低成本的“少年犯罪”影片中不可缺少的镜头。影评家吉姆·莫顿写道（1986）：“在后来的影片中，胆小鬼游戏的变形之多令人惊愕。通常它被用来解决掉‘坏’小子——少年因驱车在悬崖上疾驰，迎头撞上火车、猛地撞在墙上或彼此相撞而丧命。对于好莱坞的电影编剧来说，他们要挖空心思想出一些毁灭这个国家的年轻人的新花样，这是对他们的创作才能的巨大压力。”

伯特兰·罗素在胆小鬼游戏中看出了对于核僵持局面的一种隐喻。他在《常识和核战争》（*Common Sense and Nuclear Warfare*，1959）一书中详细地描写了这个游戏，还对玩这个游戏的地缘政治学版本的那些人进行了尖锐的批评。顺便提一句，罗素所描述的游戏现在被当成了“正宗”的胆小鬼，至少在博弈论中是这样，电影中跳崖那个版本反而靠边站了。罗素是这样写的：

> 自从核僵持的局面变得日益明朗以来，东方和西方的政府都采取一种被杜勒斯先生称之为“边缘政策”的策略。据说这种策略来自于一种体育运动，是一些颓废青年经常玩的，这项运动叫作“胆小鬼”。其玩法如下：挑选一条长长的、笔直的大路，中间画一条白线。两辆汽车分别从两头出发，以飞快的速度面对面疾驶而来，每辆车内侧的车轮不能离开白线。当两车接近，互相碰撞以致车毁人亡的悲剧眼看就要发生时，如果其中一人猛打方向盘让自己的车离开白线，那么另一个人在疾驶而过时就会冲他大叫“胆小鬼”，而猛打方向盘的人则成为被耻笑的对象……
>
> 这个游戏是没有责任感的孩子们玩的，是颓废而且不道德的，它只是让游戏者拿生命去冒险罢了。但是，当一些声名显赫的政治家玩起这种游戏来时，拿来冒险的就不只是他们自己的生命，还有千千万万人的生命了。有人认为，在两边的政治家中只有一边的政治家表现出了高度的智慧和勇气，另一边的政治家则是应受指责的。

当然这是荒谬的。双方都应为玩这种不可思议的危险游戏而受到谴责。玩几次这种游戏也许不致造成灾难，但是人们迟早会发现，丢脸事小，核毁灭才是可怕的。当双方都听不到对方嘲弄的叫声“胆小鬼”时，核毁灭的时刻就来临了。当这个时刻来临时，双方的政治家就将把世界拖向毁灭。

当然，罗素在这里开了个玩笑，暗示杜勒斯的“边缘主义”是有意识地取自胆小鬼这个游戏。海曼·卡恩的《论热核战争》（*On Thermonuclear War*，1960）一书把“胆小鬼”这一比喻的起源归功于罗素。

胆小鬼这个游戏很容易被翻译成一个抽象的博弈。严格说来，博弈论中的胆小鬼难题发生在公路胆小鬼游戏中那个最后可能发生的时刻，每个驾车人必须考虑到他的反应时间以及他的车的转向半径（假定对两部车和两个驾驶员是一样的）。这样就会有一个时刻，在这个时刻，每个驾车人都必须决定是否猛打方向盘——这个决定是不能挽回的，他也必须在不了解对方决定的情况下独立做出，因为没有时间让一个驾车人在最后一秒钟的决定去影响另一个驾车人的决定。由于它的同时性，生与死简单明了，胆小鬼这个游戏成了冯·诺依曼的博弈概念中最纯粹的例子之一。

在公路胆小鬼游戏中，游戏者对结果评定等级的方法是很明显的。两个游戏者都不猛打方向盘时发生的当然是最坏的结果——嘭！！验尸官从汽车仪表板后面把两个人拖出来。

最好的结果当然是你显示出男子汉气概，勇往直前，而对方却猛打方向盘——你洋洋得意地活了下来，对方却成了“胆小鬼”。这是这场游戏中真正的“得分”。

当胆小鬼是最坏的结果，但总比送死好一些。

在这个游戏中存在合作的结果。如果双方都打了方向盘，这也不算糟糕，因为两个人都活了下来，谁也不能叫谁“胆小鬼”。回报表如下所示。其中的数字表示任意的“点数”，0代表最坏结果，1代表略好一些，以此类推。

表 10–1

	打方向盘	朝前猛开
打方向盘	2，2	**1，3**
朝前猛开	**3，1**	0，0

那么，胆小鬼同囚徒的困境有什么不同？在胆小鬼游戏中，相互背叛（两人都朝前猛开造成车毁人亡）是最可怕的结果；而在囚徒的困境中，一方背叛而另一方合作（成为傻瓜）则是最坏的结果。

在囚徒的困境中，游戏者最好是搞背叛，不管对方怎么做。人总是倾向于把对方的决定看作是给定的（另一个囚徒可能已经把秘密和盘托出，而警察则隐瞒着这个消息）。这样，问题就变成——为什么不采取能保证有较高回报的方案呢？

而在胆小鬼游戏中，就不太可能遵循这样的思路。这个游戏中的参与者能否正确猜出对方将如何行动是至关重要的，更奇妙的是，这个游戏中的双方都愿意采取同对方相反的行动方针。如果你知道你的对手将驱车朝前猛开，你就会猛打方向盘——当胆小鬼总比死好；而如果你知道他会打方向盘，那么你放心朝前猛开就是了。但是，当双方都有同样的想法时，你又会怎么做决定呢？

胆小鬼游戏中有两个纳什平衡（在上面的表格中用粗体表示，即左下和右上方格）。这是纳什理论同所希望的情况不符的另一个例子。你只需要保住两条人命，但不需要两个解。平衡点出现在一人打方向盘而另一人不打方向盘的情况下（即左下格和右上格）。

我们来看右上格的情况。假设你是游戏者，也就是打方向盘的那个人，那么你是胆小鬼（得 1 分）。你会后悔吗？好，再看这张表，你希望对方打方向盘当胆小鬼，而你驱车一往无前（得3分）。但是，放马后炮的第一条规则是你只能后悔你自己的策略，但不能后悔你对手的策略。你不能在对方驱车直驶的情况下也驱车直驶，否则就会撞车（两人都得0分）。因此，在对方的选择已给定的情况下，你这个选择是最好的。

但是，我们看到，当你驱车往前疾驶而对手打了方向盘时的结果也是一个平衡点。真的玩起这个游戏来会发生什么情况呢？很难说。根据纳什理论，这两个平衡点中的任何一个都是同样“合理”的结果。然而，因为两个游戏者所希望的是不同的平衡点，因此很不幸，其结果可能根本就不是一个平衡点。每个游戏者都可能选择驱车朝前猛开——基于纳什理论，它是一个理性的平衡解，然后合理地撞车！

再考虑下面这些变形：

（a）当你加速趋向可能的“粉身碎骨”时，你获知正在越来越接近你的那个驾车人竟是你的失散已久的双胞胎兄弟。你们两个人都不怀疑另一个人的存在，但是你很快就获知你们两个穿着同样的服装——都是童子军军装迷，还都带着一只纯种的罗德维勒狗。嗨，正在疾驶着朝你开来的车子——这又是一辆1957烟火红式的敞篷跑车。显然，那个双胞胎兄弟想的和你完全一样。这会使事情发生什么变化吗？

（b）这个变形假设你在这个游戏中是具有完全逻辑思维能力的人（不管什么样的思维才叫“合乎逻辑”），另一个驾车人也是这样。在胆小鬼难题中，只有一件“合乎逻辑”的事可做。在怎么做这个问题上，你们两人中没有一个会犯错误。

（c）这个变形假设只有一个驾车人，有一面大镜子横放在公路上。如果你不猛打方向盘，你将撞上镜子并丧命。

在以上这些情况中，参与者打方向盘都是有利的。如果另一驾车人几乎肯定会采取同你一样的行动，这是较好的策略。当然，在一般情况下并不保证如此。

奇怪的是，在胆小鬼游戏中，非理性的游戏者反而会占上风。请看以下这些变形：

(d) 对方蓄意自杀身亡。

(e) 对方是一个受遥控的傀儡，他的选择完全是随机做出的，有 50% 的概率他打方向盘，有 50% 的概率他只顾朝前开。

驾车自杀者显然会朝前疾驶（这是可能导致毁灭的策略），所以你必须理性地选择打方向盘。而完全随机的驾车人说明了在胆小鬼游戏和囚徒的困境之间存在的另一个不同：面对无法做出正确判断其意向的对手，你只能选择安全的策略，即打方向盘；也就是说，在胆小鬼游戏的两个策略中，打方向盘（合作）有极大的极小值；而在囚徒的困境中，背叛则是比较安全的。

志愿者的困境

就像囚徒的困境有多人参与的版本一样，胆小鬼难题也有多人参与的版本，其中一个叫作“志愿者的困境”。某个夜晚，当你在家里时电灯突然灭了，你出去一看，邻居家也都没有了灯光。电力公司将派人来检查并修理电路——假如有人打电话告诉他们这里出了故障的话。你会打电话吗？不，让别人去打吧。

在志愿者的困境中，必须有一个人去做一件有利于每一个人但却很琐碎的事。谁去做都一样，但是如果没有人去做，那么每一个人都将处于麻烦之中。

在两个人的胆小鬼游戏中，总有一个人希望当“志愿者”，也就是为了双方共同的利益而打方向盘；如果没有人当志愿者，两个人都会倒霉。当两个人都是志愿者时，他们都会敲自己的脑袋后悔没有驱车直行。这个游戏的n人版本如下所示：

表 10–2

	至少有一个志愿者	谁都不想当志愿者
你是志愿者	1	—
你不想当志愿者	2	0

左上角方格中的“1”到左下角放大为“2”，因为你既免去了给电力公司打电话这个小小的麻烦，电力公司也自有别人去通知他们。

让我们调整一下回报值。如果电话线也出了毛病，而你必须在大雪纷飞中步行3英里去通知电力公司，那么在志愿者和非志愿者之间的差距将拉得更大。你也许更愿意让别人去通知电力公司，同时你也更担心没人愿意那么做。

再举一个例子。你就读于管理非常严格的寄宿学校。为了公然反抗校长，所有学生团结一致，把钟楼上那个古老的钟偷走了。第二天，校长发现后非常生气。他把所有学生召集在礼堂里并许诺：如果有人在当天下课前告诉他钟在哪里，这个人或这伙人（他们显然有过失）这学期的成绩将被记为不及格；如果没有人告诉他钟在哪里，那么所有人整个学年的成绩都将被记为不及格。学生们心里都很清楚他们每个人都犯有同样的过失，他们也都知道钟在哪里。但是，即使当替罪羊也比没有人承认强，那么，你会志愿去当替罪羊吗?

让我们再深入讨论一下。志愿者困境的最坏情况发生在当志愿者的回报几乎同没有志愿者时获得的“灾难”回报一样的时候，在这种情况下，必须有一个人挺身而出牺牲自己，为其他人提供“救生艇”，否则所有人都会倒霉。但是，这里有一个非常重要的区别，那就是涉及其中的人既不能通过抽签，也不能通过协商决定由谁做出牺牲。

这个情况同第1章中提到的一个二难推论有些相似。你和你的99个朋友被关在一个问题箱中，每个人都被互相隔离在一个隔音的小卧室中，每个小卧室中都有一个按钮。如果你按一下按钮，你将被处死。但在墙上的末日宣判大钟敲响12下之前，如果没有一个人按按钮，那么所有人都得死。

最坏的结果是没有人去按按钮。对你来说，接近于最坏的结果是你去按按钮，慷慨赴死成为英雄。不幸的是，你的死是否值得是没有保证的（也许另一个人也按了按钮），甚至你的死都不一定有任何好处（有那么一丁点儿可能，所有的人都按了按钮，都会去死）。因此，你最希望的结果是另外某个人而不是你去按按钮，让你幸免一死。

志愿者的困境到处都有。在美国都市中广泛流传的一个典型例子是1964年的基蒂·吉诺夫斯谋杀案，这个纽约妇女在她所住的基夫花园公寓的院子里被人刺死，当时有38个邻居目睹了这件凶杀案，他们都听到了她的呼救声，但没有一个人向她伸出援手。博弈理论家阿那托尔·拉波普特指出（1988）："在第二次世界大战期间出版的美国步兵手册告诉士兵，当一个冒着烟的手榴弹被投进他和其他人坐着的战壕中时应该怎么做：你应扑到手榴弹上去，以挽救其他人（如果没有一个人"自愿去做"，那么所有人都将被杀死，而这只有几秒钟以决定谁将是英雄）。"另一个军事方面的例子出现在约瑟夫·海勒[①]的战争小说《第22条军规》中，当约塞连在执行一项自杀性飞行任务中畏缩不前时，他的上级责问他："如果每个人都像你这样怎么办？"约塞连回答道："那我更不会尝试其他方法了，否则我不成了最大的傻瓜吗？"

拉波普特还指出，火地岛土著人所说的弗坚语中有一个词"mamihlapinatapai"，意思就是"两个人你看我，我看你，都希望对方去

① 约瑟夫·海勒（1923—1999）："二战"中的美国空军飞行员，他在欧洲执行过60次战斗飞行任务。他的战争小说《第22条军规》是战后抗议文学和黑色幽默的代表作之一，在文坛有很大影响。——译者注

做自己想做但都不愿意去做的事”。

志愿者困境实验

志愿者的困境可以当作集体游戏来玩。例如，在围坐的一圈人中传递一张纸条，让每个人在纸上或者写“1 美元”，或者写“10 美分”。如果至少有一人写“10 美分”，则每个人都得到 10 美分；如果所有人都写“1 美元”，则所有人连 1 分钱都得不到。

《科学 84》杂志 10 月号上宣布它将进行一次志愿者困境的实验：邀请读者寄一张明信片来，上面写明他想要 20 美元还是 100 美元。编辑部的初衷是：如果不多于 20% 的明信片上要的是 100 美元，那么每个读者都将获得他所要数额的奖金。

在这个实验中，每个人都可以至少要 20 美元。如果大家合作，都要 20 美元，那么每个人都会赢得 20 美元。但总有些人贪婪地想要 100 美元，如果贪心人不那么多，就让他们去赢 100 美元得了，对别的人也没有什么伤害。陷阱在于，如果贪心的人太多，那么所有人就什么也得不到了。

在这个实验以及在其他志愿者困境中，麻烦在于，许多贪心的参与者并不感到内疚。在有成千上万参与者的情况下，他们并不觉得正是自己的贪心使得 20% 这个门槛值被突破了。在贪心人总数不到 20% 的情况下，一个人贪心不会伤害到任何人；如果贪心的人超出 20%，那也不是某一个人的责任。但是，如果所有人都这样想呢……

该杂志的出版方、美国科学促进协会一开始曾试图为这次试验可能付出的巨额奖金争取过伦敦劳埃德协会[①]的保险，但没有成功，于是它撤销了提供奖金的承诺。其编辑部的威廉 · F · 阿尔曼表示愿意把自己今后的

① 劳埃德协会是主要从事水险业的一个行业协会，成立于 18 世纪初，现已扩展到其他保险业务，但仍以水险及发布有关舰船的消息为主。——译者注

工资拿出来“垫底”，但未被接受。出版者规定在这次实验中将不提供奖金，读者只是被要求按规定去做，似乎真有所说的奖金似的。

杂志社最后共收到 33 511 封回函，其中 21 753 人要求 20 美元，11 758 人要求 100 美元，比例为 35%，这意味着出版者本来就不必支付任何奖金。我们很难说这个比例是否有典型性。杂志社宣布比赛结果的同时发表了一篇文章，认为这说明人们是倾向于合作的，当然出版者惧怕风险表示不支付现金可能也是一个因素。科普作家艾萨克 · 阿西莫夫在文章中写道：“要求 20 美元的读者被认为是一个高尚的人，要求 100 美元的被认为不是高尚的人，在这种情况下，每个人当然都想给自己贴一个‘高尚的人’的标签，因为这不需要付出任何代价。”

许多参加比赛的人没有注意到比赛的规则，因此在要求 100 美元的人中，除了一些有“预谋”的贪心人以外，也有些“天真”的人。有一个贪心人甚至引用了布兰琪 · 杜波依斯的话：“我总是寄希望于陌生人的好心。”

如果杂志社按每个人的要求兑现奖金，总金额将高达 1 610 860 美元；如果每人都只要求 20 美元，则要支付 670 220 美元。假设正好有低于 20% 的人要求 100 美元，则 33 511 人都能赢得奖金，总额将为 1 206 380 美元。

古巴导弹危机

对于兰德公司的策略家来说，肯尼迪政府是易于被人们接受的。海曼 · 卡恩和丹尼尔 · 埃尔斯伯格[①]（他因后来在披露五角大楼文件中所起的作用而引起公众注意）首先提出了美苏冲突是“胆小鬼难题”这一概念。

---

① 丹尼尔 · 埃尔斯伯格，麻省理工学院国际问题研究所的研究人员。他对美国国防部有关印度支那战争的 47 卷文件进行了全面、深入的研究，并在未经授权的情况下，将这些文件连同他的分析报告提供给《纽约时报》，自 1971 年 6 月 13 日起开始发表，在美国引起轩然大波。——译者注

为什么？1960年年初，两国领导人都同意核战争在任何情况下都是可能的最坏结果。但是，对第三次世界大战的恐惧并没有保证他们进行合作以避免战争。就像在公路胆小鬼游戏中那样，不顾一切的一方倾向于占优势。

每当美国和苏联发生利害冲突时，总有一方或者双方威胁使用武力。这并不是他们想要战争，但如果一方让另一方相信这是当真的，那么另一方可能会让步以避免全球性的大屠杀。就像尼基塔·赫鲁晓夫就核战争所说的那样（引自苏联人的民间传说）：“当你的脑袋掉了以后，再为你没有了头发而哭泣可就太迟了。”由此可见，即使被剥削也比战争强。

保证和平的唯一方法是让更加好战的一方为所欲为——这很难被认为是公平合理的。就像兰德的理论家们认识到的那样，这个问题是根本性的，比尼基塔·赫鲁晓夫或约翰·肯尼迪的个性有更为深刻的根源。

1962年10月的古巴导弹危机已经成为政治上胆小鬼难题的典型例子。美苏两国在这个事件中比以往任何时候都更接近于核战争，而这个在博弈论历史上发生的最奇怪的政治事件中，90岁高龄的伯特兰·罗素发现自己正处于由他命名的这类难题的中心。

当菲德尔·卡斯特罗1959年推翻巴蒂斯塔统治后，美国对古巴的关注日益增强。卡斯特罗信奉马克思主义，并开始接受苏联的经济援助。美国深恐古巴成为苏联在西半球的一个据点——它那么靠近美国，离佛罗里达海滩只有90英里！

卡斯特罗夺取政权以后，许多古巴人流亡到佛罗里达，其中一些人发誓要推翻卡斯特罗。肯尼迪政府从经济上支持了几次密谋，其中一次是遭到惨败的1961年猪湾入侵，这使肯尼迪在美国声望大跌。对古巴人来说，还远不止于此：肯尼迪成为古巴政府最凶恶的敌人。

1962年夏天，美国的侦察机发现古巴正在建造核导弹基地——这是由苏联人建设的，美国显然想让他们挪走导弹基地。为了迫使苏联这样做，美国曾经以战争相威胁，但没有人真的想要一场战争。

苏联显然想让导弹基地继续留在那里，但是强硬的立场会有战争的危险，这同样也是他们不想要的。每一方都希望对方让步。这个局面当时就被许多媒体意识到并做了评论。《新闻周刊》报道了赫鲁赫夫对来访的诗人罗伯特 · 弗罗斯特[①]以近乎轻蔑的语气说："美国是过于'心胸宽大'了，以致在最后一决雌雄的时候绝不会去按任何按钮。"在危机过去以后，这家杂志指出："撤退几乎总是在形势已经变得十分明朗、美国准备战斗的那一刻发生的。"

10月20日，肯尼迪采取了强硬路线。在得知更多的苏联船舶正在驶向古巴时，肯尼迪宣布对古巴进行海上封锁。赫鲁晓夫立刻给予同样严厉的反应：若美国船舶敢阻止苏联船舶靠岸，"我们将被迫采取一切必要的行动"。

罗素在这场危机中所起的异乎寻常的作用源于这样一个事实，即他喜欢通过给媒体编辑甚至国家元首写信把他想说的话一吐为快。1957年，罗素曾在《新政治家》杂志上就裁军问题发表致艾森豪威尔和赫鲁晓夫的公开信。赫鲁晓夫立刻给予响应，而艾森豪威尔则在两个月以后才通过约翰 · 福斯特 · 杜勒斯带去了回信。

当古巴上空的紧张氛围越来越浓烈的时候，罗素发表了一个声明表达他的观点：他认为美国是错的。古巴同意让苏联在它的国家建设导弹基地，美国有什么权利说古巴可以建什么，不可以建什么呢？美国在同苏联接壤的一些国家也建有许多基地。罗素警告说，危机可能升级为核战争。他在1962年9月3日把他的声明交给了报社。

但是，这个声明没有被发表。罗素没有就此停止，他于10月18日给当时的联合国秘书长吴丹[②]发了一封电报，问他是否可以在联合国大会上发表一个演讲。联合国礼貌地拒绝了这个要求，说联合国章程不允许

---

① 罗伯特 · 弗罗斯特（1874—1963）：美国著名诗人，曾在肯尼迪总统就职仪式上朗诵其诗篇。——译者注

② 吴丹（1909—1974）：缅甸政治家、外交家，1962~1971年任联合国秘书长。——译者注

他这样做。

当肯尼迪宣布实施封锁后，罗素当即采取行动。他制作并散发了一份传单，上面这样写着：

关于古巴危机的声明

你要死了	不是自然死亡，而且几周内就会死。不止你一个人死，你的家人、朋友，以及所有英国人，连其他地方的成千上万无辜的人民都要死。
为什么？	富裕的美国人不喜欢古巴人所选择的政府，并动用他们的部分财富散播关于它的谎言。
你能做什么？	你可以上街、去市场，并公开宣布：“我们不屈服于凶残和疯狂的谋杀者。不要相信美国总统和你们的首相告诉你的——去死是你的责任。你要记住你对家庭、朋友、国家、你生活的世界以及世界的未来所承担的责任。如果你这样选择，那么世界将是光明的、幸福的、自由的。”
记住	屈从意味着死亡，只有反抗能给生命以希望。

伯特兰·罗素

1962年10月23日

罗素还发出5封电报给相关领导人，包括肯尼迪、赫鲁晓夫和吴丹。给肯尼迪的电报中，他直言不讳地写道：“你的行为是孤注一掷的，并且已经威胁到人类的生存，没有任何令人信服的正当理由，文明的人谴责它。我们不要大规模屠杀。最后通牒意味着战争……请结束这种疯狂行为。”

给赫鲁晓夫的电报则富有同情心："我呼吁你不要被美国在古巴的不正义行为所煽动。世界将支持与众不同的人，美国将受到严厉的谴责。鲁莽的行动可能意味着人类的毁灭。"

这些电报对事件的发展起到了什么作用吗？罗素认为是起了作用的。第二年，他出版了一本书论述他在这场危机中的作用，书名是"手无寸铁者的胜利"（*Unarmed Victory*）。但是大多数评论者不买他的账。《观察家》报讽刺说："这是'王婆卖瓜，自卖自夸'"。《旁观者》杂志把它看作一件"既可怜又可鄙"的事。实际上，在许多历史性的危机中，罗素的意见都受到了轻慢，其中包括罗伯特·肯尼迪。

但是，罗素自己为什么不这么看呢？也许是因为确实有人看了他的电报，而且照着做了。赫鲁晓夫于10月24日通过塔斯社对罗素的电报给予了一个公开答复。苏联领导人给罗素的长信中包括下列保证：

> ……我理解你的忧虑和不安。我愿意向你保证，苏联政府决不会做出任何不顾及后果的决定，决不会被美国毫无道理的行动所煽动……我们将尽自己力所能及的一切努力避免战争爆发……战争与和平是如此的生死攸关，因此我们应该考虑举行一个最高级会议以讨论所有出现的问题，解除引发一场热核战争的危险。只要核导弹武器还没有被调动起来，避免战争就还有可能，然而美国人一旦发动侵略，这样一个会议就变得不再可能并且不再起作用了。

之后，电视、广播和报纸的评论员纷纷涌向罗素在北威尔士的家。舆论描写罗素是一个"90多岁的知识分子，穿着一双毛绒拖鞋"。有人对这样一个上了年纪的人竟会卷入国际关系事务感到惊奇。与此同时，10月26日，肯尼迪以略带怒气但措辞巧妙的方式回复了罗素的电报：

> 我收到了你的电报。我们现在正在联合国讨论这件事。你批评了美国，却对苏联把导弹秘密运进古巴视而不见。我想你最好把注

意力对准窃贼而不是抓住窃贼的人。

这封回信也很快被媒体公布了出来。当时，罗素的电报被当作危机高潮中的一个重要事件而被反复炒作。

我们把媒体的表演放在一边，赫鲁晓夫的信还是令人鼓舞的，它比苏联领导人给肯尼迪的信更让人感到宽慰。赫鲁晓夫在给罗素的信中没有提到古巴或苏联有权在古巴部署导弹，他主要关心的显然是保住面子。苏联唯一提出的要求是克制到再也不能克制的：停止封锁和美国不发射导弹。

在《约翰 · F · 肯尼迪在白宫的 1 000 天》一书中，小阿瑟 · M · 施莱辛格证实美国政府把赫鲁晓夫对罗素的回信看作挽回面子的一个企图。他说，在 10 月 24 日：

> 我接到艾夫莱尔 · 哈里曼的电话，他同往常一样语速急促，他说赫鲁晓夫在绝望中发出了一个希望合作以求得和平解决的信号……哈里曼给出的证据是：赫鲁晓夫在给伯特兰 · 罗素的回信中建议举行一次峰会……当天下午，最接近古巴的苏联船只已经放慢了速度并改变航向。“这不是一个想打仗的人的行为，”哈里曼说道，“这是一个乞求我们帮助以摆脱绝境的人的行为……我们必须给他台阶……如果我们能巧妙地做到这一点，我们就能使说服赫鲁晓夫去做这些事的苏联顽固集团无所作为。但如果我们不给他台阶下，我们就将把事情闹大到核战争上去。”

这些听起来似乎是罗素扮演了一个有用的角色。赫鲁晓夫给罗素的回信也许只是挽回面子的手法，但在胆小鬼难题中挽回面子正是所需要的东西：当一方能够找到一个好的借口做出让步时，难题就不是难题了。全世界之所以觉得离战争如此之近的一个原因，就在于肯尼迪在耻辱的猪湾事件之后，似乎不可能那么快地做出让步了。

而对于赫鲁晓夫来说，在给东方和西方都备受尊敬的智者罗素的回电中采取温和路线则比他的对手肯尼迪容易得多了，问题在于罗素是否真的扮演了一个重要角色。赫鲁晓夫也许可以给另外什么人的来信发一封公开的回信，或者通过其他途径派人试探。

不管怎么说，那些认为罗素是瞎掺和的人最好让专家们去发现有关证据。而且，罗素在无意中犯了一个大错。

10 月 26 日，罗素又给赫鲁晓夫发了一封电报，感谢他的答复。这次，罗素提出了一个可能的解决方案。他要求赫鲁晓夫做出“单方面的姿态”——撤除古巴的导弹基地，然后再要求美方做出类似的响应。“例如，放弃华沙条约，可以作为要求美国在土耳其和伊朗，在联邦德国和在英国做出类似姿态的基础。”罗素的建议指的是美国也许会撤销在上述国家早就建立的导弹基地。罗素对自己并不熟悉的领域所提出的这个解决方案显然是要求美国付出的远远多于苏联。

罗素本来就没有资格代表美国进行谈判。如果他是美国的谈判代表，那么他就会知道在他发出第二个电报的时候，已经有一个临时解决方案正在讨论之中了。苏联大使已经表示将撤走在古巴的导弹，并进一步承诺将来永远不在古巴部署这种武器，唯一的条件是美国在联合国监督下撤销其在佛罗里达的导弹。

这对于美国来说当然是一笔好买卖，部署于佛罗里达的导弹主要用于攻击古巴，如果在古巴没有苏联导弹，它就完全是多余的。而罗素所提到的在欧洲和中东的那些导弹，则可以打中苏联、欧洲和亚洲大部分的目标。

然而，10 月 27 日，赫鲁晓夫改变了调子。他在塔斯社的报道中承诺撤销设在古巴的基地，条件是美国撤销它在土耳其的导弹基地。

有人说，这是苏联在危机中第一次提到土耳其，也是同危机有关的人中（罗素除外）第一个提到土耳其的。这是不正确的。10 月 23 日，苏联的国防部长罗迪昂 · Y · 马林诺夫斯基在罗马尼亚对西方外交官说：“美国人在土耳其的所作所为，如同在我们的胸口插了一把匕首。我们为什么不能在古巴回以颜色，在美国的胸口插上一把匕首？”可见在罗素提到土耳其之前，至少有一个苏联领导人拿土耳其和古巴作类比。26日，苏联军方的报纸《红星报》也建议以古巴同土耳其交换。当然，我们不清楚这个建议是不是由罗素当天发出的电报所引起的。

肯尼迪很快拒绝了有关土耳其的提议。交易中断了。

第二天，罗素给赫鲁晓夫又发去一个信息。他提出了另一个解决方案——简括地说，他不屈不挠的努力这次真的成功了。

> 美国拒绝你以苏联在古巴的设施同北约在土耳其的设施做政治上的交易，这完全是没有理由的，是极其愚蠢的偏执狂的标志……因此，在我看来，你应该在由联合国组织进行监督的保证条件下拆除苏联在古巴的设施。作为回报，你只需要求在联合国组织给予必要保证的条件下，美国解除对古巴的封锁……我还没有公开这个建议，除非你同意这个建议，否则我不会让它公开。这个建议要求你做出牺牲，也许你觉得有些过分和无法容忍。

28日晚些时候，在罗素发出这个电报几个小时以后，赫鲁晓夫同意拆除所有的古巴导弹基地，并从古巴撤回所有谍报人员。他基本上没有对美国提出什么要求作为回报，危机就这样结束了。

罗素在《手无寸铁者的胜利》中暗示他的电报导致了苏联的让步。传记作家罗纳德·克拉克以怀疑的口气说到罗素的作用：“给人留下的极为深刻的印象是，危机的结束是紧随着罗素的电报到来的，就像‘果’紧跟着‘因’出现一样。”

另一方面，赫鲁晓夫和吴丹则在他们的信件或回忆录中承认了罗素的作用。吴丹在他去世后（1978年）出版的回忆录中写道：“当时我就认为，现在仍然认为，赫鲁晓夫对我10月24日的第一次呼吁做出正面的回应，是由于（至少部分是）罗素对他反复地做了调停，还由于罗素对‘他的勇敢和明智的立场’表示了祝贺。”

罗素的学生奥尔·塞克尔认为，赫鲁晓夫发现罗素特别有用，因为罗素敢于直率地表达其反美情绪。吴丹拒绝了赫鲁晓夫的要求，不对美国在古巴危机中的作用进行谴责。赫鲁晓夫很清楚，罗素对肯尼迪的行动的批评非常尖刻和全面，如果他通过响应罗素的电报把公众的注意力集中到罗素身上来，那么罗素的观点就将广为人知。罗素过去对苏联的批评使他建立起了信誉，而且他还建议过把原子弹扔到莫斯科去——没有人会认为他是受莫斯科操纵的。

如同在外交关系中应用博弈论的所有情况一样，如何用胆小鬼博弈来说明古巴危机取决于许多对可能发生的情况的假设。通常在分析中人们会轻率地认为互不让步将导致核战争，实际上情况远不像白天过后一定是夜晚那样简单。如果说互不让步将导致爆发核战争，或者说即使有一丝一毫发生这种恐怖景象的可能性，都必须严肃对待，便恰当得多了。当然，双方对概率的估计会很不一样，而且，对于双方是否都情愿失去面子而选择战争这一点，公众也不是很清楚。

1962 年，罗伯特·肯尼迪说：“最后我们一致同意，如果苏联人在古巴准备进入核战争，就意味着他们准备全面地进入核战争，事情就是这么简单明了。所以，我们最好马上摊牌而不是在 6 个月以后才摊牌。”

就像大多数外交关系一样，动机经常是用好几层花言巧语包裹起来的。1987 年，西奥多·索伦森就古巴危机写道：“肯尼迪总统当时就他认为苏联在古巴实际拥有多少导弹以及可以允许他们拥有多少导弹划定了明确的界线；也就是说，如果我们知道苏联在古巴放了 40 枚导弹，那么在这一假设下，我们可以把界线设为 100，并且大肆宣传我们绝不能容忍在古巴有比这更多的导弹……当时这条线之所以画在 0 上的一个原因，是因为我们清楚地知道苏联还没有在那里部署任何导弹，我们也不想让它在那里部署任何导弹。”

古巴导弹危机并不是罗素最后一次成为世界注目的中心。虽然他同肯尼迪关系冷淡，但他却是沃伦报告（*Warren Report*）[①]出台后“谁杀死了肯尼迪委员会”（*the Who Killed Kennedy Committee*）的主席。20 世纪 60 年代末，罗素领导了反越战争的抗议活动。1970 年，他在家中去世。

疯子理论

在胆小鬼难题中，最令人费解的事莫过于非理性的游戏者反而“占了便宜”，或者似乎在“占便宜”。在《论逐步升级》（*On Escalation*）中，海曼·卡恩宣称：“在胆小鬼游戏中，有些年轻人采用一些非常有趣的策略。技术高超的玩家会在酩酊大醉的情况下钻进车里，把威士忌酒瓶扔出窗外，让所有的人都清楚他有多醉。他戴着一副完全被涂黑的眼镜，因此很显然，他两眼一抹黑。当车开到高速以后，他把方向盘取下来扔出窗外。如果他的对手注视着这一切，他就赢了。如果他的对手没有看到这一切，那他就成问题了……”

卡恩说：“通过上面的叙述我们可以明白，为什么许多人在国际关系中的所作所为就像年轻人玩‘胆小鬼’游戏一样。他们相信，如果我们的决策者像醉汉、盲人那样，又没有方向盘，那么他们在同苏联就关键问题进行谈判中就会‘赢’。但我不认为这是有用的和负责任的政策。”

卡恩宣称，东西方在国家体制方面的差异使苏联在冷战这一胆小鬼难题中处于有利地位。卡恩说，赫鲁晓夫有时候在公开场合发脾气，变得（或倾向于）没有理性，而美国总统是不可能这样做的。

但即使这样，尼克松总统显然在越南战争中使用过这种策略。在《权力的尽头》（*The Ends of Power*， 1978）一书中，尼克松总统的助手霍尔德

① 指由美国最高法院大法官沃伦为首的对肯尼迪遇刺案进行调查的委员会所提交的调查报告。——译者注

曼写道：

> 威胁是关键问题，而且尼克松还为他的理论发明了一个名词，我相信不管哪儿的尼克松憎恨者听到这个名词都会高兴得笑起来。在起草了一整天演讲稿之后，我们沿着夜色朦胧的海滩散步。突然他说："鲍勃，有了，我把它叫作疯子理论。我想让越南人相信我已经到了可以做任何事以结束战争的地步。我们只要故意把下面这样的话泄露给他们：'上帝保佑，你们要知道尼克松被共产主义纠缠得快烦死了，而当他生气时我们什么也拦不住他，可是他已经把手放在核按钮上了。'这样，胡志明两天后就会出现在巴黎以祈求和平。"

疯子理论的问题在于双方都可以玩这个把戏，这使本来就很复杂的事更加像一团乱麻了。卡恩的结论是：

胆小鬼游戏如果这样玩：参与者不知道两辆车相隔多远出发，不知道以多大速度开向彼此、公路有几个车道，以致双方都不知道他们是否在同一条路上。在这种情况下，这个游戏可以更好地同逐步升级类比。当两个驾车人互相接近时，双方都可以既发出威胁或承诺，同时也会接收到威胁或承诺，而泪流满面的母亲和面色严峻的父亲则分别站在马路两侧为他们的儿子加油鼓励，让他们小心谨慎并且有男子汉大丈夫的气概。

PRISONER'S DILEMMA

11 其他社会难题

到这里为止，我们已经遇到了两个二难推论，它们在人类的事务中十分重要。那么，还有别的二难推论吗？

1966年，梅尔文·J·盖伊尔和阿那托尔·拉泼普特都在密歇根大学工作，他们对所有简单的博弈进行了分类。最简单的博弈有两个参与者，在两个可能选择中选取其一。我们完全有理由认为这些“2×2”的博弈应该是特别重要和最普通的。“囚徒的困境”和“胆小鬼”当然也是2×2博弈。当回报只是简单地分成几个等级而不是赋予数值时，不同的2×2博弈共有78个。

如果对于每一个参与者在可比较的环境条件下其回报是相同的，那么这样的博弈可称为对称博弈。如果参与者A是孤独的合作者，那么他的回报同参与者B是孤独的合作者时的回报一样，以此类推。对称博弈是最容易理解的，在社会的相互作用中也许也是最重要的。全世界的凡人都是大同小异的，世上没有什么冲突比想要同样东西的凡人之间的冲突更普通、更充满辛酸了。因此让我们考察一下这种对称博弈。

在对称的2×2博弈中，需要关注的只有4种回报。我们用“CC”表示双方合作时每人的回报，“DD”表示双方互相背叛时的回报。当一方合作，另一方背叛时，孤独的合作者的回报用“CD”表示，孤独的背叛者的回报用“DC”表示。

2×2对称博弈的所有变种取决于4个回报CC、DD、CD和DC的相对值。让我们以参与者对它们的偏好程度给它们分等级（两个参与者在如何分级上必须一致，因为这是对称博弈），再进一步假定这里不存在“和局”，也就是说在任意两个回报之间总有不同程度的偏好。

这样，对 4 个回报的任意给定的偏好程度就确定了一个博弈。例如，当有以下关系时：

DC>CC> DD>CD

以上关系意味着偏好DC结果甚于CC结果，偏好CC结果又甚于偏好DD结果，对DD结果的偏好又甚于CD结果，这样一个博弈就是囚徒的困境（一般对囚徒的困境还有一个进一步的要求，就是DC和CD这两个回报的平均值小于CC回报，但这个要求只适用于参与者对回报已经指定了数值的情况。我们这里只对回报分等级）。

对 4 个回报有 24 种可能的分级，因此共有 24 种对称的 2×2 博弈。这 24 种博弈并非全部是二难推论。在大多数情况下，什么是正确的策略是很明显的。

在囚徒的困境和胆小鬼难题中，令人迷惑的是，个别人的理性反而破坏了共同的利益——任一方都希望对方合作，但他自己却倾向于背叛。

让我们用一般的术语来看一下这意味着什么：回报CC必然比CD更受偏好，这意味着你的对手用合作来回报你的合作对你是更好的。类似地，DC一定比DD好，也就是说，虽然你自己在搞背叛，但你仍然希望对方合作。

在对 4 个回报的 24 种可能的分级中，正好有一半是CC的回报高于CD的回报的；类似地，也正好有一半是DC优于DD的；而同时满足这两个要求的正好有 6 种可能的分级，它们是：

CC> CD> DC> DD

CC> DC> CD> DD

CC> DC> DD> CD

DC> CC> CD> DD

DC> CC> DD> CD

DC> DD> CC> CD

这 6 种情况中，并不全是引起麻烦的。如果背叛总是坏的，那么每个人都想避免它。真要成为二难推论的话，必须要有引诱你背叛的因素，否则为什么要背叛呢？

在囚徒的困境中，有强烈的引诱你背叛的因素：不管对方怎么做，你最好选择背叛。这种引诱不一定那么明显，但你一眼就能看出这会造成困境。你可能只是有一种预感——对方准备怎么做，而你知道如果这种预感正确，那么你搞背叛就对你有利。这就可能造成你背叛，即使你知道如果你的预感是错的话，其实没有必要搞背叛。

这样，我们就要求以下两个条件中必须有一个得到满足：要么是当对方合作时，有刺激背叛的因素（DC>CC）；要么是对方背叛时，有因素刺激你背叛（DD>CD）。当然，两个条件都满足也行。

这些规则是从上述两个博弈中推导出来的。当回报的等级排列为 CC>CD>DC>DD 或 CC>DC>CD>DD 时，则完全没有刺激背叛的因素。相互合作是最好的可能结果，甚至不管对方怎么做，通过合作也能保证获得较好的结果。

从上面这张表中划去这两个博弈以后，还留下 4 种博弈，它们都非常重要，值得给它们各起一个名字：

DC> DD> CC> CD　僵局
DC> CC> DD> CD　囚徒的困境
DC> CC> CD> DD　胆小鬼
CC> DC> DD> CD　围捕牡鹿

所有这 4 种博弈在现实生活的相互交往中都是很常见的，因此它们被称为“社会难题”。这 4 个社会难题还是密切相关的，把囚徒的困境中的各两个回报的偏好程度交换一下，就可以导出其他三个博弈。你可以把囚徒的困境当作重心，其他三个博弈围绕着它做轨道运行。胆小鬼是囚徒的困境，但惩罚性和傻瓜的回报则相反。围捕牡鹿也是囚徒的困境，但奖励性和诱惑性的回报互相交换。僵局是囚徒的困境，但奖励和惩罚的回报互相交换。下面让我们考察一下后面这两种新的博弈。

僵局

这 4 种博弈中，僵局是最麻烦的。这个博弈如下所示（其中最坏结果定义为 0 ）：

表 11–1

	合作	背叛
合作	1，1	0，3
背叛	3，0	2，2

在僵局中，参与者很快猜到他应该选择背叛。如同在囚徒的困境中一样，不管对方怎么做，一方背叛总有较好的结果。区别在于，双方实际上更偏好于相互背叛而不是相互合作。

参与者选择背叛源于希望得到 3 点。但即使双方都背叛，也不致造成悲剧——各自得到其次最佳的结果，也就是 2 点。这比他们选择合作要强。因此，僵局完全不是什么难题，参与者完全没有理由犹豫不决——你必须背叛。相互背叛是一个纳什平衡。

僵局发生在双方无法合作的情况下，因为任何一方都不想真诚合作——他们只希望把对方当傻瓜搞合作。大多数情况下双方都不能达成军备控制协议，但偶尔也有成功的，这不是囚徒的困境的结果。它也许就是双方都不想真正裁军所造成的，很可能 1955 年美苏之间“带来希望的时刻”正是僵局的一个实例。

围捕牡鹿

“围捕牡鹿”更接近于二难推论。同“胆小鬼”类似，它让人回忆起你在青春期的荒唐事。学校放假前夕，你和朋友决定开一个大大的玩笑来结束这个学期：剪一个滑稽的发型去上学。在同伙的鼓励下，你们二人都发誓要剪这个发型。

当晚你犹豫了。由于预计你的父母和老师对这种发型会做出强烈反应，你开始怀疑你的朋友是否真的会实现这个计划。

不是你不想让计划成功实现：你和朋友都剪成那种发型当然是最好的结果。

麻烦在于，如果你一个人顶着这种发型去出丑就太可怕了。这将是最坏的结果。

但如果你不剪，而你的朋友剪了，他看上去像一个真正的怪物，并因此处于窘迫之中，你也高兴不起来。这几乎和你们二人都剪了这种发型一样。

经过反复思考，你得出结论：如果没有一个人剪这种发型，事情就不至于那么糟。也许大家都把这件事忘了（这正是你妈妈的说法）。

在所有可能的结果中，你的首选是相互合作（二人都剪这种发型），其次是单方面背信弃义（你不剪，而你的朋友剪了），第三是相互背信弃义（二人都因害怕而后退了），第四是单方面合作（你剪了怪发型，而你朋友没有剪)。假定你的朋友也有相同的偏好顺序，而且理发店 9 点钟关门，你会怎么做呢？

这场游戏中的一件怪事是：它本来完全不应该成为一个难题。你肯定应该合作——也就是把头发剪了。如果你们二人都这么做，双方都将获得最好的可能回报。那么，是什么坏了这件好事呢？那就是你的朋友可能不那么理性。如果你的朋友临阵胆怯退缩了，你当然也想步其后尘。

这个博弈在博弈论文献中有许多名称，包括“信用的难题”、“保证的难题”、“协作的难题”等，但这些没有特色的名词最后被富有诗意的“围捕牡鹿”所取代，它源自瑞士出生的哲学家让-雅克 · 卢梭的《论人类不平等的起源和基础》(*A Discourse on Inequality*，1755)中的一个隐喻。

在卢梭的著作中，他把原始人理想化，认为大多数社会弊病是文明本身的产物。他基于自己的哲学理论对史前社会进行了推测，推导出了不太准确的概念。在《论人类不平等的起源和基础》中，他为了给自己的论点提供“科学的”依据，举了一些关于旅行者的民间故事为例，这些故事在今天看来仍具有幻想的现实主义的性质。其中一则故事讲的是献给奥兰治国王弗雷德利克 · 亨利的一只类似于猩猩的动物，它躺着睡觉，头枕在垫子上，会用茶壶喝水。根据对“猩猩”不由自主地对妇女发生性方面的兴趣的描写，卢梭推测它们是希腊神话中的森林之神。

卢梭从理论上推导说，当人们为了打猎而结成暂时的联盟前进时，最初的人类社会就出现了。在莫里斯 · 克兰斯顿的译本中，“stag”是一只牡鹿：

> 在追捕牡鹿这类大事中，每个人都很清楚地认识到他必须忠实地坚守在他的岗位上；但如果碰巧有一只野兔从他身旁跑过，我们便不得不怀疑他会毫不踌躇地离开岗位去抓那只兔子，而一旦他抓住了自己的猎物，他对由此造成同伴失去他们的猎物的后果就不太在意了。

这里的要点在于任何个人都没有强壮到能独自一人去制服一头牡鹿的程度。一个人只能抓住一只野兔，但任何人都宁愿要牡鹿而非野兔，可是有野兔又比什么也没有强（这就是为什么如果太多的成员跑去追野兔的话，猎鹿队就将散伙的原因）。

这个博弈的回报表大致如下，其中点数是随意确定的：

表 11–2

	围捕牡鹿	抓野兔
围捕牡鹿	3，3	0，2
抓野兔	2，0	1，1

显然，相互合作是一个纳什平衡。不管发生什么情况，参与者相互合作是最佳选择。只有当你相信其他人会背叛时才引诱你也去背叛。由于这个原因，当一个人有理由怀疑其他人的理性时，或者在团体比较大、参与者很多、人的本性难以预测（俗话不是说，“林子大了，什么样的鸟儿都有”）的情况下，容易出现一些背叛的情况，难题就显得更为尖锐。

叛变可能成为“围捕牡鹿”的难题：“如果我们摆脱船长布莱[①]，大家都好；但是如果没有足够的船员一起行动，我们就将被作为逃兵被吊死”。除非当选代表确信议案会通过，否则只会勉强投赞成票，因为他们不希望成为失意的少数派。1989 年，某些美国参议员在表决老布什总统对宪法的修正案，使焚烧美国国旗成为一项联邦罪名时的投票就显然是这种情况。大多数反对票认为这违反了公民表达意志的自由权，但同时他们又害怕如果他们投了反对票，但议案仍获得通过，那么他们的对手在下一届议

① 布莱（1754—1817）：英国航海家，“慷慨”号（Bounty）的船长。1789 年，“慷慨”号从南太平洋的塔希提岛装满面包果树拟运往西印度的途中，船员集体哗变，“慷慨”号被劫持到皮特凯恩岛，布莱被置于一艘小船上，在海上漂流了 5 800 公里后到达东印度，奇迹般地生还。——译者注

员选举时将给他们贴上“不爱国”或“喜欢烧国旗”的标签。反对该议案的参议员约瑟夫 · 拜登就引人注目地宣称；“如果有多达 45 个参议员知道他们投下的将是决定性的一票，他们就会投反对票。”

引起争议的是，“围捕牡鹿”是否描写出了制造原子弹的那些科学家的伦理学困境。粗略的表述如下：没有原子弹，世界也许更好。哈罗德 · 尤里在 1950 年的一次演讲中说：“不管我在这个项目中投入了多大努力，我个人非常希望氢弹没能成功爆炸。”但是，因为我们的敌人在试制，所以我们也必须去试制。最好是我们有原子弹而我们的敌人没有；退而求其次，两边都有原子弹比只是敌人有原子弹强。

1969 年，职业曲棍球运动员特迪 · 格林在头部受伤醒过来后，《新闻周刊》写道：

> 通过个人选择，运动员不戴头盔有几个原因。芝加哥的球星鲍比 · 赫尔说出了最简单的因素：“没用。”但是，许多运动员真的相信头盔会降低运动员的能力，从而使他们处于不利地位，其他一些运动员则害怕被对手嘲笑。只有通过像格林那样受伤导致的恐惧——或者通过制定一个规则强迫运动员戴头盔，头盔的使用才会普及……有一个运动员总结了许多人的想法说：“不戴头盔是愚蠢的，但是我不戴——因为其他人也不戴。我知道这是很傻的，但是大多数运动员也是这么想的。如果曲棍球联盟让我们戴，那么我们大家都会戴，而且也不会有人在意了。”

不对称博弈

之前我们描述的社会难题都是对称博弈的，也就是两个参与者的偏好是相同的。然而，两人的偏好不一定是匹配的，很可能一个参与者有“囚徒的困境”中的偏好，另一个参与者有“胆小鬼”或“围猎牡鹿”中的偏好，或别的什么偏好。在这种混合型博弈中，有一些也已经成为人类冲突的模型。

“恶棍”博弈是“胆小鬼”和“僵局”的交叉。一个参与者同“胆小鬼”中的参与者有相同的偏好，他喜欢背叛，但害怕互相背叛。另一个参与者有“僵局”的偏好，也就是偏好背叛，不顾一切（当然对方愿意合作更好）。这两组偏好所表现出的博弈看上去是这样的：

表 11–3

		“僵局”参与者	
		合作	背叛
“胆小鬼”参与者	合作	2，1	1，3
	背叛	3，0	0，2

恶棍博弈的一个例子显示了所罗门王聪明才智的那则圣经故事：两个妇女都宣称一个孩子是自己的儿子。当然其中一个是真正的母亲，另一个则是骗子。所罗门王提出把孩子劈成两半。听到这个可怕的建议，一个妇女放弃了她对孩子的权利，但所罗门王把孩子判给了她——真正的母亲爱子至深，情愿放弃以挽救其性命。

换句话说，真正的母亲有“胆小鬼”游戏者那样的选择。现在出现了刀悬在孩子头上的情况，难题就是选择坚定不移（背叛），还是选择让步（合作）。真正的母亲当然最希望自己成功——对她宣称孩子属于自己坚定不移，如果骗子退却的话。以真正的母亲的立场而论，最坏的结果是两个女人都不让步，于是孩子要被劈成两半。

骗子则有“僵局”中游戏者那样的选择。她显然情愿看到孩子被杀死也不愿意看到孩子重新回到生母的怀抱。这个博弈的名字“恶棍”就是这样来的。“僵局”中的游戏者可能就是一个恶棍，一个背信弃义者。“胆小鬼”游戏者对此无能为力。所以真正的母亲能做的只有忍痛割爱，选择合作放弃儿子。因此，让步的女人才是真正的母亲。

“恶棍”是军事对抗的模型，在这种对抗中，一个国家情愿发动一场战争，而另一个国家则把战争视作灾难，不惜一切代价去避免。作为一个精确的模型，其结论令人沮丧：好战的一方往往志得意满，而爱好和平的一方则为了保住和平而备受剥削。然而最坏的也许是“预后”：实际上，国家的选择是易变而不固定的：感觉到自己受了剥削的国家也许认为，战争其实也不是那么坏。

合作是正当的理由

莫顿 · 戴维斯说，普通人对囚徒的困境的反应不是问你应该怎么做，而是问你怎么能证明合作是正当的呢？从文献上看，这同样也是许多博弈论专家的反应。有关社会难题的文献中包含许多“解决方案”和“处方”，其中有一些显示了神学家的机智。其中讨论囚徒的困境的文章最多，而企图证明在“胆小鬼”和“围捕牡鹿”中采用合作策略是正当的文章也不少。如果在种种议论中有什么值得重提的话题，那就是回避社会矛盾比解决社会难题容易得多。

首先是“有罪的”论点。在囚徒的困境中，引诱的回报是“禁止受理的”[①]。获得引诱的回报所付出的代价是背叛某个人。你最好选择合作——至少你应该这样。

这种分析是荒谬的、错误的，因为它以问心无愧或感到内疚的形式引入了额外的“回报”。再说，问题在于效用的混乱和确实的收益。当然，

① 原文此处用的是“Tainte goods”，原指由非工会会员制造的或经手过的货物，因此被工会禁止受理。——译者注

这个问题非常重要，值得仔细思考。

假若你参加一个囚徒的困境实验，奖金金额之高对你和另一位参试者都是极有吸引力的——比如，依次为 500 万美元、300 万美元、100 万美元、0 美元，你将怎么做?

假设我处于这个实验中，我会选择合作，但是我压根儿不会把它当作囚徒的困境，因为我情愿要相互合作的结果，而不是单方面背叛的结果：300 万美元足够我购买任何想要的东西了，所以额外的 200 万美元提供不了更多的效用——也许比我为帮助另一个人也赢了 300 万美元所获得的满足感少得多。而我之所以考虑背信弃义的原因，在于害怕另一个人背信弃义。在这种情况下，我当然情愿要 100 万美元，这总比 1 分钱也得不到强，而且如果我确信对方也准备背叛的话，我也不会因此感到不安。这样，我的决定主要取决于我是否认为对方会背叛，所以问题的性质更多的是有关心理学的问题而不是博弈论的问题了。

然而，这仅仅是囚徒的困境的一半，它只涉及担心的因素，而没有涉及"贪婪"这个因素。如果另一个参试者也选择相互合作而不是单方面背叛，这个博弈就是"围捕牡鹿"了。无论如何，"围捕牡鹿"比起"囚徒的困境"来是一个麻烦少得多的博弈。在"围捕牡鹿"中，理性的参与者是相信彼此理性的合作的。

关键之处在于，一组实实在在的回报并不足以保证出现囚徒的困境。对于具有足够强烈的感情意识的人来说，不存在什么囚徒的困境。当两个人的选择按一定方式排序时才会出现困境。如果你的选择同这种模式不同——如果背叛引起的"负罪感"超出在每一种可能情况下你个人获得的好处，那么你永远也不会发现自己处于囚徒的困境之中。打一个简单的比方吧，如果你从来不吃饭，那么对你来说就没有饥饿这种事。

当然，这不能解开谜底。不容否认的事实是，许多人的选择确实造成了囚徒的困境。

一些作者说，沟通是解决方案，能使囚徒的困境这种情况出现得最少。双方应该沟通他们各自的意图，并（自愿地）达成协议以求得合作。

没有太多论点认为这是一种好的、切实可行的建议。不过它倒真能让我们跳出囚徒的困境有目的地加以限制的范围。在真有可能进行事先协商并自愿达成协议的情况下，确实不会出现囚徒的困境。缺乏沟通，或者更确切地说，缺乏任何渠道事先自愿达成协议，是囚徒的困境的核心。一个能充分沟通和绝对诚信的世界，也是一个没有囚徒的困境的世界，但这不是我们生活的世界。

显然，无论冒什么风险，都应当避免出现囚徒的困境！

我们已经接触到说明“合作是正当的”这一问题的最常用的方法，也就是“如果每个人都这样做怎么办”。这个论点还可以进一步扩充成这样：不管你怎么做，如果你的对手真的要合作，或者倾向于合作，那么你最好合作。

阿那托尔 · 拉泼普特在寻求合作的解决方案方面是最认真的一位了。在《战斗，博弈和辩论》一书中，他说：

> 每个参与者总会详细地研究整个回报矩阵。他问的第一个问题是：“什么情况对我们双方最有利？”在这个例子中答案是唯一的：相互合作。他的下一个问题是：“为了达到这一选择需要什么？”答案是：双方都要做出假设，不管我怎么做，对方都将合作。结论是：“我是两方中的一方，因此我将做出这个假设。”

许多人认为这类论点很有吸引力，有人则不以为然，他们会提出相反的论点：当我还是孩子时，妈妈告诉我不要到地下室去，因为那里有妖怪。由于通往地下室的楼梯是摇摇晃晃的，常常有些东西掉在那里，所以我最好相信有妖怪在地下室。但是，仅仅因为你最好相信某件事并不意味着这件事是真实的。

囚徒的困境这个难题只有在一种情况下才有望获得解决，那就是每个人都相信另一个参与者的选择将反射出他自己的选择。但是并非每个人都相信这一点，也没人能强迫另一个参与者如你所做。

有人进一步发展了这一概念。一个比较聪明的论点是这样的：在囚徒的困境中，你应该自觉地采用合作的政策，因为我们了解囚徒的困境。现在我们已认清囚徒的困境是怎么回事了，也清楚为什么人们按他们自己个人的理性行事会陷入麻烦了，这样每当我们处于囚徒的困境中时，就应该通过合作解决问题。

这种概念认为囚徒的困境属于逻辑学的智力范畴，合作或背叛都不能证明是正确的。你既可能背叛，也可能合作。但是，合作总归要好一些（至少在另一方也合作的情况下）。这就是为什么作为一种政策，我们应该了解和选择合作的原因。

对这种推理方法，人们同样也有支持的，也有怀疑的。一个问题是：对于在囚徒的困境中铁定选择合作策略的人，囚徒的困境是否还能被叫作二难推论难题？如果你就餐时总是订猪肝和洋葱，那你根本就不需要菜单，因为你没有什么要决定的。如果你总是选择合作，那么你根本不需要看一眼回报表——因此，说你面临难题也许根本就错了。

让我们回忆一下冯·诺依曼当初是怎样指出数字的矩阵和人的情感之间的共同之处的吧。从根本上讲，博弈论是关于极大极小的一些抽象问题的学问。严格说来，博弈就是“人与人之间的冲突”这样一个概念的微妙类比罢了。这就好比初等数学上说 2 个橘子加 3 个橘子等于 5 个橘子，而实际上数学同橘子是风马牛不相及的。

人们常常希望在博弈中有一些数值的东西，比如钱或者点数。大多数场合下，人们让这些数值最大化，这就有了数值最大最小的类比。如果人们不能正确地让个人的收益最大最小化，那么类比就不成立了，博弈论也就毫无用处了。一个理性的、始终如一放弃背叛带来的好处的人，而他的这种行为又不能影响其他参与者的选择时，他是无法使他的实际赢利最大最小化的。这本身并没有什么错，但它意味着回报表不起作用了，点数以外的因素起到了更重要的作用。

回报表中的数字应该反映你真实的倾向性，包括负罪感、帮助别人而产生的满足感，甚至在囚徒的困境中对合作的理智选择。如果你在囚徒的困境中总是倾向于合作，这种选择便使难题不再成为难题。可以证明，一个参与者“不分青红皂白”总是选择合作的那个博弈不是囚徒的困境。

霍华德的元博弈

1966 年，宾夕法尼亚大学的奈克尔 · 霍华德对合作的正当性提出了一种新的证明方法，其别出心裁曾经令人叫绝。按照霍华德的看法，囚徒的困境之所以让人为难，在于合作和背叛这两种策略不能确切地表达参与者的意图的整个范围。

“背叛”后面隐含着什么？这个世界是如此五彩缤纷，背叛也有好坏之分。有些人冷酷无情地把背叛当作他的人生哲学，这是坏的背叛。有些人心里其实想合作，而且一旦他认定对方会合作的话，他就会合作，他之所以背叛只是为了保护他自己，这种背叛是好的背叛。

你没有更多的办法去对付“坏”的背叛者，除非以牙还牙，所以不妨泰然接受这种背叛所造成的结果。悲剧是两个“好”的参与者因为误读了对方的意图而互相背叛。囚徒的困境的不解之谜在于，好心怎么反而铺就了地狱之路呢？

霍华德的回答是建立一种“元博弈”。在元博弈中，策略不是合作和背叛，而是怎样去进行博弈的“意图”。例如，一个“元策略”是“按你设想对方将要做的去做”，这与“不管对方怎么做都选合作”不同。霍华德为博弈制定了 4 元策略，这样就有了 16 元–元策略的博弈矩阵。他以此证明了相互合作是一个平衡点。

霍华德的思想获得了一些人的高度评价。1967 年，阿那托尔 · 拉波普特称之为囚徒的困境的“一种解决方案”。《科学美国人》杂志上的一篇文章甚至宣称它终结了这个悖论，但这之后热情却开始消散。元策略其实只是一种花招，它没有改变什么。霍华德矩阵中的“行参与者”和“列参与者”并不是真正有血有肉的人，只是一个参与者关于他和他的对手将如何行动的一些猜想罢了。你尽可以去猜想、去预言，最后你还是以合作或背叛结束。在最后一刻引诱你选择背叛的因素仍然存在。

以上所介绍的种种企图中，没有一种改变了对博弈论的一致看法。在只有一次选择机会的囚徒的困境中，你可以做的合理的事就是背叛；之所以合理，不仅因为它总能导致较高的回报（在对方选择给定的情况下），还因为一个人的选择绝对不可能对另一个人的选择产生决定性的影响。

然而，人们之间确实有合作，在心理学实验和日常生活中都有。梅尔文 · 德莱歇认为，公司定价就是在没有沟通的情况下合作的一个特别明确无误的实例。在一个竞争特别激烈的行业（航空业就是一个很好的例子）中，低票价的公司能吸引更多的乘客，但其利润总量较低。削低价格以竞争是背叛，维持原来的高票价是合作（这是就公司的角度而言，而不是从公众的角度出发）。情况经常是这样：各航空公司进入一个循环，由一家公司带头降低票价开始，其他公司被迫跟进，导致一场价格战，致使所有航空公司利润大减甚至没有利润，然后价格重新上扬。除了在价格战期间外，各航空公司的票价通常是一样的。

航空公司的执行官们显然不会互相通电话，就票价进行协商。《谢尔曼和克莱顿反垄断法》严格禁止美国公司之间的定价行为。[①]为了避免引起诉讼，许多公司甚至禁止他们的行政执行官参加其竞争对手的行政执行官经常出入的乡村俱乐部。德莱歇认为这种法规制造了确确实实的囚徒的困境，但公司间的合作（通过大家都维持在一个能获得较大利润的价格）反而比没有这部法规时更多了。

---

① 1890 年美国国会通过了由参议员谢尔曼提出的反垄断法，1914 年又通过了由克莱顿提出的修正案，因此该法被称为“谢尔曼和克莱顿反垄断法”。——译者注

可以毫不夸张地说，社会是建立在合作基础之上的。随地吐痰，乱丢烟头，冒充顾客偷商店的商品，见义勇为，说谎，节省电力……所有这些都是个人利益和公共利益的难题。有些评论家推测非理性的合作是社会的基石，如果没有它，生活将变得像霍布斯所指出的那样，“冷落、贫穷、肮脏、野蛮、短缺”。博弈理论家们也许正好抓住了使社会组织融合在一起的非理性线索。没有这条线，一切都将解体。

人们为什么合作？

人们和组织之间的合作看上去有很好的理由，但现实生活中的大多数难题是一个套着一个的难题。

反复的相互作用极大地改变了事物的面貌。假定你是一个小偷，准备卖掉一颗钻石，可以选择公平交易或者再搞一次诈骗，而这个买主正好是你希望将来继续同他做交易的。在这种情况下，小偷有更多的理由老老实实做买卖，因为如果你欺骗买主，你将丧失圆满完成下一笔交易的机会，因此你会很明智地做出决定，诚信是最好的策略——纯粹出于私利。

逆向归纳悖论

在佛勒德-德莱歇实验中，威廉斯和阿尔钦合作了很长一段时间。为什么不呢？每次他们两人合作，就可以赢得奖励性回报。我们容易看出，在重复进行多次的博弈中，这是任何人所能期盼的最好的策略。参与者在这一轮博弈中搞背叛也许会得到较好的结果，但绝不会有理性的对手让你总是背叛而他自己保持合作。背叛好比热的牛奶软糖，你现在觉得它的味道好极了，但时间一长就不是什么好吃的东西了。

我们再来看一下佛勒德-德莱歇实验是怎样收尾的。从第 83 次对弈开始，两个参试者已经学会合作了。但是他们真的学会了吗？怎么在最后一次对弈（第 100 次）中他们又相互背叛了呢？两人都解释说这是一个特例。在来回多次的对弈中——只要有来回多次的对弈，两个参试者一定会合作。但在最后一次对弈中，为什么不去攫取你能得到的一切呢？你不必担心对手在后面进行报复，因为这是“最后一搏”，没有未来了。

实际上，在连续进行的囚徒的困境中的最后一次对弈是只有一次的囚徒的困境，你应当背叛，就像你在任何只有一次的难题中将会做的那样。

威廉斯在最后一次对弈中倾向于不那么贪婪（见第10次对弈时他的说明）。因此你会认为，这更多是一种“骑士气概”而不是什么理性的问题。他在最后一轮中通过背叛至少会多拿到1分。

而阿尔钦则把这种想法往前推进了一步，他预期威廉斯在最后一轮会背叛（也可能更早一些就背叛，见第91次对弈的说明）。阿尔钦想抢在威廉斯背叛前一轮就开始背叛。

嗨……如果理性的参试者在第100次对弈中一定会选择背叛的话，这意味着倒数第二次是在合作和背叛中进行选择，同时也是有意义的最后一次。换句话说，在第99次对弈中你最好也选择背叛，你不必担心对手会发狂并在第100次背叛——我们已经确定他会这样做了。

基础在我们的脚下崩溃了！根据上面的分析，第98次成了有可能合作的最后一次对弈。但如果这样，你可以没有任何疑虑不安在第98次背叛。从第98次出发，你在第97次也可以背叛。依此类推，第96次、第95次、第94次……直至第1次对弈，你在每一次二难博弈中都应该背叛！结论就是：反复进行多次的囚徒的困境博弈归根到底和一次性博弈没有什么不同！

这是一个令人失望的结论，令人难以接受，同实验结果也大相径庭，因此它长期以来被认为是一个悖论，即所谓“逆向归纳悖论”。这个悖论的来由缘于下述事实，即“理性”一方每次获得的是惩罚性回报，并受到打击；而比较不合逻辑的一方通过合作反而有较好回报。

另一件让人难以接受的事是，这个悖论限于重复次数为已知且长度有限的二难博弈。如果双方不知道他们要进行多少轮囚徒的困境博弈，他们就无法采用以上过程，这样就不可能从“最后一次”二难博弈出发逆推。由于他们不知道博弈要进行到什么时候结束，他们就有更多理由去合作。这样，如果二难博弈的次数是无限的，就不存在“最后一次”博弈，也就不会出现悖论。因此，永生不死的生物是能够合作的，但人类却不能，因为我们终有一死！

博弈理论家对逆向归纳悖论的反应是含混的。一种较有优势的意见出现得较早，即认为它只在某种抽象的意义下才“有效”，但不适用于实际场合。

我们可以用以下方法考察这个悖论。冯·诺依曼只研究其规则事先已被知道的那类博弈，就像客厅中的游戏那样。如果是一个新的客厅游戏，聪明人可能会通过深思熟虑把所有可能都理出来，并决定用怎样的最佳方法去玩。冯·诺依曼略带讽刺地把这种情况归入博弈论有关博弈过程的假设之中，即参与者穷尽了博弈所有可能的过程，在博弈的第一步之前已经定下了“无往不胜”的最佳策略。

但在人类的相互交往中，更加典型的一种“博弈”就是我们并未意识到自己是在进行博弈，直到中途我们才发现这是一场博弈。即使到了那个时候，我们仍然不知道这场博弈的全部规则，也不知道这场博弈要持续多久。在长度不确定的博弈中，你不可能制定出能应对所有情况的策略。你能寄以希望的最佳策略只是一种临时策略，只能顾及后面几步。国际象棋棋手实际上采用的“策略”就是向前看几步，而不是往后看终局。人们在日常生活中采用的策略大多也是这样，可以举出不少例子来。即使是极端利己的人也不会总是对别人背信弃义，其中一个原因就是他明白不能“破釜沉舟”。你第一次遇见某个人，他与你合作，而你却背叛了他，那么当你再次遇见这个人时，也许就得不到他的合作了。

有关这两种类型的博弈及其策略方面的混乱是逆向归纳悖论的核心问题。纳什把佛勒德–德莱歇实验看作一个有100步的有限博弈。在给定另一方怎么做的情况下，这一方只有采取连续100次背叛这种策略才能保证他不必费心琢磨必须做一些别的事。佛勒德与纳什不同，他把实验描写成一种“学习型实验”，他不希望受试者把这个实验当作一个经过扩充的博弈，他只是不能确定他们在经过一定数量的试错过程之后是否能学会合作。这两种观点都有一定的道理，但佛勒德的观点似乎更好地描写了受试者内心活动的实际过程。

在佛勒德–德莱歇实验的后半部分，威廉斯和阿尔钦在大部分时间里都采取合作的策略，除非其中一人背叛。在下一章中，我们将看到，这是进行博弈的一个非常好的方法。

PRISONER'S DILEMMA

12
最适者生存

20世纪80年代，博弈论转变到了一个甚至连冯·诺依曼也许都不会预料到的方向。目前，博弈论最活跃的应用领域是生物学和社会学。我们过去无法说明的许多形式的生物之间的合作和竞争，博弈论都能提供富有说服力的解释。

自然界的景象经常是十分残酷、血腥的，这是为生存而进行的你死我活的斗争，是同类互相杀戮、只有适者才能生存的地方。当我们谈论狮子扑倒羔羊的时候，我们谈的不是生态学问题，而是超自然的事件。然而，自然界确实存在着合作。

一种叫作波斑鸟的小鸟飞进鳄鱼的嘴里去吃鳄鱼的寄生虫，但鳄鱼不会伤害这种鸟。鳄鱼自己就有办法摆脱寄生虫，它也许知道波斑鸟是"入侵者"，可以轻易地吃掉它们，也就是"背叛"。但是，为什么鳄鱼不这样做呢？

这类合作的例子曾经长期使生物学家感到困惑。诚然，这是相互有利的。如果每一头鳄鱼都吃波斑鸟会怎么样呢？那就不会有一只鸟留下来去消灭那些寄生虫了。这是一个聪明的论断。大多数生物学家惊奇地发现，在鳄鱼的头脑中也有类似的推理能力！但是，鳄鱼有什么道德准则禁止它吃这种鸟？是什么使鳄鱼（它不会关心什么"物种的好意"）放弃送上门的美餐呢？

稳定策略

我们很容易对“最适者生存”这句话做出不正确的解释，它听起来似乎是指自然界会有意识地去选择那些最强壮、最聪明、最多产或最凶残的物种。

我们之所以容易落入这种陷阱，是因为人类正好是这样一种稀有物种，我们具有显著的超常能力，是这个星球上最聪明、最会掌握各种各样技术的物种。可以自豪地说，我们是在进化过程中唯一达到终点的胜利者。然而，今天依然存在的每一个物种都有各自的世系，同人类一样源远流长。除人类以外的绝大多数物种都不那么聪明、强壮、多产、凶残，或具有其他特性。

从最广泛的意义上说，自然选择法则意味着人类能观察到的自然现象是倾向于稳定的现象。我们能看到天空中的星辰，因为星辰一直停留在那儿。星辰是无所谓聪明与否的，它们也不会生殖，但是它们极为稳定地在那里待了千百万年，我们不得不承认这是一种自然现象。

在地球上，一些物理结构会无限地存在下去，比如山脉、河流、白云、海浪等。它们几乎以相同的速度一方面在经历毁坏的过程，一方面又不断更新——新的山脉、河流、白云和海浪。许多非生命的现象就是以这种方式得以维持。

作为一类现象维持着的另一种方式是产生其自身的拷贝，这就是生物。个体会死去，但同类的其他个体仍继续存在。我们今天看到的各种各样的生物体就是通过其基因一代又一代成功地复制其自身而保留下来的。

遗传密码不但允许生物体把物理特性遗传下去，还允许把行为特性也遗传下去。通过遗传密码传下来的行为特性，使具有这种遗传密码的个体存活得更久一些，或者能产生更多的后代，因此能够更长久地维持下去。

在自然界中我们最熟悉的一种合作是亲本行为，这是很显而易见的。

具有筑巢和喂食小鸟这种遗传本能的鸟类，与没有这种本能的鸟类相比，其繁殖的后代的生存率显然要高得多。另外，如果一只鸟对自己的后代不管不顾，也就是“背叛”，那么它也许更强壮，能活得更久，但是这种背叛的基因传给后代的可能性会少一些。这样，在长远的过程中，哺育下一代的基因会逐渐取代对下一代不负责任的基因。

这只是一种特殊情况。一般说来，鸟类都会帮助其直接后裔，让基因一代一代传下去。在无关的个体之间的合作则是另一回事，在许多情况下，无关的个体之间以背叛为主。

假定有一个物种，它们由于本能而共享食物。这个物种只有一个固定数量的食物源，它们会很公平地分配这些食物，在食物匮乏的情况下还会留出一些供将来使用。这就是一种集体的理性行为，用以满足集体的需要。

在自然界中，偶尔发生的变异会改变遗传密码。在世代相传中，偶尔会诞生一个没有分享食物这种本能的基因的个体。我们把这样的个体统称为“馋嘴猫”。馋嘴猫总想吃饱，它们不知道分享食物，也不会为了将来而节省一些食物。馋嘴猫的行为特性是不为共享者留什么食物（任何剩余食物都是公有财富，而不是分给吃得少者）。

旱灾每隔几年就会发生一次，这使食物的供应大减。无情的旱灾会使该物种不少个体饿死。只有馋嘴猫不会挨饿，因为它们攫取了它们能攫取到的所有食物。旱灾几乎无一例外地把共享食物的各种群都杀死了，所以每一次旱灾之后，馋嘴猫在这个种群中的比例就会提高一些。这样，在幸存者生育的后代中，有馋嘴猫基因的比例也会高一些。

在许多许多代之后，这个物种中几乎所有成员都是馋嘴猫了，知道分享食物的物种反而绝种了。

你也许会认为馋嘴猫比分享食物的“更适于”生存。在狭义上说，它们也许占些优势。但是，“适者”这个词是容易引起误解的词。在经过多次旱灾以后，这个物种成了馋嘴猫的天下，并不比原先全是分享食物者时有任何优越性，相反，它是最坏的。分享食物并保存一些食物留待将来之需，是度过坏年份的最好办法。当馋嘴猫和分享食物者共存时，前者才比后者好一些；一旦分享食物者绝种了，馋嘴猫就失去了优势。

那么，有没有可能通过变异又产生一些分享食物的物种，然后使该物种重新回到共享食物的状况？不可能。在馋嘴猫的世界里，孤单的分享食物者没有任何优势。在馋嘴猫占主导地位时出生的任何分享食物者往往在第一次旱灾中就会死掉。

馋嘴猫的例子可以大体上说明生物学家所谓的“进化稳定策略”，也就是当物种中几乎所有成员都按这种策略遗传某一行为特性时（因为没有通过变异而产生的其他行为特性可以取代它），这种行为特性就可以保持下来。

共享食物在进化论上不是稳定的，因为少数几只馋嘴猫就能“接管”所有的共享食物者。我们在世界上能看到的行为特性都属于进化稳定策略。

进化稳定策略不一定是“理性的”、“公正的”，或是“伦理上正确的”，它只是稳定的，仅此而已。

基因中有背叛吗？

在自然界中，有囚徒的困境，也有“胆小鬼”那样的难题。只要有个体自身的利益同团体的利益相反的情况发生，就有这样的难题。同一物种的成员有同样的基本需求。当食物、水、栖息地、配偶等处于非常珍贵、稀缺的境地时，可以想见，某个个体沾了光，其团体却遭受了损失。

我们假设有这样一个例子，向一群动物定量供应食物，这显然就是一个乘客逃票难题。看一下博弈论的表格就清楚了：

表 12–1

	大多数其他动物吃其公平的一份	大多数其他动物饱餐一顿
吃公平的一份	（2，2） 所有动物都得到一些食物，而且还会剩余一些留待将来食用	（0，3） 我获得的食物比其他动物少，而且没有任何剩余留给未来，因为我吃得不多，其他动物可以获得额外一点儿零头
饱餐一份	（3，0） 我获得充足的食物，并略有剩余；其他动物由于我的大吃大喝而受到小小的诈骗	（1，1） 大家全都获得充足的食物，但是没有任何剩余留给将来

括号中的数字表示任一特定动物以及这群动物中的其他动物的选择次序。这个难题得以成立只需要两个简单的假定：第一，在其他情况相同的条件下，每个动物从理想上而言，并不愿意饱餐一顿，而是只想眼前少吃一点儿，留一些食物供将来之需（如果每个动物都有自己的食物储藏所的话，它们就会这样做）；第二，在上述选择无法实现的情况下，每个动物更愿意选择能给它更多食物的方针。

因此，对于每个个体来说，最好的结果是它成为唯一一只“馋嘴猫”：让其他动物显示它们的克制并留一些食物给将来吧！而最坏的结果是它成为唯一一个“非馋嘴猫”，让其他动物将其额外的食物吃掉。

你也许会问，你怎么知道这些不会说话的动物偏好什么？又怎么知道它们有这样的选择次序呢？

博弈论其实根本不需要对付什么偏好或选择次序，我们可以假定上面的表中的数字代表“生存值”。当饥饿的威胁来临时，一个动物现在如果能够饱餐一顿，而且还有些食物剩余，那是最有希望存活下来的——这当然得感谢它的同伴的克制（左下方格）。为了存活，退而求其次的是所有动物都显示出克制并节省食物。当没有食物留下来时，生存的可能性就大大减少了，而最坏的情况是这只动物眼下就填不饱肚子。

自然选择所“偏好”或“选中”的行为特性是使生存值最大化。这就是我们应用博弈论的数学所需的一切，即使在其中并没有有意识的选择或偏好。“得分”最高的那些动物是最有希望存活下来并繁殖下去的。“馋嘴猫”将活下来，其代价是分享食物的同类死去，并取而代之。这里，我们又一次看到囚徒的困境的非理性是何等的合理。实用的策略让分享食物的动物输给喜欢独自享用的“馋嘴猫”，并使一切变得最为糟糕。

我们可以期望在进化过程中会产生出许多其他类型的背叛行为。人类当然也同其他物种一样是通过进化而成的。看来这可以解释人类种种蠢事的由来。背叛是一种进化稳定策略，而合作却不是——这就是世界以及人们处事的方式。就像冯 · 诺依曼曾断言的那样：“要解释人为什么是自私的和不守信用的是十分愚蠢的，如同要解释为什么除非电场形成回路，否则磁场是不会增加的一样愚蠢。”[①]

那么，在基因中真的就有背叛吗？

这是一个十分复杂的问题，唯一可以确信的是，并非所有类型的背叛都是有生物学基础的。人类的偏爱和生存值常常是完全不同的两码事。许多人爱财如命，这同生存或生育能力没有什么关系。但即使如此，对金钱或其他物质的贪婪仍然可能是在事关食物、水、异性配偶等方面鼓励自私因子的副作用。

进化稳定策略可能不止一种。在一次性的囚徒的困境中只有两个策略，但在反复进行的囚徒的困境中则允许有任意数的策略。用于反复进行的二难博弈的一个策略将基于上一次博弈中对手的行动，从而告诉你在一系列博弈中每次应该怎么做（合作或背叛）。这些策略很可能是极为微妙的。

---

① 这一警句的后半部分是一条物理定律，冯 · 诺依曼的听众对此很熟悉。对于不熟悉这一物理定律的读者，我们可以换一种说法，即“要想解释人为什么是自私的和不守信用的是十分愚蠢的，如同要想解释地球为什么是圆的一样，都是十分愚蠢的”。

自然界中的大多数二难博弈是反复进行的。分享一个食物源的动物们面临着相同的独自饱餐或分享的二难命题，而且在同一动物群中会多次发生。因此，生物学家对反复进行的囚徒的困境特别感兴趣。

罗伯特·阿克塞尔罗德

至今为止，有关反复进行的囚徒的困境策略的最著名的一项研究，是1980年由密歇根大学政治学教授罗伯特·阿克塞尔罗德在计算机“锦标赛”中指导一个小组时实现的。研究报告发表在《冲突消解杂志》上，后来又收入阿克塞尔罗德的著作《合作的进化》（*The Evolution of Cooperation*，1984）中。这项研究被认为是对博弈论最有意义的发现之一。

同其他许多学者一样，阿克塞尔罗德进入博弈论这个领域也是偶然的、间接的。在芝加哥大学念书时，他主修数学，听过莫顿·卡普兰的课。在朋友推荐下，他读了邓肯·卢斯和霍华德·拉发的书《博弈和决策》（*Games and Decisions*）。该书的第一句话就深深地吸引了他：“在人类的所有著作中，充斥着对利益冲突的描写；也许只有关于上帝、爱情和内心斗争这几个主题才受到可与之相比的关注。”

阿克塞尔罗德后来到耶鲁大学攻读政治学博士学位，他的论文课题正是关于利益冲突的，对此卢斯和拉发从来没有明确地定义过。目前，阿克塞尔罗德在密歇根大学公共政策研究所工作，他是一位政治学和公共政策学教授，但实际上，他的专业兴趣横跨从生物学到经济学的广泛领域。

是什么使得反复进行的囚徒的困境博弈与一次性的囚徒的困境博弈不同呢？用阿克塞尔罗德很有特色的表达方法来说的话就是“未来的幽灵”。正是为了保证将来的合作才会在现在合作。但是，没有人会像认真对待当前那样去认真对待将来的。参与者在主观上总是把当前的利益看得更重些，而不是把未来可能的损失看得更重些。俗话不是说，“双鸟在林不如一鸟在手”吗？

如果在反复进行的二难博弈中，只有当前的这一次被认为是重要的话，那么它实际上是一次性二难博弈，渴望采用背叛策略。但如果参与者把未来的价值看得同当前的收益同样重要，那么就存在真正的重复二难博弈，可能会出现许多针对不同情况的策略。

阿克塞尔罗德邀请了许多知名的博弈理论家、心理学家、社会学家、政治学家和经济学家为一场由计算机进行的比赛提供重复囚徒的困境博弈的策略。当然，计算机仅仅是为了方便。比赛就好像人围坐在桌旁进行赌博，根据各自预定的策略去赢得奖金。

比赛中，关于重复博弈中所有先前轮次每个人所采取的策略全部都是公开的，你可以根据所有参与者交手的完整历史信息确定在当前这一次博弈中的策略，也就是你怎么做。每一次博弈的回报表以点数表示如下：

表 12–2

	合作	背叛
合作	3，3	0，5
背饭	5，0	1，1

阿克塞尔罗德的比赛是类似于网球比赛或保龄球比赛那样的循环赛，每个计算机程序要同提交的其他所有计算机程序较量，也要同自己较量，还要同能随机地选择合作或背叛的一个程序较量。这种彻底的混合是必要的，因为策略有不同的“个性”，例如，总是选择合作的策略同自己较量时干得很好，而当同总是选择背叛的策略配对厮杀时，可能获得的得分也许是最低的。阿克塞尔罗德统计了每个策略在同所有其他策略较量时的得分情况。

每个重复二难博弈由 200 个独立的博弈组成。由于在每个独立的博弈中最多可能赢 5 分，因此理论上的得分范围从 0 到 1 000，最低得分 0 和最高得分 1 000 发生在总是合作的策略同总是背叛的策略相遇的情况下，前者每次得 0 分，后者每次得 5 分。然而，比赛中并没有出现这种情况。

比较现实的好分数是每局拿 3 分，共 200 局（总分 600 分）。采用每次都合作的两个策略就能拿到这个分数。如果采用每次都背叛的策略，那么拿到 200 分是有保证的。为了获得高于 200 分的额外的分数，就要耍些花招，以便有时候能拿到奖励性回报，或者是引诱性回报。根据与之交手的是什么策略，每个策略的得分都是变化的。为了获得总分，阿克塞尔罗德对每个策略的得分进行了平均。

让我们考察一下进行重复囚徒的困境博弈的一些方法。阿克塞尔罗德有时在上课时会让两个大学生互相对弈。办法是：让这两个学生站在黑板前，同时选择策略，并把所选策略写在黑板上，如选合作，则写“C”；如选背叛，则反着写“C”。

阿克塞尔罗德在这种课堂示范教学中很快发现了一些经常被采用的冒险策略。狡猾的参试者会很快采用背叛，他们一开始可能尝到一些甜头，但由于墨守成规，之后便会获得惩罚性回报而倒霉。老实的参试者通常采用合作，因此常常获得傻瓜回报而被骗，而且他们发现很难使对方用合作做出回应。

最简单的一个策略如下：

- 总是背叛（ALL D）。这种参试者不管情况如何，在每一次和每一轮中决不放弃背叛。这就是逆向归纳悖论之所以出现的原因。这是最安全的策略，任何人不可能占你的便宜。

与此相反的策略是：

- 总是合作（ALL C）。如果每个人都采用这种策略，那将皆大欢喜。合作的参试者每次都能使双方都获得奖励性回报，这是任何人在长期重复博弈中可以期望的最好结果。难题是对方不一定那么“高尚”，在这种情况下，总是合作的参试者永远是吃亏的一方。

另一种可能性是：

- 随机地选择合作或背叛（RANDOM）。对这种策略没有太多可说的，不过我们还是把它当作另一种可能性简单地提一下。阿克塞尔罗德在RANDOM程序中让合作和背叛各占50%。

以上几种策略中没有一种像想象的那么好，它们都是“盲目”的策略，预先都详细地规定好了怎么做，而没有考虑对方是怎么做的。但是这类策略被大多数人优先采用。

假定在几十个回合之后，你已经确信对方采用“ALL C”策略，就像他坐在自动驾驶的飞机上，不管发生什么情况，你只能身不由己一往无前地向前飞。如果是这样，就意味着你的运气来了，面对一个永远合作的对手，你应该背叛，以期每次都获得引诱性回报，这是在重复囚徒的困境博弈中可能的最好结果。

假定对方不是永远合作而是永远背叛，那么你也应该永远背叛，因为这至少能让你获得惩罚性回报，比获得傻瓜回报强。

这两种情况是所有可能性中最简单的。一般情况下，对方将根据你的行动采取相应行动。问题在于：在知道自己的策略将影响对方选择的情况下，你的最佳行动方案是什么？

这个问题实际上是对通过行动进行沟通的可能性的一种考验。参试者是不允许互相发送信息的。他们不可能递纸条，进行交易，或订立协议。从表面上看，这是相当严厉的限制。在俄亥俄州进行的研究中，曾经举行过一次秘密会议，那是很有帮助的。在秘密会议上，人们就有可能说：“让我们理智些吧！奖励性回报是我们双方都可以指望的最好结果，所以让我们合作吧，即使在最后一轮中也是如此。”或者这样说：“合作吧！否则的话，哼！即使你背叛一次，我就会从此背叛你。”

参与者在博弈中只能通过行动“说话”。这种受到限制的“语言”能够比较容易地传达的信息是某种类型的交易或者威胁，其他信息就难于传达了。

上面那种“合作吧！不然的话，哼”，属于比较强硬的威胁，只能通过行动传达。除非对方背叛，否则他发出这样一个威胁的事实是不明朗的。这之后，你在余下的重复二难博弈中必须用背叛以应对这种威胁。这里没有任何办法让对方去纠正其“错误”：一旦他背叛，他只能永远背叛下去，不可能再有别的选择了。“合作吧！不然的话，哼”这种策略是最容易导致不可改变的相互背叛的，这比强迫合作要容易得多。

一报还一报

阿克塞尔罗德的第一次比赛中提交了 14 种策略，其中有些是相当复杂的程序，最长的一个程序有 77 行计算机编码，但正是这个程序在所有提交的程序中成绩极差，平均得分只有 282.2 分。（采用RANDOM策略的那个程序更差一些，平均得分为 276.3 分。）

最高得分属于采用最简单策略的程序，它是由阿那托尔 · 拉泼普特[①]提交的，名为“一报还一报”（TIT FOR TAT）。在用人类作为受试者进行测试时，一报还一报策略运行得很好。

一报还一报只有 4 行计算机代码，简单说来就是按如下方式进行博弈：第一轮合作，以后各轮都采取上一轮中对方的策略作为本轮中自己的策略。

为什么一报还一报这么有效呢？因为一报还一报是一个“高尚”的策略。在博弈论术语中，所谓“高尚”的策略是决不首先背叛的策略。一报

① 阿那托尔 · 拉泼普特（1911—2007）：加拿大多伦多大学的哲学家兼心理学家。——译者注

还一报以合作开局，因为博弈刚开始时，你没有证据，只能假定对方是无辜的。只要对方“以德报德”并继续这样做，一报还一报就决不背叛。一报还一报策略永远也不会出现麻烦，它本身已经很令人满意了，也不能再画蛇添足了。一报还一报同它自身配对对弈时效果最好，这时双方都以合作开局，并永远合作下去，因为没有因素刺激任意一方做出别的举动来。

但是，过于渴望合作的策略经常要吃亏，一报还一报也是如此。作为对对方背叛的反应，它要背叛。但是记住，在第一轮之后，一报还一报是不管对方怎么做都会加以回应的，比如对方在第 5 轮时背叛，那么一报还一报在第 6 轮就会还以颜色——背叛，这会刺激对方合作。

同样重要的还有一报还一报的“宽容大量”。对方在多次选择背叛并因此而获得惩罚之前，是不可能“了解”一报还一报是激励他进行合作的。一报还一报并不因为对方一次“越界”就再也不会刺激他合作，而是“心甘情愿”地在对方每次合作时就重启合作。因此，一报还一报并不是那么冷酷无情。

取胜的策略既是高尚的，又是有刺激性的，这在博弈论圈子中是不足为奇的。提交的策略中有许多既是高尚的，又是有刺激性的。但令人惊奇的是，一报还一报还有第 3 个性质，那就是它还是简单的。

一报还一报发出下列威胁：“你希望别人怎么对待你，你就应该怎么对待别人，否则，哼！”没有一个策略能发出这么复杂的威胁。当然，这个威胁是隐含在该策略本身的行为之中的，它通过重复对手最近一次的行动来发出这个威胁。威胁的用意在于“希望”对方“认识到”一报还一报在干什么。如果对方认识到了，那么他将得出结论：背叛只会伤害他自己。

并不是所有的策略都能对一报还一报的威胁做出反应的。然而，由于一报还一报使自己的威胁尽可能简单明白，这就保证了最大多数应对它的策略能够“理解”它。训练猎犬有一条规则，就是在它犯了错误之后应立刻惩罚它。同猎犬类似，策略也只有短暂的注意力集中时间。因此，一报还一报必须在下一轮二难博弈中立即对背叛进行“惩罚”。这比起较为复杂的策略，比如数到10才开始生气（诸如容忍一定数目的背叛后再报复的策略）要优越得多。我们可以相信，一个非常聪明的策略是会理解另一个策略正是在这样做的，尽管并不是所有的策略都这样聪明。一报还一报在这一点上是成功的，因为它所发出的威胁是可能的威胁中最简单的，因此也是最容易予以响应的。

一报还一报还有另一个重要的品质，那就是它不必保密。执行一报还一报策略的人不需要害怕对手猜到他在玩这个策略。更有甚者，他甚至“希望”对手认识到这一点。当面对的是一报还一报时，除了合作外没有更好的办法。这使一报还一报成为一个非常稳定的策略。

一报还一报的平均得分为504.5分。在同各种特定的策略较量时，它的得分从最低225分到最高600分。

阿克塞尔罗德的第一次比赛还不能得出结论，证明一报还一报确实有价值，因为一个策略的得分极大地依赖于其他策略，以及比赛中有多少策略分类。阿克塞尔罗德的第一次比赛中虽然有14种不同的策略，但未见得它们已代表了所有可能的策略。这些策略是由专业人员挑选出来以获得高分的，反映了当时怎样进行重复囚徒的困境博弈的一些观点。这些观点可能正确，也可能不正确，也不一定是所有可能的策略中的“典型”。因此，我们可以认为一报还一报不过是这样一个策略，它在同顶级理论家认为这个博弈应该怎样进行较量时，表现得不错。

为此，阿克塞尔罗德组织了第二次比赛，向所有参赛者通报了第一次比赛的结果，让大家知道一报还一报表现得多好。意思是让大家向一报还一报发起挑战，并击败它。最后，他从6个国家中征集到62个程序。虽然大多数程序都试图打败一报还一报，但它又一次成为赢家，这充分证明一报还一报在同各类对手的策略抗衡中是最佳的策略或接近于最佳的策略。

对于阿克赛尔罗德来说，最惊奇的发现之一就是一报还一报赢了，但它却从来没有“剥削”过任何其他策略。阿克塞尔罗德对此解释说：“我们倾向于用我们的得分同别的人的得分做比较，但这并非获得好的得分的方法。一报还一报没能打败任何人，但它仍然赢得了比赛，这是一个非常奇异的新观念。例如在国际象棋比赛中，你从来也没有打败过任何人却能够胜出是不可能的。”

一报还一报对于其他许多社会上的二难博弈同样是一个好策略。重复“围捕牡鹿”博弈同重复囚徒的困境博弈非常相似，重复促进了合作。但令人惊奇的是，“胆小鬼”博弈在重复时变得更加麻烦了。

为什么？设想你现在正在玩胆小鬼游戏，而且有资格去考虑怎么玩了。假如你已经决定采用猛打方向盘的策略（这是一个大多数人都赞同的策略），这样你不可能获得最好的回报，但这是保证不会撞车和丧命的唯一办法。在当时的形势下，你只能寄希望于通过猛打方向盘来保存自己作为唯一“合理”的选择。

麻烦在于，这将使你获得“胆小鬼”这样一个不好听的名声。在重复进行这一游戏时，你每次都猛打方向盘，这使你的对手可以放心地在公路中央疾驶，获得最好的可能回报，而你只会获得比最坏稍好一等的回报。这里肯定有什么事出了差错，因为在重复博弈开始时，你们两个人的处境是完全一样的。

此外，博弈完全以不同方式进行。如果你树立起一个硬汉的形象，决不猛打方向盘，那么别人如果不猛打方向盘就等于自杀。因此，重复进行这个博弈看来是鼓励不猛打方向盘这个策略的。但是，如果每个人（都很重视自身的名誉）都下决心不猛打方向盘，那么每个人都会在撞车中丧命。

只有一种类似于一报还一报的有条件的策略允许重复胆小鬼博弈的参与者建立起一个合理的阵地：做一个高尚的人，在撞车前猛打方向盘，同时也鼓励对方猛打方向盘。在胆小鬼博弈中，背叛的威胁是一种很有效的策略。如果对方背叛，你就输了。每个人如果能说服其对手不要背叛，那么他就有既得利益。当对手采用一报还一报策略时，保证合作的唯一方法是善意地进行合作，否则由于背叛而获得的眼前利益将被对手在之后的背叛给你造成的损失所抵消。

一报还一报的麻烦

一报还一报虽然取得了很大成功，但并不能由此得出结论说它是所有可能的策略中“最好”的一个。就策略的意义而论，它没有绝对好或绝对坏之分，认识这一点是很重要的。一个策略好不好，好到什么程度，取决于同它交手的另一个策略。

一报还一报确实有几点缺陷，它对不响应其威胁的一些策略就没有什么优势。当同ALL C策略交手时，一报还一报在每轮博弈中都合作，可以赢3分。其实它可以背叛，每次赢5分。事实上，同任何一种自行其是、不理睬对手的策略对抗时，最好的行动方案就是背叛。在当前这一轮博弈中，背叛总能获得较高的回报，至于不理睬对手的策略，它是不可能因此对你进行报复的。

在对手试图获得好分数的假设之下，一报还一报或多或少是可以预测的。因为在第一步以后，一报还一报总是重复对手的策略，这在同RANDOM那样的“无心”的策略交手时，一报还一报的水准就降低了，表现得并不太好。

一报还一报的另一个问题是有“回声”效应。在提交给阿克塞尔罗德的策略中，有一些同一报还一报非常相似，不同之处仅在于偶尔会通过背叛试图取得更好结果。假定其中有这样一个策略，名叫“近乎一报还一报”（ALMOST TIT FOR TAT），让它同真正的一报还一报对抗。两者开局以后都是合作的，然后近乎一报还一报突然冒出一个意想不到的背叛，造成一报还一报在下一轮中以背叛回击，而近乎一报还一报恢复常态合作。

但在下一轮中，近乎一报还一报将回应上一个背叛，于是两个策略将无休止地这样轮流背叛和合作下去，如下所示：

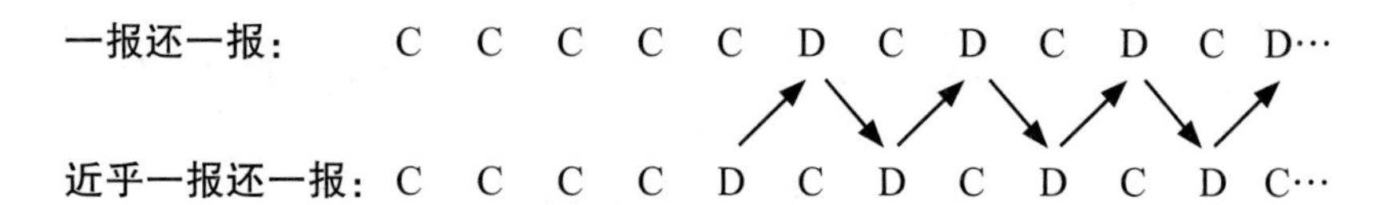

在回声过程中，每个策略在一次博弈中平均得 2.5 分（傻瓜回报 0 分和引诱性回报 5 分的平均值），这比每个策略在相互合作时得 3 分要少。

回声效应并不是一种特定的、坚定的政策上的不幸。在多少现实的冲突中，双方都宣称他们只在受到攻击时才进行报复？

一报还一报所存在的上述问题中，有些容易解决，有些不那么容易解决，但一报还一报在同不响应其威胁的策略交手时所存在的问题显然是可以改进的。假定你正同一个你不熟悉的对手玩重复囚徒的困境博弈（在一次心理学实验中做过这样的试验），我们已经知道一报还一报是一个好的策略，所以让我们假设你不折不扣地按一报还一报的策略开局并进行下去。直到在经过多个回合，你确信自己已经掌握了对手的规律以后，才会考虑偏离一报还一报。即使到那时，也只有在你认为偏离能取得更好的效果时才会这样做。

当对付一个 ALL C 的策略时，背叛就有价值了，它可以获得引诱性回报而不只是奖励性回报。诀窍在于你要能够从一报还一报或类似策略中区别出 ALL C 策略来。用一报还一报同另一个一报还一报或 ALL C 策略交手时，都会导致不间断的一连串合作。要查明也在执行合作策略的对手是 ALL C 的唯一办法，是用另一个不同的策略——当然是用背叛去试探一下。

因此，在经过 100 个回合，对手总是合作的情况下，你可以试一下用近乎一报还一报策略，即只背叛一次。然后，你可以注意对方在下一轮的反应（这一轮你仍然合作），如果对方放过你，不以背叛反击，那么你就可以开始背叛了，并一直背叛下去；如果对方以背叛回应你的背叛（就像一报还一报那样），那么你赶快退回来继续合作，你为试探付出的代价只有 1 分（因为你背叛那一轮赢 5 分，下一轮你的对手惩罚你，你 1 分未得；而这两轮你都合作的话，每轮得 3 分，共 6 分，所以你损失 1 分）。注意，由于你并未对对方一报还一报被“诱发”的背叛进行报复，这样你就避免了上面提到过的回声效应。

上述方案使你比 ALL C 策略占了上风。它如同一报还一报策略一样，在和一报还一报策略对抗时仍保持完美，而为了试探对方受到惩罚只丢了 1 分。如果你有理由相信对方执行的要么是 ALL C 策略，要么是一报还一报策略，概率近乎相等，那么这就是博弈的一个好方法。

但是，认为对方的策略很可能是 ALL C，是一个合理的假定吗？博弈论的一个重要前提是认定对方会选择对他来说是可能的最佳策略，而我们知道 ALL C 根本就不是一个很好的策略。认为你的对手会采用 ALL C，甚至认为在一定场合他会采用 ALL C，都仅仅是你的如意算盘。因此，我们对某一特定策略在同 ALL C 较量时干得不错这件事不应该过分强调。

对手的策略更有可能是正规的一报还一报。我们知道在阿克塞尔罗德组织的比赛中它干得不错。近乎一报还一报策略因为要抛出一次背叛以试探其对手是否在用 ALL C，所以在与一报还一报较量时就不如不掺杂的一报还一报那样好了，它要少 1 分。因此，要打败一报还一报会比看上去要难一些。

阿克塞尔罗德的比赛中包括一些很巧妙的策略，被设计成能检测出可利用的对手。某些策略会对其对手的行为建立一个经常更新的统计模型，以预测对手在合作以后或背叛以后将会怎么做，并相应地调整其自身的选择。

这听起来很美妙。它确实允许这些策略可以利用像 ALL C 和 RANDOM 那样对威胁没有响应的策略。麻烦在于，除了阿克塞尔罗德把 RANDOM 包括进来以外，再也没有人提交无响应的策略了。而且这样的策略从总体上说没有一个好于一报还一报。因此，这类“巧妙”的策略就像瑞士军刀那样，有那么多不同的工具，你从来都不需要，因为军刀挺沉，不便携带。大多数成功的策略都不是很容易被人利用的，刺激它们以观察其反应的行动通常是失大于得。

一报还一报成功的一个关键是：它对背叛的惩罚与“罪行”相当：以牙还牙，以背叛回应背叛。这也许不是最佳的安排，惩罚更严厉一些或更宽大一些是不是更好呢？

作为更严厉的版本的例子，有“一报还二报”（TWO TITS FOR TAT），在对手任意一次背叛之后，它背叛两次。而更宽大的版本有“二报还一报”（TIT FOR TWO TATS），对对手孤立的一次背叛，它并未理睬，只在对手连续两次背叛后，它才予以惩罚。

二报还一报这种更加宽宏大量的策略干得确实不错。可惜在阿克塞尔罗德的第一次实验中没有采用，但是他的报告中提到了它，认为如果它参与了第一次实验，它可能会赢。

二报还一报参加了第二次实验，但是它的表现平平，远比一报还一报差。这说明，当策略是设计来同一报还一报较劲时，二报还一报实在是太宽大了。

一报还二报则失之于另一个方向，当它同偶或背叛一次、接近于一报还一报的策略交手时，背叛引起的回声效应比通常的更糟，一次背叛引起双方从此互相背叛直至博弈结束。

通过像“90%一报还一报”（90 PERCENT TIT FOR TAT）那样的策略可以使回声效应最小化。这个策略同一报还一报类似，唯一例外的是对背叛的报复有90%的概率。它偶然会放过一个背叛而不予惩罚。

这弱化了回声效应。就像乒乓球比赛中，球被运动员打过来打过去直至一方有一次没有打着而使一个回合中止，博弈中你背叛我我背叛你直至其中一个策略因为90%规则而漏掉一个背叛，然后双方又重归合作。像90%一报还一报那样的策略在不确定的环境中是很有用的。所谓不确定的环境是指这样一种情况，即关于对方行动策略的信息含混不清、不易确定。信息越可靠，那么报复的概率应该设定得越高。

人工选择

阿克塞尔罗德的第三次比赛是最发人深思的。阿克塞尔罗德想知道，如果他的计算机化的策略具有某种人工的“自然选择”能力时，将会发生些什么呢？

一个重复囚徒的困境博弈的策略就是一种行为模式，或叫个性模式。设想在原始汤中有一个活细胞的群落，每个细胞都有其遗传密码及行为特性。两个靠近的细胞不时发生相互作用，这种相互作用强迫在个体利益和共同利益之间做出选择。细胞是很聪明的，不但能“记住”对方，还能记住它们上一次相互作用时是如何行动的。仍用赢得的分数表示生存值。一个细胞行动的好坏及好坏的程度既取决于它的行为特性，也取决于环境——也就是当它和它周围的细胞匹配时，它的策略和它周围细胞的策略交手的程度。

为此，阿克塞尔罗德组织了一系列比赛（也就是重复进行重复囚徒的困境博弈），比赛以各种各样的策略开始。每一场比赛（它本身包括许多轮的囚徒的困境博弈）之后，通过计算机仿真对各个策略进行“复制”，复制的子孙数目取决于该策略的得分数。这样，参加下一场比赛的将是新生代的策略，其中有较多成功策略的拷贝，有较少不太成功策略的拷贝。经过许多这样的场次以后，也就是经过许多代以后，阿克塞尔罗德希望看到较为成功的策略变得更加普通，而不太成功的策略则会灭亡。最后的胜者将是这样的策略，它们在同其他成功的策略交手以及在同它们自身的交手中，表现得最好。

在进行模拟的最初几代中，像RANDOM那样较弱的策略确实很快就被淘汰掉了。同时，其他策略变得更加普通，其中不但包括一报还一报和类似策略，也包括一些高度掠夺性的策略。

在这之后，有趣的事情发生了。经过若干代以后，这些“掠夺成性”的策略陷入了它们的牺牲品（被掠夺者的策略）曾经陷入过的麻烦之中，也灭绝了。当把它们与一报还一报或其他不可掠夺的策略配对较量时，这些策略便落入相互背叛的循环，得分少得可怜。于是，掠夺者的数目越来越少。模拟中，一报还一报最终成为最普通的策略。

这就有力地证明了一报还一报是自然的优势策略，同生物学家对于进化稳定策略的看法十分接近。[①]一报还一报不但在与其自身配对时表现得很好，而且它对其他策略施加压力迫使对方合作。在一个几乎全部是由一报还一报的细胞组成的种群中，每个细胞除了一报还一报以外，没有别的策略能有更好的结果了。随便什么时候，对随便哪个细胞搞一次背叛，都将受到惩罚，所以最有利的方针就是无时无刻不合作（除非你碰到某个人先背叛）。

阿克赛尔罗德也从理论上令人信服地证明了在不利的环境中也有可能出现合作。一报还一报在对抗像ALL D那样极具掠夺性的策略时表现得很差。但是，如果一个一报还一报的群落能够让它们的大多数交互作用发生在群落的内部成员之间，那么一报还一报策略就比ALL D策略好得多。

现在假定有一个种群，几乎全部是由ALL D成员组成的，只有极少数的一报还一报成员。开始时，ALL D成员会欺诈那些一报还一报成员，但过了一会儿以后，几乎每一个一报还一报成员都同每一个ALL D成员

---

① 从技术上讲，一报还一报并非完全是一个进化稳定策略。根据定义，这样一个策略对于变异应该是稳定的，但一报还一报策略在同高尚策略交手时总是合作，因此无法把自己同AIL C以及其他高尚策略区别开来。如果这样的策略通过变异出现在一个一报还一报的种群中，它们有可能无限地共存下去，因为它们都会赢得许多生存所需的分数。可以相信的是，有些策略甚至比一报还一报还略胜一筹，很有可能最终将其取而代之。可以设想的是，对于重复囚徒的困境博弈，存在着一个进化稳定策略，它同一报还一报非常相似。在大多数情况下，它的行为模式是同一报还一报一模一样的。

交互过至少一次。那么在随后的交互中，一报还一报成员们将重复ALL D成员们的背叛，其行为方式将基本上同它们一样。

于是，在正常情况下，ALL D成员在每轮博弈中只能得1分，即使是在同一报还一报成员交互时也是如此，因为在两者第一次交互以后，一报还一报成员也背叛了。

一报还一报成员在每次同ALL D成员的交互中同样也得1分（在第一次交互中被骗以后）。但是，每当一个一报还一报成员同另一个同类的成员交互时，它们相互合作，各得3分。这意味着一报还一报成员每次交互的平均得分略高于1分。这样，一报还一报成员数相对于ALL D成员数就会增加，而种群中一报还一报成员越多，一报还一报策略的优势就越大。以这种方式，一报还一报成员的一个小小的群落最后可能把种群中的不合作成员排挤出去。

镜中鱼

许多物种显示出合作的行为特性，纵使其个体有背叛的倾向，那么是什么维系着这种合作性呢？阿克塞尔罗德的发现虽然只是一种猜测，但却证明了有条件的合作（类似于一报还一报那样）这种行为特性可以自我保持以对抗简单的背叛。因此，生物学家之后就一直试图在合作的物种中证明它们有类似于一报还一报那样的行为特性。

最简单但最出色的实验之一是由德国生物学家曼弗雷德·米林斯基进行的。米林斯基对一种名叫“刺鱼”的小鱼的合作行为有着极大的兴趣。当刺鱼受到大鱼威胁时，它们会派出一支“侦察小队”游近大鱼，然后游回来。生物学家相信，对捕食它们的大鱼的这种“侦察性访问”有助于刺鱼弄清那条大鱼的“身份”、它的饥饿程度以及攻击性程度。

这种侦察性访问类似于一场大胆的博弈。由2条或3条以上的刺鱼组成的一个小分队游近大鱼时，大鱼一次只能攻击其中的一条，就整个鱼群而言是安全的，如果刺鱼聚集在一起，它们就分担了风险，同时却因侦察到了更多的信息而受益。

这种行为是怎样通过自然选择而进化形成的呢？刺鱼的远祖早就有这种行为特性了。变异产生的“好奇”基因使一条刺鱼自作主张游近大鱼，然后又生下了具有这种基因的小刺鱼，它们一看见大鱼就想靠近它，把它看个明白。然后，通过代代相传，刺鱼的基因池就形成了。

当然，刺鱼的这种行为特性只有在它们之间存在合作关系时才有意义。即使这样，刺鱼中总还有当“逃票分子”的倾向，遇见大鱼就向后退。让其他刺鱼去游近它的刺鱼使自己的风险减到最小，同时仍然获利。看来，自然选择更偏爱“懦夫”而不是“敢为人先者”，最后，所有的鱼类就都成了这样的懦夫，而且该行为特性全都消失了。因此，我们不仅很难看出刺鱼那种侦察性访问的行为特性是怎样演化而成的，而且很难看出一旦这样的特性演化出来以后它如何稳定下来。

米林斯基注意到，刺鱼游近潜在的捕食它们的大鱼这一行为分为几个短暂而小心翼翼的阶段。它们先往前游几公分，然后停一下。通常，侦察小分队的其他成员都照着这样做，侦察行动的每一个这样的阶段类似于一个囚徒的困境博弈。冒着把人类的思想强加进刺鱼的头脑中的风险，米林斯基猜测，每条刺鱼最“偏好”畏缩不前并让其他刺鱼去接近大鱼。这样它可以避免受大鱼攻击的危险，同时又能从其他刺鱼获取的信息中受益。排在第二位的选择是同其他刺鱼合作，同小分队一直往前游，分担风险中它应该承担的那一份。这一选择显然优先于所有刺鱼都背叛并放弃侦察行动这种情况，否则刺鱼们就不会有侦察的企图了。最不愿意看到的结果当然就是某条刺鱼被它的同伴遗弃，让它独自面对危险。

因为侦察行动是分阶段进行的，这就成了重复二难博弈。在沿路的每一步上，刺鱼都可以再一次让自己放心（请原谅又一次用了拟人化的词汇），它的同伴没有遗弃它。只有当小分队的全体成员反复地合作以后，它们才能游近大鱼。

米林斯基在实验中巧妙地用了一面镜子以模拟刺鱼的合作和背叛。它把一条刺鱼放在一只矩形水槽的一端，另一端有一块玻璃，玻璃后面有一条同河鲈很相似的大鱼，河鲈的美食主要就是刺鱼。

作为实验的一部分，沿矩形水槽的一侧放一面镜子。因为刺鱼当然不知道镜子是何物，所以米林斯基希望刺鱼把自己在镜子中的映像当作另一条刺鱼。每当刺鱼游向可能要捕食它的大鱼时，镜子中的鱼也会游到同样的距离。

为了模仿背叛，可以用另一面镜子。为此，把模仿"合作"的镜子去掉，另放一面镜子。这面模仿"背叛"的镜子是这样放的：当刺鱼在水槽的一端远离大鱼时，它在镜子中的映像与它很近；而当刺鱼游近大鱼时，它看到它的映像"懦夫"似地掉转尾巴，几乎呈直角游开。

米林斯基发现刺鱼的行为特性同一报还一报是一致的。刺鱼以合作开始——向怀疑要捕食它们的大鱼飞快地游去几厘米，然后倾向于按其出现在镜子中的动作去做。当放的是合作的镜子时，镜像随刺鱼一起行动，这使刺鱼大胆地朝大鱼游近。当放的是背叛镜子时，刺鱼停止向大鱼靠近，或者当只有一条刺鱼时，它还会继续往前游，但非常小心翼翼。

在科学界中，因为有一报还一报那样的行为特性而著称的另一种动物是热带美洲的吸血蝠。吸血蝠的"就餐方式"说明它没有人类那样的情感。但是饱餐一顿的吸血蝠有时会把血吐进栖息着的、还没有吸够血的同伴的嘴里。这种利他主义的行为特性有时在没有亲缘关系的蝙蝠中也能看到，这使生物学家大为惊奇。饱餐一顿的吸血蝠像加满了燃油的飞机似的，可以消耗更多的卡路里以保持活力，它们不像饥饿的吸血蝠那样急需补充食物；如果连续两个夜晚找不到吃的话，后者由于旺盛的新陈代谢很快会饿死。但是，是什么阻止了吸血蝠接受多余的食物而不放弃它呢？"一毛不拔"的吸血蝠理应有较高的生存率并取代利他的吸血蝠啊。

杰拉尔德·威尔金逊当时在加州大学圣地亚哥分校工作，他做了一个实验。实验中，他让吸血蝠在进食以前关在笼子里直到饥肠辘辘。他证明，曾经被别的蝙蝠喂食过的蝙蝠随后会更愿意献血，献血意愿的强弱程度主要取决于蝙蝠之间互相了解的程度。互相熟悉的蝙蝠之间更愿意合作，以期在将来更好地交往。

合作和文明

我们所有的人都像刺鱼和蝙蝠一样，在不自觉地应用博弈论。人类社会就是一个在重复不断地相互作用的群体。某些相互作用中必须在自身利益和集体利益之间做出选择。是否经常相互合作是社会能否有效地行使其职能的一个度量。

文明在人类历史上最重要的作用就在于它能促进合作。随着农业的发展，人们形成了固定的栖息地。一旦人们扎根在地球上经过开垦的地点以后，社会就发生了变化。人们开始有邻居，有时是要打交道的街坊四邻、同村居民等。欺骗其邻居的人不能指望今后有人同他合作，而欺骗了所有邻居的人将被驱逐出去。由于种的庄稼长在地里，或者在城里开了商店，卷起铺盖就挪窝并不那么容易，因此大多数人在大多数时间都是易于合作的。

文明的大多数标志都是促进合作的。姓名、语言、信用卡、汽车牌照、ID卡……这些发明都有助于把一个人同他过去的行为特性联系起来，从而根据情况采用相应策略。实际上，大多数法律是用来禁止各种各样的背叛行为的。卢斯和拉发在他们1957年的书中就这样说过：“有人持有这样的观点，即政府的一个重要作用就是宣布社会‘博弈’的规则（这是博弈局势中固有的）必须改变，如果有人因追求其自身利益而迫使社会处于他不愿看到的形势之下。”

然而，人类的历史并不是合作日益增强的历史。博弈论也有助于理解这一点。一报还一报并不是唯一一个进化稳定的条件策略。其他策略一旦占领地盘，可能会更加稳定。

博弈理论家斯蒂夫 · 赖蒂纳和戴维 · L · 摩根研究了“标签”的作用。所谓标签，是可以用来识别参与者的任何一类事物，在人类社会中，它可能是性别、种族、社会等级、民族、某俱乐部成员、某联盟成员，或其他属性。

设想一个社会分成两个集团——红方和蓝方。几乎社会上的每一个人都遵循可称之为“区别对待的一报还一报”（DISCRIMINATORY TIT FOR TAT， DTFT）的策略。这种策略在对付同一方的人时同一报还一报完全一样，在对付另一方的人时总是背叛。

当两个红方的人第一次交互时，两个人都选择合作。当两个蓝方的人第一次交互时，两个人也都选择合作。但是当一个红方的人和一个蓝方的人交互时，两个人都选择背叛（“因为你不能相信那个家伙”）。

赖蒂纳和摩根证明这种安排是稳定的。试图正常进行博弈的个体，如果盲目地用一报还一报策略，那比根据不同对象采用不同策略糟糕得多。假定一个红方和一个蓝方的人第一次交互，蓝方经过冥思苦想决定采用合作（就像在常规的一报还一报中那样），而红方几乎肯定采用DTFT，即背叛，那么蓝方将获得傻瓜回报，肯定比务实地玩DTFT要少。

然而，这并不意味着DTFT比一报还一报更成功——如果每个人都执行一报还一报的话。因为，红蓝双方每次交互都以获得惩罚性回报结束而不是获得奖励性回报。但是，DTFT一旦有了根基就是稳定的，因为它惩罚个体试图建立一报还一报的努力。

具有同一标签较少的一方因DTFT而受到的伤害要大于拥有这一标签较多的一方。如果红方是大多数，那么大多数红方将同另一个红方交互，在这种情况下，DTFT同一报还一报并无多大区别，只在少数情况下红方才同蓝方交互。而蓝方由于是少数，将经常同红方交互，每次都将获得惩罚性回报。在多数和少数差别极大的极端情况下，少数派的成员几乎总是获得惩罚性回报，而多数派成员几乎总是获得奖励。

这为分离主义运动提供了在博弈论意义上看似合理的依据。类似于“唐人街”和犹太人聚居区，印度分为穆斯林邦和印度教邦，英国清教徒建立了马萨诸塞湾侨居地，马库斯·加维[①]和黑人穆斯林的分离主义，摩门教徒建立犹他州等，这其中都有限制少数派同不相信他们的外部人员交往的作用在内。

现实世界中的一报还一报

许多人希望阿克塞尔罗德的发现能用于分析人类冲突，他们甚至希望政治家和军事领袖采用“务实的一报还一报”，从而使世界上的大多数问题在一夜之间统统得以解决。

阿克塞尔罗德自己给这种天真的想法泼了冷水。当我问他，他是否认为自己的发现可以转化成对政治家的忠告时，他坚定地说这不是他的目标。“我的目标是帮助人们更清楚地认识事物，而世上的事物是极不相同的。任何形式化了的模型，包括博弈论的价值，在于你利用这个模型比没有这个模型时能更清楚地看出事物之所以如此运作的某些原理，但这仅仅是某些原理，你一定还会留下许多问题，其中有些可能是非常重要的。”

试图劝说人们在外交事务中应用一报还一报策略存在一定的问题，在某种意义上说，大多数有理性的人虽然不知道这个策略，但已经在这样做了。有责任感的领导人不会去惹麻烦，也不会轻易被激怒。实际的困难在于不清楚什么时候应当合作，什么时候应当背叛，但又必须做出决定。在现实世界中，某人在按合作还是按背叛的方针行事在某些时候是不太明显

---

① 马库斯·加维（1887—1940）：牙买加黑人领袖，致力于非洲黑人状况的改善和政治上的独立，是著名的黑人运动领袖和演讲家，创建黑人维权组织U.N.I.A.，创办《黑人世界》周刊（*Negro World*），影响极大。——译者注

的，许多行动可能介于这两个极端之间；而且他对于已经做了些什么也经常是不清楚的。当你不知道对方做了些什么时，你不可能采用任何根据条件来确定的策略。

自20世纪50年代以来，美国和苏联都在采用“一报还一报”政策——这个名词早在阿克塞尔罗德研究之前就有了。这种政策使两国在交往中，一个国家的公民能够抗衡另一国的公民，这显然是一报还一报策略自然而然逐渐形成的一个名副其实的例子。1990年，在美国驻列宁格勒（现圣彼得堡）的外交官被拒绝前往立陶宛旅行之后，美国国务院取消了苏联驻旧金山的副总领事杰那蒂·卓洛托夫到内华达州旅行，并在一个小学院发表与他的业务无关并且不允许与他争论的演讲的许可。国务院发言人邱克·斯坦纳解释说：“这不是报复，这只不过是以同样的方式做出的一种反应。他们否决了我们的申请，所以我们也否决他们的申请。这是我们两个国家之间已经执行了很长时间的一条规则。”

在一个不确定的世界里，类似一报还一报那样的策略也许是解决大多数问题所必需的。在实际冲突中，双方都宣称是对方挑起了冲突，自己不过是一报还一报而已——这种现象我们大家都再熟悉不过了。冲突就这样不断升级。唇枪舌剑导致真刀真枪的实战，然后是空袭。每一方都会真心诚意地指责对方跨过了战争的门槛，只要它获得权力宣布战争的门槛在哪里的话。伯特兰·罗素宣称，在世界历史上只有一场战争，人们是知道其原因的，那就是特洛伊战争。罗素解释说，那场战争是为了一个美丽的女人；而这以后的所有战争都缺乏合理的解释，也没有产生什么。在阿克塞尔罗德的抽象博弈中，关于谁第一个背叛从来没有任何问题，就这点而言，阿克塞尔罗德的抽象博弈是不现实的。

斯蒂芬·范·伊夫拉在写作《世界政治》（*World Politics*，1985年10月）时考虑过这样一个问题；一报还一报或类似策略是否有可能阻止第一次世界大战的发生。他的结论是不可能。他说：

……一报还一报策略要求双方基本上都相信同样的历史，否则，每一方都要对对方最近一次“不可饶恕”的违规行为进行惩罚从而使双方都陷入无休止的报复之中。然而，由于各个国家相信同样的历史是极其罕见的，因此，一报还一报策略的效用在国际事务中是极为有限的。通过互惠以促进国际合作的策略需要对等的行动以控制沙文主义虚构出的荒诞说法，这种说法经常会歪曲一个国家关于其过去的观点……

总之，在1914年不存在成功应用一报还一报策略所必需的各种条件，欧洲没有适宜一报还一报策略的土壤。在国际事务中，这些条件经常是不具备的，“1914综合征”只是国家通病的一些变种。由此我们必须得出结论：如果我们寄希望于一报还一报策略，而不去首先建立为成功实现一报还一报策略所必需的各种条件，那么我们将不可能促进合作，甚至可能造成更严重的冲突。

在当今的外交活动中，博弈论被经常使用吗？答案是少得可怜。阿克塞尔罗德认为：“你可能认为托马斯·谢林的著作是人所共知的，而且也许在帮助确立军备控制的某些概念方面起了很重要的作用。但在最高的层面上，你根本无法找到这样一位国务卿，他能够告诉你囚徒的困境是什么。”

但阿克塞尔罗德也发现博弈论的影响在日益加强：“博弈的某些思想目前在公众领域中非常流行，所以某些人可能受到这些思想的影响。我想每个人其实都知道什么是非零和博弈，你可以在《新闻周刊》上直接用这个名词而不必做任何解释。由于我们习惯于按零和博弈的术语来思考问题，因此单单这一点就足以证明我们在智力方面有了重大的进展。”

PRISONER'S DILEMMA

13

美元拍卖

这是在洛斯阿拉莫斯举行的一个晚宴。在为原子弹工作了一整天以后，科学家们可以放松一下了。他们的谈话有时会转移到在其他星球上生活这个话题上去。恩里科 · 费米提出了这样一个问题：在其他星球上是否存在具有智能的生命？如果有，他们在哪里？为什么我们检测不到他们的任何信号？当时没有任何人能回答他的问题。

冯 · 诺依曼后来回答了这些问题。他的答案是刘易斯 · 施特劳斯在《人和决策》（*Men and Decisions*， 1962）中提出来的。施特劳斯说，在广岛事件之后不久，“冯 · 诺依曼半认真、半开玩笑地提出了一个观察报告，说天空中的超新星——那些神秘的星球突然变得极亮极亮，然后很快变成天空中的灰烬。由此可以证明，其他星系中有感知能力的生物已经达到了他们所具有的科学知识的极限，由于没能解决如何共同存在下去这个问题，它们通过宇宙集体自杀而成功地实现了一致”。

有一种说法，即人类是地球上唯一一种生物，是自知必死的。原子弹的诞生第一次尖锐地让人们认识到，人类自身也是有可能灭亡的。冯 · 诺依曼的玩笑式评论的力量在于它充满了智慧，看出只消一个人就可以造成巨大的灾难。希特勒曾经说过他需要一种能毁灭整个世界的炸弹，这个故事被兰德的海曼 · 卡恩在分析热核战争时多次引用过。在历史的长河中，偶尔出现一些邪恶的领袖和坏的决策是不可避免的。当前的热核战争不一定能彻底毁灭人类（它不一定能释放出一颗超新星的能量）

这样一个事实当然与我们讨论的问题无关。冯 · 诺依曼认识到武器的威力在以指数方式增长，在几代人的时间里（同地球的历史相比，这只是一个瞬间），武器的能量堪比星球的能量，这是可能的。

正是人类的所有文明竭尽全力避免了全面战争，勉强地挡住了一次又一次的灾难，在裁军方面也取得了短暂的成功。然而，最后一次危机降临了，在这次危机中，用先发制人的办法防止星球范围内的大屠杀的理性的集体呼声太弱了——这就是我们为什么不能检测到从那里的智慧生物发出的任何无线电信号的原因。

道格拉斯 · 霍夫斯塔特则不那么悲观，他认为宇宙中可能存在两种类型的智能化社会，类型Ⅰ的社会成员以一次性囚徒的困境博弈的方式合作，类型Ⅱ的社会成员则实行背叛。霍夫斯塔特认为类型Ⅱ的社会最后会自我爆炸。

即使是这样一种微弱的乐观主义也是很成问题的。自然选择法则大概在宇宙的任何地方都是按几乎相同的方式起作用的。我们在地球上看到的合作和背叛的反复无常的混合可能在别的星球上也在不断地发生。如果自然选择法则偏爱以一次性囚徒的困境博弈方式实行背叛的那些生物的话，那么所有有智能的物种都将通过遗传“以编程方式”这么做。

恐怕霍夫斯塔特说的是一种更广泛的自然选择。我们可以相信自然选择只会产生类型Ⅱ的社会，而且一旦这种社会达到全面技术危机的状态，它们必须找到一种方法把自己转变到类型Ⅰ的社会上去，否则就会灭亡。问题在于，这是否有任何成功的希望。

逐步升级

冯 · 诺依曼有一次在谈到氢弹时曾对奥本海默说：“我不认为任何武器都可以做得太大。”战争的历史就是使更加能置人于死地的武器不断升级的历史，但是没有哪一方会说他想要这种武器。中世纪能刺透盔甲的弩就被认为是这样一种可怕的武器，因此中世纪的王国曾经请求教会宣布它为非法。阿尔弗雷德·诺贝尔发明比黑色火药的威力大得多的达那炸药，其目的是为了使战争恐怖得难以想象，并从而开创和平岁月。[①]原子弹和氢弹的制造者们，从奥本海默到特勒，虽然其政治观点极为不同，但都以各自的方式认为这将导致世界政府和战争的终结。

然而实际情况却是：不但前所未有的可怕武器仍被使用着，而且它们还刺激着军备竞赛。“历史在不断重复着自己”这种说法在军事历史中也许是最真实不过的了。

19世纪末，英法两国开始各自建造军舰以保卫自己，防止被对方侵犯。德国很快注意到了这一点，并发现自己落后了。到世纪交替之际，德国皇帝已经把德国战舰的数目翻了一番。德国坚称这是为了防御，而不是为了进攻。英国开始警惕德国的威胁，但他们不是简单地建造更多的军舰，而是启动了一个应急计划，生产更强大的军舰。1907年，英国海军部为无畏战舰举行了揭幕仪式，这是一艘比以前的任何战舰更快、装备更精良、有更多火力的战舰。海军上将菲希尔夸口说，一艘无畏战舰可以击沉整个德国海军。

德国人别无选择，只能建造自己的无畏战舰。一旦双方都拥有了无畏战舰，力量的天平将再一次向拥有数量优势的一方倾斜。英国和德国开始竞赛以生产最多的无畏战舰。德国赢得了这场竞赛（直至第一次世界大战爆发），于是英国实际上处于不那么安全的地位。H·C·拜沃特在《海军和国家》（*Navies and Nations*，1927）一书中抱怨说：“通过采用无畏战舰政策，我们只是丧失了我们对未来敌人的许多优势，却没有获得任何回报……到1914年，英国海军的力量同德国海军的力量相比下降了

---

① 这是指诺贝尔的初衷。诺贝尔在1890年的一封信中写道：“我希望我能够制造一种东西或是机器，它具有极端恐怖的破坏力，使一切战争因此不可能发生。”——译者注

40%~50%，这是无畏战舰政策的直接后果。”

在许多方面，原子弹正是这个故事的最新一章。原子弹花费了大量金钱，但从长远来看，却没有使任何人感到更加安全。历史在不断重复着自己，却被以下事实败坏了：历史并不能精确无误地重复，氢弹比无畏战舰或弩要可怕得多。

1951 年 11 月 21 日，冯 · 诺依曼给刘易斯 · 施特劳斯写了一封信，对L · F · 理查森发表在权威的《自然》杂志上的一篇论述战争的原因的文章提出批评。冯 · 诺依曼写道：

> 对于他所表达的一个量变的观点，我是赞成的，那就是在战争的预备阶段，一定程度上是一个相互刺激的过程，其中任何一方的行动都刺激了对方的行动。然后一方对另一方的反应又反馈回去，造成后者采取比“上一轮”更进一步的行动，如此等等。换句话说，这是两个组织之间的关系，其中每个组织都必须系统地对对方向自己的挑衅做出解释，为自己进一步的挑衅提供理由，经过几轮放大以后，这就最终导致“全面”冲突。
>
> 由于这个原因，作为冲突“预演”的挑衅行为，也就是最初的挑衅行为及其动机，变得越来越模糊不清了。这同普通人生活中的某些感情关系或神经过敏行为非常相似，而同普通人生活中发生的具有更理性形式的对抗则不那么相像了。如你所知，我也相信，认为冲突同感情上的冲动或神经过敏症有某些相似之处，本身并不隐含着冲突是可以消解的。而且，我尤其认为，美苏冲突极有可能导致军事上的“全面”碰撞，因此最大限度地备战是绝对必要的。

冯 · 诺依曼可能低估了博弈论在表示“神经过敏者”的非理性行为方面的能力。“美元拍卖”博弈中就有这种不断升级的令人憎恶的行为，这也许是我们遇到过的最稀奇古怪、最不切实际的博弈。然而从更深层次的意义上来说，美元拍卖博弈又是我们这个核时代的最真实写照，它比我们此前介绍过的任何一个二难博弈更深刻地证明了博弈论在解决某些类型社会问题中的重要性。

苏比克的美元拍卖

马丁 · 苏比克和他的同事在空闲时间喜欢设计新颖和不同寻常的博弈，用苏比克的话说就是："我们能不能找到某种病理学的现象，可以将它当作一种定义得很完善的博弈？"他们要的博弈是真正可以去玩的那种游戏。苏比克告诉我："我不相信可以玩的博弈只有客厅中的游戏。"

1950 年，苏比克、约翰 · 纳什、劳埃德 · 夏普利和梅尔文 · 豪斯纳发明了一种游戏叫"大傻瓜"（So long sucker）。这是一种很较真的游戏，用扑克牌来玩，游戏中的参与者必须同其他的参与者结成同盟，但为了取胜通常又必须背叛他们。在派对上试验这种游戏时，人们都很把它当真（苏比克回忆说："曾经有一对夫妻在玩了这个游戏以后互相生气，竟分别叫出租车回家。"）

苏比克提出了这样一个问题：人们是否有可能联手沉溺于一个博弈？正是这个问题引出了美元拍卖博弈。苏比克不能肯定是谁首先发明了这个博弈，抑或这是几个人共同发明的。但无论如何，由于苏比克在 1971 年发表了它，因此一般把他当作这个博弈的发明人。

在 1971 年的论文中，苏比克把美元拍卖描写成"一个极为简单，非常有娱乐性和启发性的客厅游戏"。游戏中有一张 1 美元纸币被当众拍卖，其中有两条规则：

1.（同任何拍卖一样）钞票归报价最高者。新的报价必须高于上一次报价，在规定时限内没有新的报价则拍卖结束。

2.（不同于索斯比拍卖行的规则！）报出第二最高价者也要付出他最后一次报价的款项，而且他什么也得不到。你当然不想成为这样的竞拍人。

苏比克写道："这个游戏当然希望有许多人参加，经验表明，进行这个游戏的最佳时机是在聚会上，因为那时大家都喝了许多酒，情绪高涨，兴高采烈；此外，至少在两次报价之前，谁也不会去认真计算结果会怎样。"

苏比克的两条规则很快就让大家发疯了。拍卖师问道："有人出 10 美分？ 5 美分？"

是的，这是 1 张 1 美元的钞票，所有人都希望以 1 美分的代价得到它，所以许多人都喊 1 美分。拍卖师接受了这个报价。现在任何人可以以 2 美分的代价得到它，这仍然比曼哈顿银行的利率高许多，所以有人喊 2 美分，不喊才蠢呢。

第二次报价让第一个报价的人感到不舒服，因为他成了次高报价者。如果拍卖这时结束，他将要白白付出 1 美分。所以他特别有理由报出一个新的价——"3 美分！"如此等等……

这怎么收场呢？你也许想这张 1 美元的钞票最终恐怕要以全额即 1 美元的代价落到某个人手里了——多可怜，没有任何人赚到便宜。你如果这样想，那就太过乐观了。

假定最后真的有人喊出 1 美元的报价。这使另一个报 99 美分或略少的人成为次高报价者。如果拍卖以 1 美元结束，这个人将要白白付出 99 美分。所以这个人势必被迫出价 1.01 美元。如果他赢了，他只损失 1 美分（付出 1.01 美元得到一张 1 美元钞票），这比损失 99 美分强。

因此，在一轮竞拍中，出价 1 美元成为拍卖的高潮。苏比克写道："当报价达到 1 美元这个关卡以后，出现了停顿，人们开始犹豫观望。然后速度又突然加快，进入决斗状态，直至紧张空气弥漫，竞拍又慢了下来，最后逐渐平息。"

不管在竞拍的哪个阶段，次高报价者都可以以比当前最高报价高出 1 美分的新报价压住对手，并使自己的地位暂时得到改善，但他的处境只会越来越坏，越来越坏！这个别出心裁的博弈导致竞拍者懊恼不已，因为报价最高的人为了这张 1 美元钞票付出的远多于 1 美元，次高报价者则白白付出远多于 1 美元的代价。

计算机科学家马文 · 明斯基知道这个博弈以后便在麻省理工学院把它推广开来。苏比克的报告说："这个博弈的试验证明可以以远远多于 1 美元的价格'卖出'一张 1 美元纸币，总的支付数额在 3~5 美元之间是极普通的事。"说得最好的也许是 W · C · 菲尔茨，他说："参加这个博弈的人个个都像疯了一样，如果第一次出价没有成功，没有取得那张美钞，他会一而再、再而三地往上出价，直到最后才放弃。他明知道这很傻，但没有用。"

苏比克的美元拍卖博弈说明，在一定形势下，人们很难应用冯 · 诺依曼和莫根施特恩的博弈论。美元拍卖博弈的概念非常简单，并且不包含任何令人惊奇的特点或隐蔽信息，它本应成为博弈论教科书中的"案例"。

它同样本应成为有利可图的博弈。它在竞买人面前以 1 美元招揽，这可不是虚幻的。此外，没有人强迫你竞拍。理性的参与者肯定不会损失什么，所以出价高出 1 美元许多倍的参与者显然是在"非理性"地行动。

更难的是，你能说出他错在哪里吗？问题在于，在理性的和非理性的竞拍者之间很难划出一条清楚的界线。苏比克写道，对于美元的拍卖这个博弈，"单单用博弈论去分析它，你恐怕永远也无法确切地解释清这个过程"。

现实生活中的美元拍卖

也许你认为美元拍卖纯属胡闹，它同真正的拍卖如此不同。那么你不用去想象拍卖，你可以用以下方法了解现实生活中的美元拍卖：明知是无底洞，还要把大把大把的钱往里扔，无非是想捞回一点儿，免得先前扔进去的钱血本无归：或者仅仅是因为无路可退和“保住面子”。

你有没有给一个业务很繁忙的公司打过长途电话，但很长时间都没有人接听？遇到这种情况时你怎么办？你可以挂掉，这样等于浪费了昂贵的长话费；或者你可以耐心等着，每过 1 分钟便得多付 1 分钟的长话费，但最终是否有人接电话是没有保证的。这也是一个很现实的二难命题，因为它没有任何简单而有意义的解决办法。如果你真有什么要紧事非得同该公司的什么人说，而又没有时间在不太繁忙的时候去打电话，那么在无人接听时你真下不了决心挂掉；而让你耐心等着，不管等多久也同样叫人为难——也许是交换机出了什么毛病，那电话就永远也不会接通了。而且，让你等多久也是很难决定的。

在人流如潮的迪士尼乐园里，人们排成长队去坐过山车，一等就是一个小时甚至更长时间。等你坐上过山车，几分钟就下来了，你甚至不相信排队等了这么长时间就为玩这么一会儿。其原因在于经过“人机工程学”设计的蜿蜒曲折的队伍使游人看不出来队伍到底有多长，你耐心地随大流朝前走到某个地点，拐个弯，看见又冒出了一条新队伍。等到你能确切地估计出这个队伍有多长的时候，你已经等了很长时间，舍不得放弃了。

艾伦 · 特格发现类似于美元拍卖的许多情况经常是为了赢利而被制造出来的。在他 1980 年出版的《舍不得放弃太多的投资》(*Too Much Invested to Quit*) 一书中，特格指出，“当我们在电视机前看一部电影，本来只是想看看它到底好看不好看的，到头来，即使很不好看我们也舍不得把它关掉，因为我们已经看了这么长时间，所以最好继续看下去，看看它的结局是什么……电视台很清楚，一旦我们开始看它，就舍不得把它关掉，所以他们经常增加片子的长度，还在片子中间插播商业广告。如果电影只剩 20 分钟，我们很少会把它关掉，即使每隔 5 分钟就要出现商业广告。”

此外，既威胁工人，也威胁资方的罢工同美元拍卖也有许多相同之处。双方都愿意再多拖一段时间——如果他们现在就让步，那么他们损失的工资或者损失的利润就白白丢掉了。美元拍卖同建筑设计竞争（若干建筑设计事务所同时投入大量时间和人力设计一个雄伟的新建筑，但只有一家的设计图纸被采用）和专利竞赛（互相竞争的多家企业都投入大量研发资金于一个新产品，但只有首先获得专利的那一家可从中获利）也很相似。修理一部老旧汽车；再多打几圈牌以挽回损失；在等公共汽车时总想再等几分钟，最后才决定放弃而拦下一辆出租汽车；在不满意的职业或不幸福的婚姻中虚度时光……所有这些都是美元拍卖。

就像我们已经看到的那样，在历史的某一时刻都出现过博弈论上的这种二难命题。对越南战争最流行的看法（尤其是在心理上，人们普遍归咎于约翰逊总统和尼克松总统），实际上纯粹是一个美元拍卖博弈。“打赢”这场战争，以维护美国的利益，至少要证明死了那么多人、花了那么多钱是正当的，这几乎是不可能的。于是，主要的议题成了显得更强硬一些，即取得名义上的胜利——“体面的和平”，让阵亡将士不是白白牺牲的。苏比克认为越南战争是美元拍卖的一个极好的例子，但他认为这样的博弈是不值得提倡的。他相信美元博弈产生于其 1971 年的论文之前，也许在越南战争的最后阶段前不久，正是受战争启发而诞生的。

时间再近一点儿，海湾战争[①]与美元拍卖也有异曲同工之妙。伊拉克总统萨达姆·侯赛因在 1991 年 1 月向其南方前线的部队发表演讲时，“宣布……伊拉克的物质损失已经如此巨大，因此他现在必须战斗到底”（见《洛杉矶时报》1991 年 1 月 28 日的报道）。

苏比克说，萨达姆的立场是处于这种形势之下的一个领袖缺乏远见的例子。在越南冲突中，双方都对坚持和取胜抱有一定的希望；而在伊拉克冲突中，双方的力量对比是非常不均衡的。伊拉克军队的技术装备极端落

① 此处指 1991 年的海湾战争。——译者注

后，人数也只是联合国盟军的几分之一。伊拉克之所以被击溃是任何人都可以预见到的，只有萨达姆除外。把萨达姆当成疯子并把他送回老家是容易的；不幸的是，这样的疯子并不少见。人们并不总是善于预见到其他人对其行动将如何反应，这就很容易使他看不到后果。

类似于美元拍卖的冲突在动物世界中也不难看到。在同种动物之间发生的争夺领地的斗争很少导致死亡，有时候它们只是进行“消耗战”或“摩擦战”，格斗者面面相觑并做出威胁的姿态，最后其中一方感到疲倦而离开，承认失败；这样，愿意坚守阵地最长时间的动物就赢了。动物们付出的“代价”只是时间（时间本来可用于追逐食物、异性，或照料后代），双方付出的代价是相同的，只是愿意坚持得更久的一方赢得了声誉。

美元拍卖同重复囚徒的困境博弈也有某些相似之处。报最高价是背叛，因为这虽然有利于报价者本人在短期内的好处，却有害于共同的利益。每一次新的报价都使潜在的收益降低一分，双方反复背叛的结果将导致两败俱伤。

对于通常用重复囚徒的困境来处理的某些冲突，有时候美元拍卖是一种更好的模型。逐步升级以及双方都毁灭的可能性，是军备竞赛的特征。“胜者”是造出最大和最多原子弹的国家，其安全程度得以提高了：然而“败者”不但没有提高安全程度，它的那些“被浪费了的”国防预算也得不到偿还了。因此，次强的超级大国情愿花更多的钱以“缩小导弹差距”。

美元拍卖也揭示了为什么很难采用类似于一报还一报那样的策略。每个竞拍者都会用背叛去回应别人的背叛，停止竞拍就是允许自己被欺诈。

你也许认为，问题在于竞拍者不具有阿克塞尔罗德所定义的那种“高尚”品德。那么让我们谴责第一个背叛的人——也就是第一个出价者吧！但是，我们怎么能去批评他呢？要是没有一个人出价，99 美分的收益就会白白浪费掉啊。

许多冲突就是以这种方式开始的——一个无可非议的行动，在一个逐步升级的二难命题中，回过头来看又变成了第一次“背叛”。美国和苏联的核军备竞赛就是这样开始的，当初美国制造原子弹是为了打败阿道夫·希特勒——一个彻头彻尾的战争狂人，正在试制原子弹。很难说这有什么错。雅各布·勃洛诺夫斯基，一位参与过原子弹工作的科学家曾经这样指出（见《听众》杂志，1954 年 7 月 1 日）：

> 当时，（原子弹）对长崎的破坏程度（即 1945 年秋）让我的心在流泪，即使是现在当我说起它时仍然如此。我驱车走了 3 英里，周围一片废墟，这是人类在 1 秒钟之内造成的。9 年之后，氢弹要让当年的破坏程度相形见绌，把 1 英里的破坏变成 10 英里的破坏，而公民们和科学家们互相瞪着双眼问道："我们怎么会制造出这么恐怖的噩梦呢？"
>
> 我想首先谈一谈历史问题，因为这方面的历史只有少数人知道。铀的裂变是在战争爆发前一年被两个德国科学家发现的。几个月以后，就有报道说，德国禁止从它刚侵占的捷克斯洛伐克输出铀矿。欧洲大陆、英国和美国的科学家都想知道德国人所说的秘密武器是不是原子弹……希特勒如果垄断了这样的炸弹就会立刻取得胜利，从而统治欧洲和整个世界。科学家们非常清楚原子弹的破坏力，他们对此非常害怕。他们首先害怕原子弹把世界变成荒漠，其次害怕被奴役……爱因斯坦一生都是和平主义者，也不轻易把他的良心放在哪一方。但是他显然很清楚，没有人能在原子弹这个问题上置身事外……1939 年 8 月 2 日，在希特勒入侵波兰前一个月，他写信给罗斯福总统，告诉他，他认为应该制造原子弹，并且担心德国已经在试制原子弹。这就是为什么在战争的后期，英国、加拿大和美国的科学家通力合作制造原子弹的来龙去脉。[①]他们憎恶战争不亚于非专业人员，不亚于士兵……原子科学家们相信他们是在同德国人竞

---

① 给罗斯福总统的这封信其实是里奥·西拉德起草的，他和其他几个科学家说服了爱因斯坦在信上签名并以他的名义发出。——译者注

赛，其结果可能决定战争的胜负，即使是在最后几个星期。

一旦原子弹被造了出来，就没有办法停止了。美国的原子弹迫使苏联和其他一些国家研制他们自己的原子弹，这反过来又迫使美国去造氢弹，然后苏联也造氢弹，导致双方又大量制造原子弹、氢弹。那么，你该把界线画在哪里呢？

策略

在苏比克的试验中，竞拍者的行动完全是自发的，但是自那以后，他们的行动已经被好几十篇学术论文仔细而彻底地研究过了。在美元拍卖中，你应该怎么做？归根结底，你应该去参加竞拍吗？

就像在许多实验中那样，并不是每个人都把美元拍卖当真而认真对待的。有些人让别的竞拍者遭受损失只是为了捣乱，或为了好玩。也有人倾向于显示出“绅士风度”，让某个人出价 1 美分，其他人都放弃出价，从而让那个人获得那张 1 美元纸币。为了实现苏比克的意图，我们必须假定每个竞拍者只对他个人获得最大利益感兴趣（或者在必要时使自己的损失降至最小），此外，金额数对所有竞拍者都是有意义的。

先看只有两个人出价的情况。假定最低出价为 1 美分，每次最少增加 1 美分，两人轮流出价，新的出价必须高于上一次的出价，否则就是放弃，对方赢得那 1 美元。现在假定你是第一个出价的，让我们依次看一下第一次出价的各种可能性：

出价 1 美分。这是最低出价。如果对方足够“高尚”，放弃出价，你将获得最大利润（99 美分）。这也是“最安全”的出价：如果对方超出你，你又不想继续出价，那么你只损失 1 美分。因此出价 1 美分意味着可能的最大收益和最小风险——你还能有什么更高的要求呢？

不幸的是，对方有100个理由要压倒你的1美分报价，因此开局的这1美分报价最后会落到什么结果是完全不清楚的。

出价2美分到98美分。在这个范围内的任何出价都还使你有利可图，但对方都会封住它以获取利益。因此很难说将发生些什么。

出价99美分。这是还有可能获利的最高报价。因为不允许低于1美分的加码，所以对方可选的最低报价是1美元，或者选择放弃。对方要是报出高于1美元的价，那才傻呢，因为这就亏定了（吃这个亏是不必要的，因为他可以选择放弃，因而不盈不亏）。但是没有什么因素鼓励他出价1美元，因为要是拍卖到此结束，他只会落得个不盈不亏；如果你随后出更高的价，他将冒损失1美元的风险。

因此，如果对方比较保守，对你也没有恶意，那么你第一次就出价99美分便可以有1美分的赢利。

出价1美元。这个出价是虚无主义的，没有任何意义。它使所有竞拍者获利的希望立即化为乌有，这种故意出高价的做法排除了一切可能的不确定性，因为对方现在最低的出价只能是1.01美元，而且绝对要吃亏，因此对方如果感兴趣的是使他的收益最大化，他只有放弃。

出价多于1美元。显然是愚蠢之举。

此外还有一个策略，那就是——**放弃**（虽然还没有人出过价）。这样你既赢不到什么，也不必担什么风险。

如果你竞拍这1美元，你会有一点儿风险，因为如果另一人非理性地出更高的价，你将得不到这1美元，所以放弃肯定比竞拍这1美元强（不管它有多大价值）。为什么要为不属于你的东西去冒险呢？

如果你放弃，把机会留给对方，他将出价1美分，获得那张美钞，赢利99美分，至少你没有破坏他的好事。

在上述所有可能的开局出价中，只有99美分让你能获得保底的1美分的赢利。而在对方非理性的情况下，甚至这1美分的赢利也是不保险的，反而会有损失99美分的风险。

这个结论使大多数人大为惊讶，还认为这是错误的，可能有 99 美分的赢利机会怎么会白白浪费掉呢？是的，可以赢 99 美分，但很遗憾，不是你赢，而是对方赢，条件是你放弃。

把所有可能都列出来以后，让我们重新来考察一下第一个策略，即第一个出价者出 1 美分。第二个竞拍者为什么那么不明智，干脆放弃，让第一个人赢得 99 美分呢？请这么想吧：没有人能确保自己出一个新的报价就一定会获利。因此，一个理性的竞拍者会认识到这是一个愚弄人的游戏，因而拒绝报比已有报价更高的报价。

如果新的报价在 2 美分到 99 美分这个范围之内（1 美分是第一次报价，不是新的、超过上一次报价的报价），那是有可能赢利的。但是，如果对方再出新的报价超过你的报价，你的赢利就不牢靠了。因为第一个报价的人已经至少投入了 1 美分，你的新报价至少让对方有 1 美分落入陷阱，因此会刺激他至少要打成平手、不盈不亏，从而报出新的价格，压过你“有利可图”的报价，这样就会使你落入陷阱了，从而进入不断升级的疯狂循环。

理性的出价

综上所述，美元拍卖非常值得博弈论做深入分析，实际上，如果所有竞拍者都清楚自己拥有多少有限的资金的话，那么美元拍卖是有“理性”解的。在只有固定资金的情况下，你出价最多能出到这个数，因此就有可能列出所有可信的出价序列。一旦完成了所有这样的工作，你就有可能从最后一次出价出发往前回溯。巴里 · 奥厄尔和伏尔夫冈 · 莱宁格分别在他们的论文中做了这样的工作。

莱宁格在他 1989 年的论文中考虑了可以连续出价（即允许有不足 1 美分的零头）的情况。当出价必须是 1 美分的整数倍时，只需要做不大的调整即可。

让我们看一个具体情况。“赌注”同平常一样是 1 美元，每个竞拍者拥有的资金，比如说都是 1.72 美元。按照莱宁格的研究结果，第一次出价正确的应该是资金被赌注除的余数——1.72 被 1.00 除得余数为 72 美分。这就是第一个竞拍者应该出的价。

乍一看，这似乎有些傻。但请看：出价 72 美分使第二个竞拍者倾向于在 72 美分到 1 美元之间出价，这是他有利可图的出价范围。同时这也是让第一个竞拍者遭到打击的范围，因为只要在这个范围内报价，就压倒了他，不但使他拿不到 1 美元的赌注，还要倒赔 72 美分。但第二个竞拍者真的这样出价的话，第一个竞拍者情愿而且能够把他的资金全拿出来，出价 1.72 美元（拍卖至此结束，第二个竞拍者没有足够的钱超过它），因为他如果不这样做，他将损失他最初的出价（白赔 72 美分）；而他以全部资金去出价的话，他虽然付出 1.72 美元，但收回 1 美元是有保证的，也只损失 72 美分，并不更坏。

实际上，第一个竞拍者会通过出价 72 美分威胁对方：“退出吧！让我拿到 28 美分的赢利。否则，我会拿全部资金出价，让你输定了——这可不是我的责任。”

第一个竞拍者的这种策略不但能使自己获利，而且是第二个竞拍者无法阻止的，因为新的报价必须高于已有报价，所以他不可能报出低于 72 美分的价；而由于第一个竞拍者的威胁，他又不能做他想做的事，在有利可图的范围内去报价。如果他有推理能力的话，他也不可能用他的全部资金 1.72 美元去报价以便打败他的对手——他虽然赢得了那 1 美元钞票，却付出了 1.72 美元血本，做了赔本买卖。因此第二个竞拍者的最佳策略就是放弃。

不管竞拍者拥有的资金是 1.72 美元还是 2.72 美元，甚至是 1 000 000.72 美元，“理性”的第一次报价都是 72 美分。竞拍者在每轮报价中都可以从资金中“砍去”1 美元，所以决定该策略的始终是那个余数。假定资金是

1 000 000.72 美元，当第一个竞拍者报价 72 美分以后，第二个想在 72 美分到 1 美元之间报价，但被第一个竞拍者回报以 1.72 美元的威胁所阻止。如果第二个竞拍者不顾一切胆敢做出有利可图的报价（我们假定他永远不会因为“发脾气而做出有害自己的事”，即做出无利可图的报价），那么第一个竞拍者就会以 1.72 美元的报价对他进行报复。

这样，第二个竞拍者第一次报价（从 72 美分到 1 美元）的金额就落入陷阱了，这促使他在 1.72 美元到 2.00 美元之间做出一个新的报价，使第一个竞拍者的 1.72 美元落入陷阱，这又促使他报出 2.72 美元的高价以重新夺回主动权。

竞拍以这种方式进行下去，每个竞拍者的处境都越来越坏，但各自都有因素刺激他将报价进行到底……直至第一个竞拍者达到报价的极限——于是他“赢”了，付出 1 000 000.72 美元换来一张 1 美元的纸币，代价虽然极大，但毕竟是胜利，就像古时的英雄皮洛士那样！

现在我们可以看出第一个竞拍者为什么必须出价 72 美分了。他当然希望出价低一些，以便增加赢利。但如果他真的这样做，第二个竞拍者会马上出价 72 美分，然后他就可以按上述“第一竞拍人”的策略行事而取胜了。

如果两个竞拍人的资金数不等，其中一人可花的钱比另一人多，那么情况就完全不同了，但会更简单。钱多的那个人（即使多 1 美分）永远可以压住对方出价，如果他被迫这样做的话。因此，他可以（而且必须）以 1 美分起价，他的稍微穷一些但是有理性的对手肯定会认识到，如果卷入一场拍卖战实在是太傻了。

在什么情况下博弈论不灵？

就像海湾战争所表明的那样，博弈论并不总是起作用的。包括博弈论在内的数学，也经常是远离现实生活的，就像那句开玩笑的话："高中毕业以后，让数学见鬼去吧！"

我认为苏比克所引出的教训就是，只要事关真正的美元拍卖，那么博弈论所推荐的策略就是没有击中要害的。奇妙的、明明白白的逻辑推理从一开始就不会用到真正的拍卖或真正的地缘政治学危机中去。

即使所有相关的事实都清清楚楚，美元博弈也更像国际象棋比赛。下国际象棋有合理而正确的方法，但如果你认为你的对手将以这样的方法同你下国际象棋可就大错特错了。没有人能用博弈论的解决方案去下国际象棋，并且能预见到稍后几步，在美元拍卖中也很少有人能预见未来。

这还仅仅是问题的一部分。在真正的美元拍卖中，有多少人出价也是不确定的。在美元拍卖的实际试验中，竞拍者只能猜测他的对手有多少钱——至少是在最后阶段当某个人掏出钱包来看他到底有多少钱的时候。博弈论的逆向分析需要从一开始就知道喊价的极限。如果喊价的极限是不确定的，就无法进行逆向分析。

为了将博弈论用于诸如军备竞赛那样真正的美元拍卖，你必须确切地知道各个国家愿意和能够花在国防上的钱有多少。对此，没有人能够做到，只能靠猜。试图说出一个概数实在是太过简单化了。钱是分几年花的，公众的舆论也是变来变去的。现在决心要加强其国防的一个国家，几年以后却有可能由于无法忍受高额军事预算及沉重的赋税而改变决心。

可以肯定的是，我们对任何事情的估计和掂量都是不精确的。在许多科学分支中，准确的测量对于应用理论并不重要，比如地球和月球的质量，我们并不知道其精确值到底是多少，但这不妨碍我们把火箭引导到月球上去。对于天体质量这种小小的不确定性只是成比例地引起火箭轨道出现小小的不确定性，但无碍大局。

而博弈论的解决方案对于美元拍卖的作用就与此不同了。在参加竞拍的二人拥有资金额不能确切知道的情况下，你必须肯定哪个人的资金更多；在参加竞拍的二人拥有资金额相等但确切数额不知道的情况下，必须确定它被赌注除所得的余数，拍卖中才能有理性的行动。给定关于资金的典型不确定性程度，理性出价的不确定性并不与之成比例，这种不确定性是全面的，它属于“废料进，废料出”的情况。

前面几章中，我们区别了冯 · 诺依曼的通用策略和有限（或临时性）策略。美元拍卖的问题并不仅在于我们不知道博弈的限制因素，在重复囚徒的困境博弈中也有一些限制因素是未知的，但存在很好的有限策略。由此可见，“无知是福”，一报还一报优于纳什的固定采用背叛的通用策略。然而，在美元拍卖中，不存在好的有限策略。

比如在美元拍卖中，你同一个（或一些）不认识的人竞拍，你都不知道你自己以及别人有多少钱。在这种情况下，拍卖当然也可以进行，至少有若干次出价（或放弃），甚至可能更长一些。但在这种“两眼一抹黑”的情况下，你需要的是一种好的策略，让你获利，并说服其他人放弃，或者在做不到时使任何可能的损失最小化。

就像我们已经看到的那样，这显然是不可能的。展望美元拍卖的前景比重复囚徒的困境要悲观得多。在现实情况下，参与者无法期望能看到最前面的少数几次报价，实际上除了拒绝参加竞拍以外，没有别的选择。但是，你很难说这是一个好办法，因为这里有奖金等着你拿。

但更大的不幸在于，你常常没有意识到你是在进行美元拍卖博弈，直到已经报过几次价以后才意识到，但为时已晚。难题在于，当你已成为次高报价者以后，是否还做一次新的报价。如果不报，那就是承认失败，接受损失，并结束升级循环。但是，为什么你要成为遭受损失的一方呢？为什么不是由刚才抬高了报价的那个家伙去承担损失呢？如果说结束这种升级的参与者是更加“理性”的话，为什么美元拍卖恰恰惩罚了理性呢？

在实践中，特格主张一个升级循环可以用某种借口中断，让一方或双方保住面子。在一场拖拖沓沓进行的美元拍卖中，双方也许都意识到他们处于没有赢家的局面之中，但如果放弃又害怕别人把他们当傻瓜。在这种情况下，他们都愿意以任何理由结束僵局。于是，其中一方也许突然宣布一个子虚乌有的什么事情，对方心领神会表示同意，于是拍卖就结束了。当然，这纯属个性、团体心理和侥幸，不是博弈论，同理性毫无关系。

最大数博弈

道格拉斯·霍夫斯塔特发明的一个博弈也描写了带有讽刺意味的逐步升级，它被称为"诱人的彩票"或"最大数博弈"。

许多比赛不限制名额。在这种情况下，大多数人都会做这样的白日梦，即占许多名额以使胜出的机会增加。最大数博弈就是这样一种比赛，任何人都可以免费参加，而且一个人可以占数量不限的名额。①但每个参与者必须独立行动，规则严格禁止以团队方式参与、联手合作、进行交易，以及在参与者之间进行任何方式的联络、沟通。

每一个名额均有同等机会胜出。在开奖那个晚上，比赛的主办者随机地抽出一个号码并宣布幸运的获奖人，按照比赛规则，他或她可以获得上百万美元的奖金。

当慷慨的主办人说名额不限时，他们是当真的，你可以占 100 万个名额、1 000 万个名额、1 亿个名额，随你便。当然这个数目是有限的，而

① 被误导的人购买大量彩票以图中奖发大财的故事层出不穷。数量最大的一次免费彩票发生在 1974 年，也是大家熟知的。那是麦当劳组织的一次抽奖活动，由加州理工学院的 3 个学生斯蒂夫·克莱因、戴夫·诺维柯夫和巴里·梅格达尔设计和实施。他们发出共约 110 万张 3×5 英寸的彩票，其中约 1/5 发给了加州理工学院的学生，使他们赢得了一部旅行车、3 000 美元现金，以及约 1 500 美元的免费餐券，而其他参与抽奖的获奖者寥寥。许多人写信给报社，认为他们受到了愚弄，虽然规则明确规定每人拥有彩票的数量不限。加州的一个人写信给麦当劳说："我们很失望地听到你们的尝试被一小撮'天才'破坏的消息！无疑，今后所有这样的活动都应该以一定的方法严加保护，免得被'小流氓们'用类似的诡计破坏。"与这名男子有同感的人请不要参加最大数博弈！

且必须是整数。你可以这样去理解比赛如何进行：假定有 100 万人参加比赛，他们全都是正人君子，每人只占 1 个名额，然后你一人就占了 100 万个名额，使得总名额数达到 200 万个。你中奖的概率是 100 万/200 万，或 50%。但是如果有另外一个人参加，正好在截止时间前占了 800 万个名额，于是总名额数成了 1 000 万个，你中奖的概率将降为 100 万/1 000 万，或 10%，占了 800 万个名额的那个人中奖的概率为 80%。

显然，你占的名额数越多，就越占便宜。你希望占的名额数比其他人都多，理想上，要多到比所有其他参与者占的名额数加在一起还多。当然，所有人都想这么做。但是你占多少名额有一个实际的限制，即你能填写多少名额并把它们寄出去。此外，邮资也是一个问题……

没问题！规则说你必须做的全部事情就是把一张 3 × 5 英寸的卡片填上你的名字和地址，以及你希望占的名额数寄出去。比如说，你想占 1 亿亿个名额，那就在卡片上写下"10 000 000 000 000 000"寄出去就行。事情就这么简单。你甚至可以不写这么多个 0，而是用指数方式写成 10^{18}，或者用大数的名称（诸如"googol"或"megiston"，前者表示 10^{100}，后者表示 10^{1000}），甚至用克努特发明的奇异的箭头表示法。高水平的数学家会阅读寄来的每一张卡片，保证在抽奖时给每一个人以适当的权重。你甚至可以发明你自己的命名大数系统，只要在 3 × 5 的卡片上有地方说明你的系统，然后用这个系统写明你想占的名额数。

这是一个陷阱。

在彩票的招贴和广告上有一个不起眼的星号提醒你注意，这是一个印得很漂亮的说明：奖金是 100 万美元除以收到的总名额数。还说，如果 1 个名额也没有收到，则不发奖。

想一想吧，如果有 1 000 人参加，每人认 1 个名额，总名额数是 1 000，奖金是 100 万/1 000，或 1 000 美元，这当然也够你高兴的，但不是 100 万了。

如果只有一个人无耻地认了 100 万个名额，最大可能的奖金数就暴跌到不足 1 美元了，因为至少会有 100 万个名额（也许多得多）。如果有人认了 1 亿个名额，奖金便不足 1 美分；如果收到的名额数多于 2 亿个，"奖金"经过四舍五入，就全泡汤了！

最大数博弈的狡诈之处在于它巧妙地设置了一个圈套，让个人利益和集体利益处于对抗的地位。尽管如此，这个博弈并非骗局，其主办方确实把整整 100 万美元放在第三者的账户中等着为获奖者兑现。当然，如果只收到 1 个名额的话，他们也准备着把 100 万的一部分发给中奖者。因此，如果没有任何人获得任何奖金真是一件丢脸的事。

你应该怎样参与这个博弈呢？你愿意参加吗？如果愿意，你愿意认多少个名额？

你也许同意这样一种看法，即使去想一下占 200 多万个名额都是没有任何意义的。是的，任何人的这种单方面的行动实际上都把奖金一扫而光了。好，把这个理由再扩展一下。你觉得 1 美元是值得操心的最小金额吗？或者你认为时间是更值得珍惜的东西？现在估计一下填一张 3 × 5 的卡片要花多长时间（包括花在琢磨怎么填上的时间），乘以最低工资，加上邮资，其结果是参加这一竞赛的代价。如果认许多名额本身把奖金降至低于获利的门槛值，那就没有意义了。

就极端情况而言，只认 1 个名额是最佳计划吗？是否每个人都这样做呢？如果真这样，那么每个人至少都有一个"公平的机会"——不管这个机会在最大数博弈中意味着什么。

也许你根本不应该参加这场比赛。在这种情况下，没有人会说你没有做你分内的事以保持奖金有较高的金额。然而问题是：最大数博弈同所有彩票一样，如果你不参加，你就不会赢；而更坏的是，如果每个人都决定不参加，那就没有一个人会赢。

在 1983 年的 6 月号《科学美国人》杂志上，道格拉斯 · 霍夫斯塔特宣布最大数博弈向所有人开放，只要他在 1983 年 6 月 30 日午夜前寄出一张明信片，[①]奖金是 100 万美元除以总名额数。《科学美国人》的主管同意提供所需的任意数额的奖金。

其结果同预计的一样。许多读者想赢的并非是最多的奖金。游戏实际上变成了这样一场竞赛：看谁能说出一个最大的整数从而把他的名字登在杂志上（作为“中奖者”赢得的奖金只是 1 美分的无穷小部分），共有 9 个人认 googol （10^{100}）个名额；14 个人认 googolplex （10^{1000}）个名额，把前面 9 个人的机会一扫而光。有些人用极小极小的字体在明信片上写满了 9，结果证明是一个比 googol 大但是比 googolplex 小得多的数。其他人有用指数的，有用阶乘的，有用自定义的运算符来说明大得多的数的，还有在明信片上塞满了复杂的公式和定义的。霍夫斯塔特无法确定其中哪个是最大的数，因此没有一个人的名字能登在杂志上。当然，谁赢得奖金是无关紧要的，因为奖金金额已舍入为 0；而《科学美国人》杂志如果真要开出有这样一个确切金额的支票的话，恐怕得雇一个数学家用中奖者所使用的那种难以理解的符号和公式去填写这张支票，但这张支票不会有一家银行接受！

贪心是最大数博弈的重要部分，但贪心并不能刺激一个人聪明地想出最大数的命名方法。在真正的最大数博弈中，参与者的动机仍然是使个人的获利最大。因此，怎样玩这个游戏的问题仍然没有解决。

但不管怎样，只有一个人赢是肯定的。因此，这个游戏可能的最好结果就是把整整 100 万美元付给中奖者。这发生在只有 1 个名额的情况下。如果允许参与者制订出一个共享财富的计划并协调他们的行动——这是不允许他们做的，他们肯定会安排只让一个人认 1 个名额。

最大数博弈几乎是志愿者博弈的镜像。在志愿者博弈中，你希望大家都去当志愿者，只有你自己不当；在最大数博弈中，你希望大家都不参

---

① 原文如此。但霍夫斯塔特宣布的是“1983 年 6 月 30 日下午 5：30 前收到的明信片有效”。——译者注

加，只有你参加，也就是只有你当志愿者。理想情况就是通过抽签只让一个人参加，但遗憾的是这是参与者之间公然的串通，是不允许的。

这个博弈似乎是纯属背叛的那一种，没有办法合作。实际上并非如此。我们确实有集体理性的方法进行最大数博弈（或志愿者博弈），这个方法就是混合策略：基于一个随机事件，诸如掷骰子，来确定一个人以及每一个人是否可以当志愿者。

每个人可以掷他自己的骰子，完全同其他人不相干，也不需要任何沟通。比如在有36个参与者的情况下，每个人掷2个骰子，谁掷出2点，谁就去参加，认1个名额，因为掷出2点的机会是1/36，这就确保只有1人参加。[①]

这听上去很好。但人们在内心深处是不会接受这种"理性"安排的。在《科学美国人》杂志进行的彩票活动中没有出现这种情况，也很难想象任何有生命的群体、有呼吸的人类会像上面描写的那样去行动。对欺诈的诱惑是超人类的。你掷下2颗骰子，它出现了2点——哦，不，其中一颗碰到了边缘，一翻身，成了3点！你不能去参赛。谁能够知道幸运女神是否帮了你的忙，让骰子又翻了过去？没有人知道！每个人都是在自己家里私下掷骰子并且独自行动的，谁知道你到底掷出了几点？没人知道！

因此，这种理性的安排丝毫也没有使事情发生变化。如果每个人都企图蒙混过关，每个人都参赛，那么奖金仍然会化为乌有。它跟志愿者博弈一样，甚至更糟。在志愿者博弈中，每个人受到的惩罚是根据背叛者在参赛者中的比例定的，而在最大数博弈中，只有一个背叛者就会毁了每一个人。

---

① 实际上，这个方法最好稍加调整，给n个人中的每一个人以1/n的可能性会带来一些麻烦，即有相当大的可能性无人胜出。根据概率论的法则，在n为几十或略多一些的情况下，这种概率约为37%。与此同时，也有37%的概率使两个、三个或更多人都胜出。一个比较好的计划是让每个人有1.5/*n*的可能性胜出，从而减少无人获得参赛资格的概率，其代价是略微增加有额外参赛者的概率。

所以，你该怎么办呢？你还会去掷骰子和计算点数（明知其他大多数人都不会这样做，有人已经在卡片上写下了尽可能多的 9），或者你自己也干脆在卡片上填满 9？唯一合理的结论就是：最大数博弈是毫无希望的。

真空中的羽毛

美元拍卖和最大数博弈有一些共同的重要特征。目光短浅的理性强迫参与者破坏共同的利益。当富有智慧的参与者试图做出集体理性的事时，他们都太容易受到盘剥。这是在囚徒的困境中面对的问题，在其他一些更复杂的问题中我们发现它们也是反复出现的主题。

马丁 · 苏比克写道（1970）："囚徒的困境这个难题是永远也解决不了的——或者说已经彻底解决了，因为它并不存在。"他的意思是，在这种一次性的二难博弈中，理性的参与者将背叛。这种博弈所要反映的就是个人利益可以毁灭共同利益。苏比克把对于这类社会难题的迷惑不解比作拥有中等智力的人在看到羽毛和铅球在真空中以同样速度下落时的惊奇。我们的直觉对这两种现象都难以接受，但"解释，很简单，那就是我们的常识错了"。

一个博弈无非就是在矩阵中填上数字——任意几个数字。因为博弈可以有任意制定的规则，所以就可能设计出这样的博弈，某种有固定含义的理性一方反而受到惩罚，这同你宣称可以设计出一台惩罚理性的机器一样，没有什么值得大惊小怪的。比如说可以造一个钢铁做的活板门，如果有"牺牲品"掉进这个活板门，他就进入了一个迷宫，并用迷宫来测试他的理性。如果在规定时间内他顺利地通过迷宫，机器就会拿走他的钱包。

二难博弈的悖论在于我们关于理性的概念是不固定的。当一种"理性"行为失败时，我们期望真正理性的人能把事情重新思考一遍，从头再来，进而出现一种新的行为。如果给理性下这样一个“开放式”的定义，那么理性就永远不会“搁浅”了。例如，在一次性的囚徒的困境中，博弈论所认可的理性就是相互背叛，用其他各种形式的理性去代替它的企图注定要失败。

现实世界中的二难命题是建立在财富对自己和对其他人的价值的主观衡量之上的。也就是说，这种感觉是可以变化的。冷战宣传把“敌人”描绘成毫无感情的自动杀人机器，这就是预谋好的把人民置于囚徒的困境之中。有能力把“对手”看作是同伴经常会把名义上的囚徒的困境转变为不那么烦人的博弈。对囚徒的困境的唯一令人满意的解决办法就是避免囚徒的困境。

这就是我们为什么要借助于法律、道德，以及所有其他能促进合作的社会机制。冯 · 诺依曼认为，人类是否能长期生存下去，取决于我们是否能提出更好的办法，以促进比已经存在的合作更多的合作。关于这一点，他大概是正确的。此时，钟表正在滴滴答答地走着。

"PRISONER'S DILEMMA" 致谢

兰德公司最早研究博弈论的许多小组成员仍然健在并继续活跃在该领域。梅里尔 · 佛勒德和梅尔文 · 德莱歇有关他们的研究工作和兰德公司背景的回忆为本书做出了重要的贡献。有关冯 · 诺依曼的许多传记性材料，包括书中引用的一些私人信件，来自位于华盛顿特区的美国国会图书馆手稿部所收藏的冯 · 诺依曼文集。关于杜鲁门政府的一些历史性资料，则基于密苏里州独立城的哈里 · S · 杜鲁门总统图书馆。还要感谢以下许多人的回忆、帮助或指点：保罗 · 阿默、罗伯特 · 阿克塞尔罗德、萨莉 · 贝多、拉乌尔 · 博特、乔治 · B · 丹齐格、保罗 · 豪尔莫什、雅诺 · 霍利迪、卡思伯特 · 赫德、马丁 · 舒比克、约翰 · 查兰科、爱德华 · 特勒、尼古拉斯 · A · 冯 · 诺依曼。

Abend, Hallett. *Half Slave, Half Free: This Divided World.* Indianapolis: Bobbs-Merrill, 1950.

Axelrod, Robert. *The Evolution of Cooperation.* New York: Basic Books, 1984.

Bascom, William. "African Dilemma Tales: An Introduction." In *African Folklore,* edited by Richard M. Dorson. Bloomington, Ind., and London: Indiana University Press, 1972.

Blair, lay, Jr. "Passing of a Great Mind." In *Life,* February 25, 1957, 89–90+.

Blumberg, Stanley A., and Gwinn Owens. *Energy and Conflict: The Life and Times of Edward Teller.* New York: G. P. Putnam's Sons, 1976.

Bott, Raoul. "On Topology and Other Things." In *Notices of the American Mathematical Society,* 32 (1985) no. 2, 152–58.

Bronowski, Jacob. *The Ascent of Man.* London: British Broadcasting Corporation, 1973.

Clark, Ronald W. *The Life of Bertrand Russell.* Harmondsworth, England: Penguin Books, 1978.

Courlander, Harold, and George Herzog. *The Cow-Tail Switch, and Other West African Stories.* New York: Henry Holt & Co., 1947.

Cousins, Norman. *Modern Man Is Obsolete.* New York: Viking, 1945.

Davis, Morton D. *Game Theory: A Nontechnical Introduction.* New York: Basic Books, 1970.

Davis, Nuel Pharr. *Lawrence & Oppenheimer.* New York: Simon & Schuster, 1968.

Dawkins, Richard. *The Selfish Gene.* 2d ed. Oxford: Oxford University Press, 1989.

Dickson, Paul. *Think Tanks.* New York: Atheneum, 1971.

Fermi, Laura. *Illustrious Immigrants.* Chicago: University of Chicago Press, 1968.

Flood, Merrill M. "Some Experimental Games." Research Memorandum RM-789. Santa Monica, Calif.: RAND Corporation, 1952.

Goldstine, Herman H. *The Computer from Pascal to von Neumann.* Princeton, N.J.: Princeton University Press, 1972.

Goodchild, Peter. *J. Robert Oppenheimer: Shatterer of Worlds.* Boston: Houghton Mifflin, 1981.

Grafton, Samuel. "Married to a Man Who Believes the Mind Can Move the World." In *Good Housekeeping,* September 1956, 80–81+.

Guyer, Melvin J., and Anatol Rapoport. "A Taxonomy of 2 × 2 Games." In *General Systems* (1966) 11:203–14.

Haldeman, H. R., with Joseph DiMona. *The Ends of Power.* New York: Times Books, 1978.

Halmos, Paul. "The Legend of John von Neumann." In *American Mathematical Monthly* 80, no. 4 (April 1973): 382–94.

Heims, Steve J. *John von Neumann and Norbert Wiener: From Mathematics to the Technologies of Life and Death.* Cambridge, Mass.: MIT Press, 1980.

Hobbes, Thomas. *Leviathan.* New York: Macmillan, 1958.

Hofstadter, Douglas. *Metamagical Themas: Questing for the Essence of Mind and Pattern.* New York: Basic Books, 1985.

Kahn, Herman. *On Escalation: Metaphors and Scenarios.* New York: Praeger, 1965.

———. *On Thermonuclear War.* Princeton, N.J.: Princeton University Press, 1960.

Keohane, Robert O. *After Hegemony: Cooperation and Discord in the World Political Economy.* Princeton, N.J.: Princeton University Press, 1984.

Kraft, Joseph. "RAND: Arsenal for Ideas." In *Harper's*, July 1960.

Luce, R. Duncan, and Howard Raiffa. *Games and Decisions*. New York: John Wiley & Sons, 1957.

Lutzker, Daniel R. "Internationalism as a Predictor of Cooperative Behavior." In *Journal of Conflict Resolution* 4 (1960): 426–30.

———. "Sex Role, Cooperation and Competition in a Two-Person, Non-Zero-Sum Game." In *Journal of Conflict Resolution* 5 (1961): 366–68.

Marshall, George C. Quoted in *Foreign Relations of the United States*, 1948, III:281.

Maynard-Smith, John. *Evolution and the Theory of Games*. Cambridge: Cambridge University Press, 1982.

Milinski, Manfred. "TIT FOR TAT in Sticklebacks and the Evolution of Cooperation." In *Nature* 325 (January 29, 1987): 433–35.

Minas, J. Sayer, Alvin Scodel, David Marlowe, and Harve Rawson. "Some Descriptive Aspects of Two-Person Non-Zero-Sum Games. II." In *Journal of Conflict Resolution*, 4 (1960): 193–97.

Moran, Charles. *Churchill, Taken from the Diaries of Lord Moran*. Boston: Houghton Mifflin, 1966.

Morgenstern, Oskar. *The Question of National Defense*. New York: Random House, 1959.

Morton, Jim. "Juvenile Delinquency Films." In *Re/Search* 10 (1986): 143–45.

Neumann, John von. "Can We Survive Technology?" In *Fortune* (June 1955): 106–8+.

———. "Communication on the Borel Notes." In *Econometrica* 21 (1953): 124–25.

———. *The Computer and the Brain*. New Haven: Yale University Press, 1958.

———, and Oskar Morgenstern. *Theory of Games and Economic Behavior*. Princeton, N.J.: Princeton University Press, 1944.

Newman, James R. *The World of Mathematics*. New York: Simon & Schuster, 1956.

Oye, Kenneth, ed. *Cooperation Under Anarchy*. Princeton, N.J.: Princeton University Press, 1986.

Payne, Robert. *The Great Man: A Portrait of Winston Churchill*. New York: Coward, McCann & Geoghegan, 1974.

Pfau, Richard. *No Sacrifice Too Great: The Life of Lewis C. Strauss*. Charlottesville: University of Virginia Press, 1984.

Rapoport, Anatol. "Experiments with N-Person Social Traps I." In *Journal of Conflict Resolution* 32 (1988): 457–72.

———. *Fights, Games, and Debates*. Ann Arbor: University of Michigan Press, 1960.

———. "The Use and Misuse of Game Theory." In *Scientific American* (December 1962): 108–14+.

Rousseau, Jean Jacques. *A Discourse on Inequality*. Translated by Maurice Cranston. London: Penguin, 1984.

Russell, Bertrand. *The Autobiography of Bertrand Russell*. Boston: Little, Brown, 1967–69.

———. *Common Sense and Nuclear Warfare*. New York, Simon & Schuster, 1959.

———. *Unarmed Victory*. New York: Simon & Schuster, 1963.

Schelling, Thomas C. *The Strategy of Conflict*. Cambridge, Mass.: Harvard University Press, 1960.

Scodel, Alvin, J. Sayer Minas, Philburn Ratoosh, and Milton Lipetz. "Some Descriptive Aspects of Two-Person Non-Zero-Sum Games." In *Journal of Conflict Resolution* 3 (1959): 114–19.

Seckel, Al. "Russell and the Cuban Missile Crisis." In *Russell* (Winter 1984–85): 253–61.

Shepley, James R., and Clay Blair, Jr. *The Hydrogen Bomb*. New York: David McKay, 1954.

Shubik, Martin. "The Dollar Auction Game: A Paradox in Noncooperative Behavior and Escalation." In *Journal of Conflict Resolution* 15 (1971): pp. 545–47.

———. "Game Theory, Behavior, and the Paradox of the Prisoner's Dilemma: Three Solutions." In *Journal of Conflict Resolution* 14 (1970): 181–93.

———, ed. *Game Theory and Related Approaches to Social Behavior: Selections*. New York: John Wiley & Sons, 1964.

Smith, Bruce. *The RAND Corporation*. Cambridge, Mass.: Harvard University Press, 1966.

Stern, Philip M., with Harold P. Green. *The Oppenheimer Case: Security on Trial*. New York: Harper & Row, 1968.

Straffin, Philip D., Jr. "The Prisoner's Dilemma." In *Undergraduate Mathematics and its Applications Project Journal* 1 (March 1980): 102–3.

Strauss, Lewis. *Men and Decisions*. Garden City, N.Y.: Doubleday, 1962.

Teger, Allan I. *Too Much Invested to Quit*. New York: Pergamon Press, 1980.

Teller, Edward, with Allen Brown. *The Legacy of Hiroshima*. Garden City, N.Y.: Doubleday, 1962.

Truman, Harry S. *Years of Trial and Hope*. Garden City, N.Y.: Doubleday, 1956.

Ulam, Stanislaw. *Adventures of a Mathematician*. New York: Scribner's, 1976.

———. "John von Neumann 1903–1957." In *Bulletin of the American Mathematical Society* (May 1958): 1–49.

Vonneuman, Nicholas A. *John Von Neumann as Seen by His Brother*. Meadowbrook, Pa. (P.O. Box 3097, Meadowbrook, PA 19406), 1987.

Williams, J. D. *The Compleat Strategyst*. New York: McGraw-Hill, 1954.

PRISONER'S DILEMMA 译者后记

每年 12 月，世界上的许多地方都会举行纪念冯 · 诺依曼诞辰的隆重活动。这位在匈牙利出生的美籍数学家只活了短短五十几年，但他留给后人的两大发明——计算机和博弈论，却如此深刻地改变了整个世界，改变了人类的生活方式、工作方式以至思维方式，极大地促进了社会的进步和文明的发展。因此，在他去世近半个世纪的时候，人们仍然满怀崇敬地缅怀他，纪念他，就是很自然的事了。也正是基于这一原因，当有关同志把介绍冯 · 诺依曼的生平和博弈论的《囚徒的困境》这部书交由我翻译的时候，我非常高兴地接受了这个任务。

介绍冯 · 诺依曼的书不少，但在众多类似的书中，这部书是比较有特点且十分出色的。作者在写作本书前，花了大量的时间和精力查阅了有关的文件、信件、档案、资料，对冯 · 诺依曼的家人、同事、朋友进行了采访，收集了大量的第一手材料，使本书内容十分丰富。通过本书，我们可以看到一个有血有肉、活灵活现的科学家：他思维敏捷、聪明过人，但开车时常出事故；他是“博弈论之父”，但牌技一般；他诙谐、幽默、风趣，但有时会搞一些出格的恶作剧；他为人仗义、富于同情心，却竭力主张核试验，鼓吹发动对苏核打击；他成就非凡、人人敬仰，却与妻子争吵不断，感情生活经常处于危机之中；他一生从事科学活动，临终前却皈依了天主教……这使我们相信，即使是最伟大的科学家也是普普通通的人，既有成功，也有失败；既有正确，也有谬误；既有幸福，也有悲伤。这才是真实的和可信的。

作为数学的一个分支，一般的博弈论书籍中免不了出现大量的数学公式，许多概念非常抽象难懂，使人望而生畏。本书作为博弈论的通俗读物，没有用一个数学公式，也没有出现许多专门的名词术语，主要通过对几个典型博弈的介绍和分析，把博弈论的基本原理讲得清清楚楚、生动有趣、引人入胜，这是很难能可贵的。译者过去没有学过博弈论，通过翻译这部书，觉得对博弈论有了一般的了解，并产生了兴趣。相信大多数读者在读过本书后会有同感。

本书的视角十分广阔。作者围绕冯·诺依曼的生平和博弈论这两条主线，实际上向读者展现了“二战”以后、冷战初期国际政治舞台上的矛盾和冲突，并试图分析其根源。对于我国绝大多数比较年轻的读者来说，这段历史是不清楚的；即使像译者这样经历过那个时代的人，由于历史的原因，我国当时处于被封锁的状态，信息闭塞，对这段历史也是不太清楚的。这部书让我们比较详细地了解了美国以至整个西方在战后围绕要不要发展原子武器，围绕关于“先发制人的战争”所展开的大辩论，以及20世纪60年代初震动全世界的古巴导弹危机的经历和内幕。在纪念世界反法西斯战争70周年之际，重温这段历史，使我们更加相信，和平和发展是我们这个时代的主流，是任何力量也阻挡不了的。

以上是译者对本书的一些粗浅的、不成熟的看法，不一定正确，供读者参考。下面谈一下有关翻译的问题。

翻译本书遇到的一个突出问题是博弈论的术语没有统一的译法，不知该如何取舍。“Game Theory”本身，在我国就有“博弈论”、“对策论”两个不同译法，20 世纪 60 年代初，科学出版社最早引进冯 · 诺依曼和莫根施特恩的“*Game Theory and Economic Behavior*”的时候，书名还曾经译为《竞赛论与经济行为》；我国台湾学者则把“Game Theory”译为“对局论”或“制胜论”。这还算好办，随大流，我们采用“博弈论”。但是书中随处可见的“game”该怎么译？“player”又该怎么译？一律译为“博弈”和“参与者”（或“局中人”或“博弈方”）吗？对于博弈论的专著，这种译法未尝不可。但本书毕竟是通俗读物，似乎不必过于斯文。因此我决定不采取这种做法，而是根据内容，在涉及下棋、猜硬币、做连城游戏这类“game”的时候，译为“游戏”、“游戏者”，在一般性地讨论“game”时才译为“博弈”、“参与者”。毕竟，博弈论是起源于对游戏的研究，不需要刻意回避“游戏”。不知道这样处理读者是否觉得妥当？

最令译者感到困惑的是博弈论中的一个常用术语“payoff ”，的译法。这个术语表示博弈参与者通过博弈得到的结果，有“赢利”、“赢得”、“收益”、“收入”、“得益”等多种不同译法（台湾学者有译为“偿金”的），意义基本一致。但还有不少书把“payoff ”译成了“支付”。显然，前面一些译法适用于博弈中的赢方，而最后这种译法适用于博弈中的输方。但“payoff ”却既要用于赢方，也要用于输方，因此在现有的一些博弈论专著或译著中就出现了一些令读者费解、不大符合中国人说话逻辑的语句，诸如“局中人的最终所得称为支付”，“支付则是局中人从博弈的可能结局中得到的收益”，“人具有改换策略从而追求更高支付的动机”，“各参与人的赢利或者得益，叫作参与人的支付”，如此等等。更有特别提醒读者“注意，支付不是付出，而是得到”。

为了解决这个问题，译者经过反复琢磨，决定把“payoff ”译成“回报”，相应地把“payoff table”和“payoff function”译成“回报表”和“回报函数”。“回报”是一个“中性”的词，可以有好的回报带给博弈者，那就是他的收益；也可以有坏的回报带给博弈者，那就是他的付出。这就把无论输赢双方的结果统一起来了。这样一个新的译法是否妥当，请读者，尤其是博弈论的专家指点。此外，像“free–rider”。一般译作“搭便车”，而在实际生活中，搭便车通常发生在私人对私人之间，而且是两相情愿的；博弈论中的“free–rider”指的是个人同公交系统的关系，乘客不购票坐车是公交系统不愿看到的，因此本书译作“乘客逃票”，可能更贴切一些。

外国人名没有统一译法也是一个令人伤脑筋的问题。本书采取或者“跟着群众走”或者“跟着专家走”两条路线。前者如本书主角von Neumann，大多数人把他译为“冯·诺依曼”，因此本书也取“冯·诺依曼”。后者如Hans Albrecht Bethe，在中国现代国际关系研究所主编的《世界人物大辞典》(国际文化出版公司，1990)中译作“贝蒂”，而在由清华大学现代应用物理系的两位教授编著的《诺贝尔物理学奖》(高等教育出版社，1999)中译作“贝特”，显然，后者更专业化一些，因此本书就跟着用“贝特”这个译名了。

本书视野十分广阔，涉及大量的人、地、书刊、历史事件和典故，其中许多是我国读者不熟悉的。为了方便读者阅读和理解，我尽可能以“译者注”的方式给予简要介绍。为此，那时我几乎天天跑国家图书馆查资料，十分辛苦，也相当困难。现在好了，在家里的电脑上随时可以上网检索各种各样的信息。这次修改过程中，我对原先的200多个“译者注”重新检查了一遍，做了相应修改(如不少历史人物近几年陆续去世)。原先应该加注，苦于找不到资料而作罢的，这次得以解决。例如书中提到罗素的朋友Gamel Brenan，这是何许人也?经过上网搜索，终于弄明白罗素的这个朋友原来是个女的，原名Gamel Woolsey，是个作家和诗人，Brenan是她第二任丈夫的姓。如果把本书看成一部“教材”，那么这些注解就是“补充教材”，是我额外献给读者的礼物。

本书译文在海峡两岸的图书评奖中，都有所斩获。在由北大、清华、上海交大和中国科技情报研究所4家的有关机构发起，由科学时报主办的“读书杯”评奖中，本书获得科学文化·科学普及佳作奖；在台湾，由吴大猷学术基金会主办的吴大猷科学普及著作奖评奖中，本书获得翻译类佳作奖。这使本书成为在海峡两岸同时获奖的极少数图书之一。有趣的是，吴大猷学术基金会颁给笔者的奖牌上，刻着“吴鹤龄小姐惠存”，把白发老翁误当成妙龄女郎。这一方面说明这个奖的评奖委员会是“认书不认人”的，另一方面也可以证明，这个奖不是译者本人“跑”来的。

本书原著出版于1992年，柏林墙倒塌不久，苏联刚刚解体。译著初版于2005年，冷战已经结束，反恐业已展开。时隔多年，国际形势发生了巨大的变化：恐怖主义不但没有被消灭，还有大大扩张之势；“新冷战”或“准冷战”似乎要抬头；和平还是战争仍是世界人民面临的大问题。因此，本书对有关问题的讨论和观点，不但没有过时，反而更加凸现其重要性和前瞻性，值得人们重视。

限于知识和水平，译者虽尽了最大努力，恐怕译文中仍有不少问题，热诚欢迎读者和专家提出批评意见。

吴鹤龄

2015年8月